U0259098

普通高等教育"十三五"规划教材

土木工程类系列教材

土木工程造价

主　编　李立军

副主编　王文婧　田燕娟

清华大学出版社

北京

内　容　简　介

本书围绕全过程工程造价管理基础知识，重点介绍各类定额编制原理、工程计量及工程量清单计价原理与应用。全书包括概述、建设项目投资构成及计算、工程建设定额、建设工程项目设计概算、建设工程项目施工图预算、工程计量、工程量清单、工程量清单计价、合同价款结算与支付、工程造价软件介绍等 10 章内容。

本书可用作高等院校土木工程、工程管理等相关专业的教材或教学参考书，也可作为注册造价工程师、监理工程师、咨询工程师(投资)、建造师等执业资格考试的参考用书，还可作为工程造价、工程咨询等从业人员及自学人员的参考用书。

图书在版编目(CIP)数据

土木工程造价/李立军主编. 一北京：清华大学出版社，2018(2023.8重印)
(普通高等教育"十三五"规划教材　土木工程类系列教材)
ISBN 978-7-302-50120-6

Ⅰ. ①土… Ⅱ. ①李… Ⅲ. ①土木工程－建筑造价管理－高等学校－教材 Ⅳ. ①TU723.3

中国版本图书馆 CIP 数据核字(2018)第 106244 号

责任编辑：秦　娜
封面设计：陈国熙
责任校对：赵丽敏
责任印制：丛怀宇

出版发行：清华大学出版社
　　　　网　　　址：http://www.tup.com.cn，http://www.wqbook.com
　　　　地　　　址：北京清华大学学研大厦 A 座　　　　　　　邮　　编：100084
　　　　社 总 机：010-83470000　　　　　　　　　　　　邮　　购：010-62786544
　　　　投稿与读者服务：010-62776969，c-service@tup.tsinghua.edu.cn
　　　　质量反馈：010-62772015，zhiliang@tup.tsinghua.edu.cn
印 装 者：三河市龙大印装有限公司
经　　销：全国新华书店
开　　本：185mm×260mm　　　印　　张：15.5　　　字　　数：372 千字
版　　次：2018 年 6 月第 1 版　　　印　　次：2023 年 8 月第 5 次印刷
定　　价：45.00 元

产品编号：074197-02

前　言

《土木工程造价》根据高等院校土木工程、工程管理等专业主干课程教学的基本要求编写的，全面系统地介绍了土木工程造价基本理论和方法，体现了土木工程造价领域的最新政策及研究成果。对于培养学生扎实的工程估价基础理论，掌握基本的工程计量与计价方法具有重要的现实意义。通过该课程的学习，学生可以在学完相关课程的基础上，在建设工程投资估算、设计概算、施工图预算、工程结算的编制与审查及建设全过程造价管理与全过程跟踪审计等专业开展工作。

土木工程造价学科涉及面广，综合性、实践性、政策性强，其发展又日新月异，随着高等教育改革的深入，土木工程造价课程的教学在教材、教学手段等方面面临更新，为适应新形势下对土木工程造价高素质专业人才培养的需求，本书着眼于编写一本具有继承性、创新性、实用性等特点的土木工程造价教材。

本书可用作高等院校土木工程、工程管理等相关专业的教材或教学参考书，也可作为注册造价工程师、监理工程师、咨询工程师(投资)、建造师等执业资格考试的参考用书，还可作为工程造价、工程咨询等从业人员及自学人员的参考用书。

本书由太原理工大学李立军任主编，太原理工大学王文婧、太原科技大学田燕娟任副主编，太原理工大学刘元珍教授任主审。具体编写分工如下：太原理工大学李立军编写前言及第1、8、9章，太原理工大学赵海燕编写第2章，重庆水利电力职业技术学院张晓婷编写第3章，赛鼎工程有限公司刘成国编写第4章，太原科技大学田燕娟编写第5章，山西建筑职业技术学院孟文华编写第6章，太原理工大学王文婧编写第7章，太原理工大学巨玉文编写第10章。全书由李立军、田燕娟统稿。太原理工大学郝敏、秦宏磊、黄旭、李淑贤、朱杰、孟瑄瑛等硕士研究生参与本书的校对、排版、整理等工作，在此表示感谢。

太原理工大学刘元珍教授担任主审，详细审阅了编写大纲和全部书稿，并提出宝贵的修改意见，在此表示感谢。

本书在编写过程中应用和参考了国内许多专家学者的教材、论著，在此表示衷心的感谢。

由于编者学识和水平有限，书中难免错误和疏漏之处，恳请各位读者提出宝贵的意见和建议，给予批评指正，以期进一步修订完善。宝贵意见请发电子邮箱：lilijun75@163.com。

编　者

2018年1月

第 **1** 章

概 述

1.1 工程造价的概念

1.1.1 工程造价的含义

工程造价通常是指工程项目全部建成预计或实际支出的费用,即按照预定的建设内容、建设标准、功能要求和使用要求全部建成并验收合格、交付使用所需要的全部费用。由于所处的角度不同,工程造价有不同的含义。

一是从投资者(业主)的角度分析,工程造价是指建设一项工程预期开支或实际开支的全部固定资产投资费用。投资者为了获得投资项目的预期效益,需要对项目进行策划决策及建设实施,直至竣工验收等一系列投资管理活动。在上述活动中所花费的全部费用,就构成了工程造价。从这个意义上讲,工程造价在量上等同于工程项目的固定资产投资,是工程项目建设总投资的重要组成部分。

二是从市场交易的角度分析,工程造价是指为建成一项工程,预计或实际在工程发承包交易活动中所形成的建筑安装工程费用或建设工程总费用。显然,工程造价的这种含义是指以建设工程这种特定的商品形式作为交易对象,通过招标投标或其他交易方式,在进行多次预估的基础上,最终由市场形成的价格。

工程造价的两种含义实质上就是从不同角度把握同一事物的本质。对在市场经济条件下的投资者来说,工程造价就是项目投资,是“购买”工程项目要付出的价格;同时,工程造价也是投资者作为市场供给主体“出售”工程项目时确定价格和衡量投资经济效益的尺度。二者既有区别又有联系,其中第二种定义所包含的费用内容是第一种所包含的费用内容的组成部分。因此,在工程造价管理活动中,根据不同的建设阶段,采用不同的造价定义进行计价与控制,以最大限度地实现工程项目的投资目标,提高工程项目的投资效益。

1.1.2 工程造价的特点

由于工程建设产品和施工特点,工程造价具有以下特点。

1. 工程造价的大额性

任何一个建设项目或单项工程,不仅实物形体庞大,而且造价高昂,动辄数以百万元、千万元,甚至上亿元、几十亿元,特大的工程项目造价更高达百亿元、千亿元人民币,比如:上海环球金融中心总投资额为 1050 亿日元(73 亿元人民币),三峡工程总投资额约为 1800 亿元人民币。由于工程造价的大额性,消耗的资源多,与各方面有很大的利益关系,这就决定工程造价在项目管理中的特殊地位,也说明造价管理的重要意义。

2．工程造价的个别性和差异性

任何一项工程都有特定的用途、功能、建设标准、施工方法,这种差异决定了工程造价的个别性,同时,同一工程项目处于不同区域或不同地段、不同施工单位,工程造价也有所差异,所以工程造价管理不能生搬硬套,必须以拟建工程项目基本信息来计算工程造价,也说明了工程造价管理的复杂性。

3．工程造价的动态性

一个工程项目从决策到竣工投产,少则数月,多达数年,甚至十来年,由于不可预见因素的影响,如工程变更、材料设备价格的涨跌、工资标准及费率、汇率、利率的变化等,工程造价不是一成不变的,是具有动态性的。

4．工程造价的广泛性和复杂性

由于构成工程造价的因素复杂,涉及人工、材料、机械等多个方面,需要社会的各个方面协同配合,所以具有广泛性的特点。另外,参与工程项目主体较多,有建设单位、勘察设计单位、施工单位、咨询服务单位等,需要分别编制不同功能用途的工程造价文件。同时,工程项目多层次的构成,决定了不同层次需要编制不同的造价文件,可见工程造价的复杂性。

5．工程造价的阶段性

对于同一工程的造价文件,在不同的建设阶段,有不同的名称、内容、编制方法及精度要求。建设项目处于决策和可行性研究阶段,拟建工程的建设信息不明确,工程造价编制也较粗略,其名称为投资估算;在初步设计阶段,对应的造价文件称为设计概算或设计总概算;进入施工图设计后,工程对象更加具体、明确,工程量可以准确计算出来,此阶段工程造价文件称为施工图预算,较设计概算更加准确;通过招投标由市场形成并经发承包双方共同认可的工程造价是承包合同价。投资估算、设计概算、施工图预算、承包合同价,都是预期或计划的工程造价。在竣工时由于设计变更、工料价格波动等影响,需要对承包合同价做适当调整,形成竣工结算价,这是工程项目的实际价格。

1.1.3 工程计价的特点

由工程项目的特点决定工程计价具有以下特征。

1．计价的单件性

每个工程项目都有自己特定的使用功能、建设标准和建设工期,同时工程项目所在地区的市场因素、技术经济条件、竞争因素等存在差异,这就决定了建造每项工程都必须单独计算造价。

2．计价的多次性

工程项目需要按一定的建设程序进行决策和实施,因此需要在不同阶段多次进行工程计价,以保证工程造价计算的准确性和控制的有效性。多次计价是个逐步深化、逐步细化和逐步接近实际造价的过程。工程多次计价过程如图1-1所示。

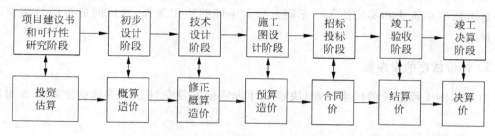

图 1-1　工程多次计价示意图

（1）投资估算：是指在项目建议书和可行性研究阶段通过编制估算文件预先测算和确定的工程造价。投资估算是建设项目进行决策、筹集资金和合理控制造价的主要依据。

（2）概算造价：是指在初步设计阶段,根据设计意图,通过编制工程概算文件预先测算和确定的工程造价。与投资估算造价相比,概算造价的准确性有所提高,但受估算造价的控制。

（3）修正概算造价：是指在技术设计阶段,根据技术设计的要求,通过编制修正概算文件预先测算和确定的工程造价。修正概算是对初步设计阶段概算造价的修正和调整,比概算造价准确,但受概算造价控制。

（4）预算造价：是指在施工图设计阶段,根据施工图纸,通过编制预算文件,预先测算和确定的工程造价。预算造价比概算造价和修正概算造价更为详尽和准确,但同样要受前一阶段工程造价的控制。

（5）合同价：是指在工程发承包阶段通过签订工程承包合同所确定的价格。合同价属于市场价格,它是由发承包双方根据市场行情通过招投标等方式达成一致、共同认可的成交价格。但应注意,合同价并不等同于最终结算的实际工程造价。

（6）结算价：是指在工程竣工验收阶段,按合同调价范围和调价方法,对实际发生的工程量增减、设备和材料价差等进行调整后计算和确定的价格,反映的是工程项目实际造价。工程结算文件一般由承包单位编制,由发包单位审查,也可以委托具有相应资质的工程造价咨询机构进行审查。

（7）决算价：是指工程竣工决算阶段,以实物数量和货币指标为计量单位,综合反映竣工项目从筹建开始到项目竣工交付使用为止的全部建设费用。工程决算文件一般是由建设单位编制,上报相关主管部门审查。

3．计价的组合性

工程造价的计算是分步组合而成的,这一特征与建设项目的组合性有关。一个建设项目是一个工程综合体,它可以按单项工程、单位工程、分部工程、分项工程等不同层次分解为许多有内在联系的工程。建设项目的组合性决定了工程造价的逐步组合过程。工程造价的组合过程是：分部分项工程造价-单位工程造价-单项工程造价-建设项目总造价。

4．计价方法的多样性

工程项目的多次计价有其各不相同的计价依据,每次计价的精确度要求也各不相同,由此决定了计价方法的多样性。例如,投资估算方法有设备系数法、生产能力指数估算法等;概预算方法有单价法和实物法等。不同方法有不同的适用条件,计价时应根据具体情况加以选择。

5．计价依据的复杂性

由于影响工程造价的因素较多,决定了计价依据的复杂性。计价依据主要可分为以下8类。

（1）工程量计算依据。

（2）人工、材料、机械等实物消耗量计算依据,包括概算定额、预算定额、企业定额等。

（3）计算工程单价依据,包括人工单价、材料价格、材料运杂费、机械台班费等。

（4）计算设备单价依据,包括设备原价、进口设备抵岸价、设备运杂费、进口设备关税等。

（5）计算管理费、利润的依据,主要是相关的费用定额和指标。

（6）计算政府规定的税、费,主要是国家或省级权力部门规定必须缴纳的规费和税金。

（7）物价指数和工程造价指数。

（8）计算工程建设其他费用的依据。

1.2 工程造价管理的概念

1.2.1 工程造价管理的含义

工程造价管理是指综合运用管理学、经济学和工程技术等方面的知识与技能,对工程造价进行预测、计划、控制、核算的过程。工程造价管理既涵盖了宏观层次的工程建设投资管理,也涵盖了微观层次的工程项目费用管理。

1．工程造价的宏观管理

工程造价的宏观管理是指政府部门根据社会经济发展的实际需要,利用法律、经济和行政等手段,规范市场主体的价格行为,监控工程造价的系统活动。

2．工程造价的微观管理

工程造价的微观管理是指工程项目参建主体根据工程有关计价依据和市场价格信息等预测、计划、控制、核算工程造价的系统活动。

1.2.2 建设工程全面造价管理

按照国际工程造价管理促进会给出的定义,全面造价管理（total cost management,

TCM)是指有效地利用专业知识与技术,对资源、成本、盈利和风险进行筹划和控制。建设工程全面造价管理包括全寿命期造价管理、全过程造价管理、全要素造价管理和全方位造价管理。

1. 全寿命期造价管理

建设工程全寿命期造价主要是由英国人提出的,其核心思想是将一个项目的项目建造成本和项目运营成本作综合考虑,即建设工程全寿命期成本等于建设工程建造成本和运营成本之和,它包括建设前期、建设期、使用期及拆除期各个阶段的成本。由于在实际管理过程中,在工程建设及使用的不同阶段,工程造价存在诸多不确定性,因此,全寿命期造价管理主要是作为一种实现建设工程全寿命期造价最小化的指导思想,指导建设工程的投资决策及设计方案的选择。

2. 全过程造价管理

全过程造价管理是指覆盖建设工程策划决策及建设实施各个阶段的造价管理,包括:前期决策阶段的项目策划、投资估算、项目经济评价、项目融资方案分析;设计阶段的限额设计、方案比选、概预算编制;招投标阶段的标段划分、发承包模式及合同形式的选择、招标控制价或标底编制;施工阶段的工程计量与结算、工程变更控制、索赔管理;竣工验收阶段的结算与决算等。其核心思想是研究不同阶段工程造价计算和控制的方法,提高计价的准确度,减小误差,从而节约投资,提高工程造价管理水平。

3. 全要素造价管理

影响建设工程造价的因素有很多。为此,控制建设工程造价不仅仅是控制建设工程本身的建造成本,还应同时考虑工期成本、质量成本、安全与环境成本的控制,从而实现工程成本、工期、质量、安全、环境的集成管理。全要素造价管理的核心是按照优先性的原则,协调和平衡工期、质量、安全、环保与成本之间的对立统一关系。

4. 全方位造价管理

建设工程造价管理不仅仅是业主或承包单位的任务,还应该是政府建设主管部门、行业协会、建设单位、设计单位、施工单位以及有关咨询机构的共同任务。尽管各方的地位、利益、角度等有所不同,但必须建立完善的协同工作机制,建立健全各单位的全过程造价控制的责任,才能实现建设工程造价的有效控制。全方位造价管理的核心是投资效益的最大化和合理地使用项目的人力、物力和财力以节约工程造价。

1.3 工程造价管理的发展

1.3.1 国外及我国香港地区工程造价管理的发展状况

1. 英国工程造价管理

英国是世界上最早出现工程造价咨询行业并成立相关行业协会的国家,1773 年就开始有了工料的计算规则。经过工程实践,1965年开始形成全英统一的工程量标准计量规则和工程造价体系,使工程造价管理工作形成了一个科学化、规范化的颇有影响力的独立专业。

英国工程造价咨询公司在英国被称为工料测量师行,英国的行业协会负责管理工程造价专业人士,编制工程造价计量标准,发布相关造价信息及造价指标。

2．美国工程造价管理

美国拥有世界最为发达的市场经济体系。美国的建筑业也十分发达,具有投资多元化和高度现代化、智能化的建筑技术与管理的广泛应用相结合的行业特点。美国的工程造价管理是建立在高度发达的自由竞争市场经济基础之上的。

美国的建设工程主要分为政府投资和私人投资两大类,其中,私人投资工程占到整个建筑业投资总额的60%～70%。美国联邦政府没有主管建筑业的政府部门,因而也没有主管工程造价咨询业的专门政府部门,工程造价咨询业完全由行业协会管理。工程造价咨询业涉及多个行业协会,如美国土木工程师协会、总承包商协会、建筑标准协会、工程咨询业协会、国际工程造价促进会等。

美国工程造价管理具有以下特点:

(1) 完全市场化的工程造价管理模式。在没有全国统一的工程量计算规则和计价依据的情况下,一方面由各级政府部门制定各自管辖的政府投资工程相应的计价标准,另一方面,承包商需根据自身积累的经验进行报价。同时,工程造价咨询公司依据自身积累的造价数据和市场信息,协助业主和承包商为工程项目提供全过程、全方位的管理与服务。

(2) 具有较完备的法律及信誉保障体系。美国工程造价管理是建立在相关的法律制度基础上的。例如:建筑行业对合同的管理十分严格,合同对当事人各方都具有严格的法律制约,即业主、承包商、分包商、提供咨询服务的第三方之间,都必须采用合同的方式开展业务,严格履行相应的权利和义务。

同时,美国的工程造价咨询企业自身具有较为完备的合同管理体系和完善的企业信誉管理平台。各个企业视自身的业绩和荣誉为企业长期发展的重要条件。

(3) 具有较成熟的社会化管理体系。美国的工程造价咨询业主要依靠政府和行业协会的共同管理与监督,实行"小政府、大社会"的行业管理模式。美国的相关政府管理机构对整个行业的发展进行宏观调控,更多的具体管理工作主要依靠行业协会,由行业协会更多地承担对专业人员和法人团体的监督和管理职能。

(4) 拥有现代化管理手段。当今的工程造价管理均需采用先进的计算机技术和现代化的网络信息技术。在美国,信息技术的广泛应用,不但大大提高了工程项目参与各方之间的沟通、文件传递等的工作效率,也可及时、准确地提供市场信息,同时也使工程造价咨询公司收集、整理和分析各种复杂、繁多的工程项目数据成为可能。

3．日本工程造价管理

工程积算制度是日本工程造价管理所采用的主要模式。工程造价咨询行业由日本政府建设主管部门和日本建筑积算协会统一进行业务管理和行业指导。其中,政府建设主管部门负责制定、发布工程造价政策、相关法律法规、管理办法,对工程造价咨询业的发展进行宏观调控。

日本建筑积算协会作为全国工程咨询的主要行业协会,其主要的服务范围是:推进工程造价管理的研究;工程量计算标准的编制、建筑成本等相关信息的收集、整理与发布;专业人员的业务培训及个人执业资格准入制度的制定与具体执行等。

工程造价咨询公司在日本被称为工程积算所,主要由建筑积算师组成。日本的工程积算所一般对委托方提供以工程造价管理为核心的全方位、全过程的工程咨询服务,其主要业务范围包括:工程项目的可行性研究、投资估算、工程量计算、单价调查、工程造价细算、标底价编制与审核、招标代理、合同谈判、变更成本积算、工程造价后期控制与评估等。

4. 我国香港地区工程造价管理

香港工程造价管理模式是沿袭英国的做法,但在管理主体、具体计量规则的制定,工料测量师事务所和专业人士的执业范围和深度等方面,都根据自身特点进行了适当调整,使之更适合香港地区工程造价管理的实际需要。

在香港,专业保险在工程造价管理中得到了较好应用。一般情况下,由于工料测量师事务所受雇于业主,在收取一定比例咨询服务费的同时,要对工程造价控制负有较大责任。因此,工料测量师事务所在接受委托,特别是控制工期较长、难度较大的项目造价时,都需购买专业保险,以防工作失误原因对业主进行赔偿后破产。可以说,工程保险的引入,一方面加强了工料测量师事务所防范风险和抵抗风险的能力,也为香港工程造价业务向国际市场开拓提供了有力保障。

从 20 世纪 60 年代开始,香港的工料测量师事务所已发展为可对工程建设全过程进行成本控制,并影响建筑设计事务所和承包商的专业服务类公司,在工程建设过程中扮演着越来越重要的角色。政府对测量师事务所合伙人有严格要求,要求公司的合伙人必须具有较高的专业知识和技能,并获得相关专业学会颁发的注册测量师执业资格,否则,领不到公司营业执照,无法开业经营。香港的工料测量师以自己的实力、专业知识、服务质量在社会上赢得声誉,以公正、中立的身份从事各种服务。

1.3.2　国外工程造价管理的特点

分析发达国家和地区的工程造价管理,其特点主要体现在以下几个方面。

1. 政府的间接调控

通过对美国、英国、日本等国工程造价管理的了解,我们认识到政府主要是通过间接手段对工程造价进行管理。发达国家一般按投资来源不同,将项目划分为政府投资项目和私人(财团)投资项目。政府对不同类别的项目实行不同力度和深度的管理,重点是控制政府投资工程。如英国,对政府投资工程采取集中管理的办法,按政府的有关面积标准、造价指标,在核定的投资范围内进行方案设计、施工设计,实施目标控制,不得突破。如遇非正常因素,宁可在保证使用功能的前提下降低标准,也要将造价控制在额度范围内。美国对政府投资工程则采用两种方式,一是由政府设专门机构对工程进行直接管理。美国各地方政府都设有相应的管理机构,如纽约市政府的综合开发部(DGS)、华盛顿政府的综合开发局(GSA)等都是代表各级政府专门负责管理建设工程的机构。二是通过公开招标委托承包商进行管理。美国法律规定,所有的政府投资工程都要进行公开招标,特定情况下(涉及国防、军事机密等)可邀请招标和议标。但对项目的审批权限、技术标准(规范)、价格、指数都需明确规定,确保项目资金不突破审批的金额。

2.有章可循的计价依据

费用标准、工程量计算规则、经验数据等是发达国家和地区计算和控制工程造价的主要依据。如美国,联邦政府和地方政府没有统一的工程造价计价依据和标准,一般根据积累的工程造价资料,并参考各工程咨询公司有关造价的资料,对各自管辖的政府工程制定相应的计价标准,作为工程费用估算的依据。通过定期发布工程造价指南进行宏观调控与干预。有关工程造价的工程量计算规则、指标、费用标准等,一般是由各专业协会、大型工程咨询公司制定。各地的工程咨询机构,根据本地区的具体特点,制定单位建筑面积的消耗量和基价,作为所管辖项目造价估算的标准。

英国工程造价工程量的测算方法和标准都是由专业学会或协会负责。因此,由英国皇家测量师学会(RICS)组织制定的《建筑工程工程量计算规则》(SMM)作为工程量计算规则,是参与工程建设各方共同遵守的计量、计价的基本规则,在英国及英联邦国家被广泛应用与借鉴。此外,英国土木工程学会(ICE)还编制了适用于大型或复杂工程项目的《土木工程工程量计算规则》(CESMM)。

3.多渠道的工程造价信息

发达国家和地区都十分重视对各方面造价信息的及时收集、筛选、整理以及加工工作。这是因为造价信息是建筑产品估价和结算的重要依据。从某种角度讲,及时、准确地捕捉建筑市场价格信息是业主和承包商能否保持竞争优势和取得盈利的关键因素之一。如在美国,建筑造价指数一般由一些咨询机构和新闻媒介来编制,在多种造价信息来源中,工程新闻记录(engineering news record,ENR)造价指标是比较重要的一种。编制 ENR 造价指数的目的是为了准确地预测建筑价格,确定工程造价。它是一个加权总指数,由构件钢材、波特兰水泥、木材和普通劳动力 4 种个体指数组成。ENR 共编制两种造价指数,一是建筑造价指数,二是房屋造价指数。这两个指数在计算方法上基本相同,区别仅体现在计算总指数中的劳动力要素不同。ENR 指数资料来源于 20 个美国城市和 2 个加拿大城市,ENR 在这些城市中派有信息员,专门负责收集价格资料和信息。ENR 总部则将这些信息员收集到的价格信息和数据汇总,在每个星期四计算并发布最近的造价指数。

4.造价工程师的动态估价

在英国,业主对工程的估价一般要委托工料测量师行来完成。测量师行的估价大体上是按比较法和系数法进行,经过长期的估价实践,他们都拥有极为丰富的工程造价实例资料,甚至建立了工程造价数据库,对于标书中所列出的每一项目价格的确定都有自己的标准。在估价时,工料测量师行将不同设计阶段提供的拟建工程项目资料与以往同类工程项目对比,结合当前建筑市场行情,确定项目单价。对于未能计算的项目(或没有对比对象的项目),则以其他建筑物的造价分析得来的资料补充。承包商在投标时的估价一般要凭自己的经验来完成,往往把投标工程划分为各分部工程,根据本企业定额计算出所需人工、材料、机械等的耗用量,而人工单价主要根据各劳务分包商的报价,材料单价主要根据各材料供应商的报价加以比较确定。承包商根据建筑市场供求情况随行就市,自行确定管理费率,最后做出体现当时当地实际价格的工程报价。总之,工程任何一方的估价,都是以市场状况为重要依据,是完全意义的动态估价。

在美国,工程造价的估算主要由设计部门或专业估价公司来承担,造价工程师(cost engineer)在具体编制工程造价估算时,除了考虑工程项目本身的特征因素(如项目拟采用的独特工艺和新技术、项目管理方式、现有场地条件以及资源获得的难易程度等)外,一般还对项目进行较为详细的风险分析,以确定适度的预备费。但确定工程预备费的比例并不固定,随项目风险程度的大小而确定不同的比例。造价工程师通过掌握不同的预备费率来调节造价估算的总体水平。

5. 通用的合同文本

合同在工程造价管理中有着重要的地位,发达国家和地区都将严格按合同规定办事作为一项通用的准则来执行,并且有的国家还执行通用的合同文本。在英国,其建设工程合同制度已有几百年的历史,有着丰富的内容和庞大的体系。澳大利亚、新加坡的建设工程合同制度都始于英国,著名的 FIDIC(国际咨询工程师联合会)合同文件,也以英国的合同文件作为母本。英国有着一套完整的建设工程标准合同体系,包括 JCT(JCT 公司)合同体系、ACA(咨询顾问建筑师协会)合同体系、ICE(土木工程师学会)合同体系、皇家政府合同体系。

美国建筑师学会(AIA)的合同条件体系更为庞大,分为 A、B、C、D、F、G 系列。AIA 系列合同条件的核心是"通用条件"。采用不同的计价方式时,只需选用不同的"协议书格式"与"通用条件"结合。AIA 合同条件主要有总价、成本补偿及最高限定价格等计价方式。

6. 重视实施过程中的造价控制

国外对工程造价的管理是以市场为中心的动态控制。造价工程师能对造价计划执行中所出现的问题及时分析研究,及时采取纠正措施,这种强调项目实施过程中造价管理的做法,体现了造价控制的动态性,并且重视造价管理所具有的随环境、工作的进行以及价格等变化而调整造价控制标准和控制方法的动态特征。

以美国为例,造价工程师十分注重工程项目具体实施过程中的控制与管理,一旦发现偏差,就按一定的标准方法实施纠偏。同时,美国工程造价的动态控制还体现在造价信息的反馈系统,对工程造价资料数据进行及时、准确的处理,从而保证造价管理的科学性。

1.3.3　我国工程造价管理的发展历程

我国工程造价管理大致经历了 6 个阶段:

第一阶段,1950—1957 年,是与计划经济相适应的概预算定额制度建立时期。为了合理确定工程造价,我国引进苏联的概预算定额管理制度,其核心是"三性一静",即定额的统一性、综合性、指令性及人工、材料、机械价格为静态。

第二阶段,1958—1976 年,在近二十年的过程中由于受"左"的错误思想及"文化大革命"的影响,概预算定额管理制度遭到极大的破坏,各级概预算部门被精简甚至撤销,大量定额基础资料被销毁,只算政治账,不算经济账,造成大量工程项目设计无概算、施工无预算、竣工无决算的状况。

第三阶段,20 世纪 70 年代后期到 80 年代,是工程造价管理工作整顿和重新发展的阶段。从 1977 年国家开始恢复造价管理机构,1983 年成立了基本建设标准定额局,组织制定工程建设概预算定额、费用标准及工作制度。1988 年划归建设部,成立标准定额司,各省市、各部委建立定额管理站。1990 年成立了中国建设工程造价管理协会,在此阶段,工程造价基本实行国家、行业部门概预算定额标准下的"量价合一"政府定价机制。

第四阶段,从 20 世纪 90 年代到 2003 年,是定额计价模式广泛应用阶段。在此阶段,由于国家在政策方针、法律法规的大力推动下,建筑行业全面实行概预算定额计价的方式,定额计价得到了长足的发展,并逐渐由"量价合一"定额计价模式向"控制量、指导价、竞争费"的政府指导价的方向转型。

第五阶段,从 2003 年 7 月到 2008 年,以《建设工程工程量清单计价规范》(GB 50500—2013)的发布为标准,工程造价管理进入由市场定价阶段。在 20 世纪 90 年代,国家虽然提出了"控制量、指导价、竞争费"和"量价分离"的改革思路,但仍然难以改变建筑产品国家定价的成分。借鉴国际上发达国家的先进计价理念,提出在我国工程造价领域推行工程量清单计价模式,并要求"使用国有资金投资的建设工程发承包,必须采用工程量清单计价"的强制要求,是我国工程计价的一次重大改革,使我国计价工作逐步实现"政府宏观调控、企业自主报价、市场形成价格"的安全市场配置资源的一种局面。

第六阶段,从 2008 年至今,工程量清单计价模式成熟和发展阶段。虽然我国在 2003 年发布了《建设工程工程量清单计价规范》(GB 50500—2003),但由于经验不足,规范编制不够完整、科学,缺乏可操作性,使得"03 规范"在实施过程中,暴露出诸多问题与不足,比如:"03 规范"侧重于规范工程招投标中的计价行为,实施和结算阶段没有具体约定;再比如,在合同实施过程中的物价变化风险没有具体约定,只是在规范提到"业主承担工程量变化的风险,承包人承担价格变化的风险",使得"03 规范"在实际中很难操作。在此基础上,国家相继发布"08 规范"和"13 规范",进一步完善工程量清单计价的应用,覆盖了从招投标开始到工程竣工结算全过程的计价规定,并提出了发承包阶段工程计价风险的分摊规定,合同价款调整的范围及调整方法,甚至提出了合同价款争议的解决方式等内容,使得工程量清单计价模式可操作性大大加强,客观上促进了工程量清单计价的发展。

1.4　注册造价工程师执业资格制度简介

1.4.1　注册造价工程师概念及素质要求

1. 注册造价工程师的概念

根据《注册造价工程师管理办法》(建设部第 150 号令),造价工程师是指通过全国造价工程师执业资格统一考试,或者通过资格认定或资格互认,取得中华人民共和国造价工程师执业资格,按有关规定进行注册并取得中华人民共和国造价工程师注册证书和执业印章,从事工程造价活动的专业人员。

我国实行造价工程师注册执业管理制度。取得造价工程师执业资格的人员,必须经过注册方能以注册造价工程师的名义进行执业。凡从事工程建设活动的建设、设计、施工、工程造价咨询、工程造价管理等单位和部门,必须在计价、评估、审查(核)、控制及管理等岗位配备有注册造价工程师执业资格的专业技术人员。

2. 造价工程师的素质要求

造价工程师的职责关系到国家和社会公众利益,对其专业和身体素质的要求应包括以下几个方面:

(1)造价工程师是复合型的专业管理人才。作为工程造价管理者,造价工程师应是具备工程、经济和管理知识与实践经验的高素质复合型专业人才。

(2)造价工程师应具备技术技能。技术技能是指能使用由经验、教育及培训的知识、方法、技能及设备,来达到特定任务的能力。

(3)造价工程师应具备人文技能。人文技能是指与人共事的能力和判断力。造价工程师应具有高度的责任心与协作精神,善于与业务有关的各方面人员沟通、协作,共同完成对项目目标的控制或管理。

(4)造价工程师应具备观念技能。观念技能是指了解整个组织及自己在组织中地位的能力,使自己不仅能按本身所属的群体目标行事,而且能按整个组织的目标行事。同时,造价工程师应有一定的组织管理能力,具有面对机遇与挑战积极进取、勇于开拓的精神。

(5)造价工程师应有健康的体魄。健康的心理和较好的身体素质是造价工程师适应紧张、繁忙工作的基础。

3. 造价工程师的职业道德

造价工程师的职业道德又称职业操守,通常是指在职业活动中所遵守的行为规范的总称,是专业人士必须遵从的道德标准和行业规范。

为提高造价工程师整体素质和职业道德水准,维护和提高造价咨询行业的良好信誉,促进行业的健康持续发展,中国建设工程造价管理协会制订和颁布了《造价工程师职业道德行为准则》,其具体要求如下:

(1)遵守国家法律、法规和政策,执行行业自律性规定,珍惜职业声誉,自觉维护国家和社会公共利益。

(2)遵守"诚信、公正、精业、进取"的原则,以高质量的服务和优秀的业绩,赢得社会和客户对造价工程师职业的尊重。

(3)勤奋工作,独立、客观、公正、正确地出具工程造价成果文件,使客户满意。

(4)诚实守信,尽职尽责,不得有欺诈、伪造、作假等行为。

(5)尊重同行,公平竞争,搞好同行之间的关系,不得采取不正当的手段损害、侵犯同行的权益。

(6)廉洁自律,不得索取、收受委托合同约定以外的礼金和其他财物,不得利用职务之便谋取其他不正当的利益。

(7)造价工程师与委托方有利害关系的,应当主动回避;同时,委托方也有权要求其回避。

(8)对客户的技术和商务秘密负有保密义务。

（9）接受国家和行业自律组织对其职业道德行为的监督检查。

1.4.2　造价工程师执业资格考试

《注册造价工程师管理办法》《造价工程师继续教育实施办法》《造价工程师职业道德行为准则》等文件的陆续颁布与实施，确立了我国造价工程师执业资格制度体系框架。我国造价工程师执业资格制度如图 1-2 所示。

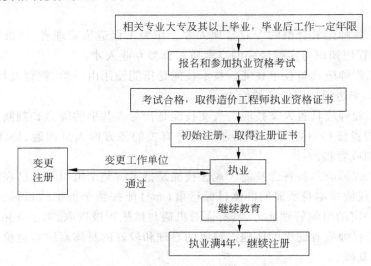

图 1-2　造价工程师执业资格制度简图

1. 执业资格考试

全国造价工程师执业资格考试由原国家建设部与国家人事部共同组织，实行全国统一大纲、统一命题、统一组织的办法。原则上每年举行一次，原则上只在省会城市设立考点。考试采用滚动管理，共设 4 个科目，单科滚动周期为 2 年。

1）报考条件

凡中华人民共和国公民，遵纪守法并具备以下条件之一者，均可申请参加造价工程师执业资格考试：

（1）工程造价专业大专毕业后，从事工程造价业务工作满 5 年；工程或工程经济类大专毕业，从事工程造价业务工作满 6 年。

（2）工程造价专业本科毕业后，从事工程造价业务工作满 4 年；工程或工程经济类本科毕业，从事工程造价业务工作满 5 年。

（3）获上述专业第二学士学位或研究生毕业、获硕士学位后，从事工程造价业务工作满 3 年。

（4）获上述专业博士学位后，从事工程造价业务工作满 2 年。

2）考试科目

造价工程师执业资格考试分为四个科目：

（1）《建设工程造价管理》，主要内容包括投资经济理论、经济法与合同法、项目管理等知识，题型为客观选择题（单项选择题 60 分，多项选择题 40 分），满分为 100 分，考试时间为

2.5h;

（2）《建设工程计价》，主要包括工程造价构成及计算、计价方法及计价依据、各阶段造价文件的编制、合同价款的约定及调整等内容，题型为客观选择题（单项选择题72分，多项选择题48分），满分为120分，考试时间为3.0h；

（3）《建设工程技术与计量》（分土建或安装两个专业），要求掌握两专业基本技术知识和计量经验。题型为客观选择题（单项选择题60分，多项选择题40分），满分为100分，考试时间为2.5h；

（4）《建设工程造价案例分析》，要求能计算、审查专业单位工程量；编制和审查专业工程投资估算、设计概算、施工图预算、招标控制价、投标报价、工程结（决）算文件；能进行方案技术经济分析评价、编制补充定额等技能。题型为主观案例分析题，共6题，满分140分，考试时间为4.0h。

2．证书取得

造价工程师执业资格考试合格者，由省、自治区、直辖市人事（职改）部门颁发统一印制，由国家人力资源主管部门和住房城乡建设主管部门统一用印的造价工程师执业资格证书，该证书全国范围内有效，并作为造价工程师注册的凭证。

1.4.3 造价工程师注册及执业管理

1．注册管理

1）注册管理部门

国务院建设主管部门对全国注册造价工程师的注册、执业活动实施统一监督管理；国务院铁路、交通、水利、信息产业等有关部门按照国务院规定的职责分工，对有关专业注册造价工程师的注册、执业活动实施监督管理。

省、自治区、直辖市人民政府建设主管部门对本行政区域内注册造价工程师的注册、执业活动实施监督管理。

2）注册条件

（1）取得造价工程师执业资格；

（2）受聘于一个工程造价咨询企业或者工程建设领域的建设、勘察设计、施工、招标代理、工程监理、工程造价管理等单位；

（3）没有不予注册的情形。

取得造价工程师执业资格证书的人员申请注册的，应当向聘用单位工商注册所在地的省级注册初审机关或者部门注册初审机关提出注册申请，分为初始注册、延续注册、变更注册三类，每类注册均应满足一定的条件方可进行。①初始注册：取得造价工程师执业资格证书的人员，可自资格证书签发之日起1年内申请初始注册。逾期未申请者，须符合继续教育的要求后方可申请初始注册。初始注册的有效期为4年。②延续注册：注册造价工程师注册有效期满需继续执业的，应当在注册有效期满30日前，按照规定的程序申请延续注册。延续注册的有效期为4年。③变更注册：在注册有效期内，注册造价工程师变更执业单位的，应当与原聘用单位解除劳动合同，并按照规定的程序办理变更注册手续。变更注册后延续原注册有效期。

3）不予注册的情形

根据《注册造价工程师管理办法》（建设部令第150号）规定，有下列情形之一的，不予注册：

（1）不具有完全民事行为能力的；

（2）申请在两个或者两个以上单位注册的；

（3）未达到造价工程师继续教育合格标准的；

（4）前一个注册期内造价工作业绩达不到规定标准或未办理暂停执业手续而脱离工程造价业务岗位的；

（5）受刑事处罚，刑事处罚尚未执行完毕的；

（6）因工程造价业务活动受刑事处罚，自刑事处罚执行完毕之日起至申请注册之日止不满5年的；

（7）因工程造价业务活动以外的原因受刑事处罚，自处罚决定之日起至申请注册之日止不满3年的；

（8）被吊销注册证书，自被处罚决定之日起至申请之日止不满3年的；

（9）以欺骗、贿赂等不正当手段获准注册被撤销，自被撤销注册之日起至申请注册之日止不满3年的；

（10）法律、法规规定不予注册的其他情形。

2．执业管理

1）注册造价工程师的执业范围

（1）建设项目建议书、可行性研究投资估算的编制和审核，项目经济评价，工程概算、预算、结算，竣工结（决）算的编制和审核；

（2）工程量清单、标底（或者招标控制价）、投标报价的编制和审核，工程合同价款的签订及变更、调整，工程款支付与工程索赔费用的计算；

（3）建设项目管理过程中设计方案的优化、限额设计等工程造价分析与控制，工程保险理赔的核查；

（4）工程经济纠纷的鉴定。

2）注册造价工程师的权利

（1）使用注册造价工程师名称；

（2）依法独立执行工程造价业务；

（3）在本人执业活动中形成的工程造价成果文件上签字并加盖执业印章；

（4）发起设立工程造价咨询企业；

（5）保管和使用本人的注册证书和执业印章；

（6）参加继续教育。

3）注册造价工程师的义务

（1）遵守法律、法规和有关管理规定，恪守职业道德；

（2）保证执业活动成果的质量；

（3）接受继续教育，提高执业水平；

（4）执行工程造价计价标准和计价方法；

（5）与当事人有利害关系的，应当主动回避；

（6）保守在执业中知悉的国家秘密和他人的商业、技术秘密。

注册造价工程师应当在本人承担的工程造价成果文件上签字并盖章。修改经注册造价工程师签字盖章的工程造价成果文件，应当由签字盖章的注册造价工程师本人进行。注册造价工程师本人因特殊情况不能进行修改的，应当由其他注册造价工程师修改，并签字盖章；修改工程造价成果文件的注册造价工程师对修改部分承担相应的法律责任。

3. 继续教育管理

继续教育应贯穿于造价工程师的整个执业过程，是注册造价工程师持续执业资格的必备条件之一。注册造价工程师有义务接受并按要求完成继续教育。

注册造价工程师在每一注册有效期内应接受必修课和选修课各为 60 学时的继续教育。继续教育达到合格标准的，颁发继续教育合格证明。注册造价工程师继续教育由中国建设工程造价管理协会负责组织、管理、监督。

第 2 章

建设工程项目投资构成及计算

2.1 建设工程项目总投资的构成

2.1.1 建设项目总投资的具体构成内容

建设项目总投资是为完成工程项目建设并达到使用要求或生产条件,在建设期内预计或实际投入的全部费用总和。生产性建设工程项目总投资包括建设投资、建设期利息和流动资金三部分;非生产性建设工程项目总投资包括建设投资和建设期利息两部分。根据国家发展和改革委员会与住房和城乡建设部发布的《建设项目经济评价方法与参数(第三版)》(发改投资〔2006〕1325 号)的规定,我国现行建设项目总投资的具体构成内容如表 2-1 所示。

表 2-1 建设项目总投资构成

费 用 项 目			
建设项目总投资	建设投资	第一部分工程费用	设备及工具、器具购置费
			建筑工程费
			安装工程费
		第二部分工程建设其他费用	建设用地费
			建设管理费
			可行性研究费
			研究试验费
			勘察设计费
			专项评价及验收费
			场地准备及临时设施费
			引进技术和引进设备其他费
			工程保险费
			特殊设备安全监督检验费
			市政公用设施费
			联合试运转费
			专利及专有技术使用费
			生产准备费
		第三部分预备费	基本预备费
			价差预备费
	建设期利息		
	流动资金(项目报批总投资和概算总投资中只列铺底流动资金)		

2.1.2　建设项目总投资构成中的相关概念

1.静态投资与动态投资

静态投资是指不考虑物价上涨、建设期贷款利息等影响因素的建设投资。静态投资包括建筑安装工程费、设备及工器具购置费、工程建设其他费用和基本预备费，以及因工程量误差而引起的工程造价的增减等。

动态投资是指考虑物价上涨、建设期贷款利息等影响因素的建设投资。动态投资除包括静态投资外，还包括涨价预备费、建设期利息等。

静态投资和动态投资密切相关。动态投资包含静态投资，静态投资是动态投资最主要的组成部分，也是动态投资的计算基础。

2.建设项目总投资与固定资产投资

建设项目总投资是指为完成工程项目建设，在建设期（预计或实际）投入的全部费用总和。建设项目按用途可分为生产性建设项目和非生产性建设项目。生产性建设项目总投资包括固定资产投资和流动资产投资两部分；非生产性建设项目总投资只包括固定资产投资，不含流动资产投资。建设项目总造价是指项目总投资中的固定资产投资总额。

固定资产投资是投资主体为达到预期收益的资金垫付行为。建设项目固定资产投资也就是建设项目工程造价，二者在量上是等同的。其中，建筑安装工程投资也就是建筑安装工程造价，二者在量上也是等同的。从这里也可以看出工程造价两种含义的同一性。

3.流动资金

流动资金是指企业购置劳动对象和支付职工劳动报酬及其他生产周转费用所垫支的资金，是流动资产和流动负债的差额。

流动资金的实物形态是流动资产，包括必要的现金、各种存款、应收及应付款项、存货等，流动负债主要是指应付账款。铺底流动资金是指生产性建设工程项目为保证生产和经营正常进行，按规定应列入建设工程项目总投资的铺底流动资金，一般按流动资金的30%计算。

2.2　设备及工具、器具购置费用的构成和计算

设备及工具、器具购置费用是由设备购置费和工具、器具及生产家具购置费组成的，它是固定资产投资中的积极部分。在生产性工程建设中，设备及工器具购置费用占工程造价比重的增大，意味着生产技术的进步和资本有机构成的提高。

2.2.1　设备购置费的构成和计算

设备购置费是指购置或自制的达到固定资产标准的设备、工器具及生产家具等所需的费用。它由设备原价和设备运杂费构成。

$$设备购置费 ＝ 设备原价 ＋ 设备运杂费 \tag{2-1}$$

式中,设备原价指国内采购设备的出厂(场)价格,或国外采购设备的抵岸价格,设备原价通常包含备品备件费在内;设备运杂费指除设备原价之外的关于设备采购、运输、途中包装及仓库保管等方面支出费用的总和。

设备运杂费的计算公式为

$$设备运杂费 = 设备原价 \times 设备运杂费费率 \tag{2-2}$$

式中,设备运杂费费率按有关规定计取。

1. 国产设备原价的构成及计算

国产设备分为国产标准设备和国产非标准设备。

1) 国产标准设备原价

国产标准设备是指按照主管部门颁布的标准图纸和技术要求,由我国设备生产厂批量生产的,符合国家质量检测标准的设备。国产标准设备一般有完善的设备交易市场,因此可通过查询相关交易市场价格或向设备生产厂家询价得到国产标准设备原价。

2) 国产非标准设备原价

国产非标准设备是指国家尚无定型标准,各设备生产厂不可能在工艺过程中采用批量生产,只能按订货要求并根据具体的设计图纸制造的设备。非标准设备由于单件生产、无定型标准,所以无法获取市场交易价格,只能按其成本构成或相关技术参数估算其价格。非标准设备原价有多种不同的计算方法,如成本计算估价法、系列设备插入估价法、分部组合估价法、定额估价法等。但无论采用哪种方法都应该使非标准设备计价接近实际出厂价,并且计算方法要简便。成本计算估价法是一种比较常用的估算非标准设备原价的方法。按成本计算估价法,非标准设备的原价由以下各项组成。

(1) 材料费。其计算公式如下:

$$材料费 = 材料净重 \times (1 + 加工损耗系数) \times 每吨材料综合价 \tag{2-3}$$

(2) 加工费。包括生产工人工资和工资附加费、燃料动力费、设备折旧费、车间经费等,其计算公式如下:

$$加工费 = 设备总重量(吨) \times 设备每吨加工费 \tag{2-4}$$

(3) 辅助材料费(简称辅材费)。包括焊条、焊丝、氧气、氩气、氮气、油漆、电石等费用,其计算公式如下:

$$辅助材料费 = 设备总重量 \times 辅助材料费指标 \tag{2-5}$$

(4) 专用工具费。按(1)~(3)项之和乘以一定百分比计算。

(5) 废品损失费。按(1)~(4)项之和乘以一定百分比计算。

(6) 外购配套件费。按设备设计图纸所列的外购配套件的名称、型号、规格、数量、重量,根据相应的价格加运杂费计算。

(7) 包装费。按以上(1)~(6)项之和乘以一定百分比计算。

(8) 利润。可按(1)~(5)项加第(7)项之和乘以一定利润率计算。

(9) 税金,主要指增值税。通常是指设备制造厂销售设备时向购入设备方收取的销项税额,计算公式如下:

$$当期销项税额 = 销售额 \times 适用增值税率 \tag{2-6}$$

其中,销售额为(1)~(8)项之和。

（10）非标准设备设计费。按国家规定的设计费收费标准计算。

综上所述，单台非标准设备原价可用下面的公式计算：

$$单台非标准设备原价 = \{[（材料费 + 加工费 + 辅助材料费）\times$$
$$（1 + 专用工具费率）\times（1 + 废品损失费率）+ 外购配套件费] \times$$
$$（1 + 包装费率）- 外购配套件费\} \times（1 + 利润率）+$$
$$外购配套件费 + 销项税额 + 非标准设备设计费 \qquad (2\text{-}7)$$

【例 2-1】 某工厂采购一台国产非标准设备，制造厂生产该台设备所用材料费 20 万元，加工费 2 万元，辅助材料费 4000 元。专用工具费率 1.5%，废品损失费率 10%，外购配套件费 5 万元，包装费率 1%，利润率为 7%，增值税率为 17%，非标准设备设计费 2 万元。求该国产非标准设备的原价。

【解】 专用工具费 $= [（20 + 2 + 0.4）\times 1.5\%]$ 万元 $= 0.34$ 万元

废品损失费 $= [（20 + 2 + 0.4 + 0.34）\times 10\%]$ 万元 $= 2.27$ 万元

包装费 $= [（22.4 + 0.34 + 2.27 + 5）\times 1\%]$ 万元 $= 0.30$ 万元

利润 $= [（22.4 + 0.34 + 2.27 + 0.3）\times 7\%]$ 万元 $= 1.77$ 万元

销项税额 $= [（22.4 + 0.34 + 2.27 + 5 + 0.3 + 1.77）\times 17\%]$ 万元 $= 5.45$ 万元

该国产非标准设备的原价 $=（22.4 + 0.34 + 2.27 + 0.3 + 1.77 + 5.45 + 2 + 5）$ 万元
$= 39.53$ 万元

2. 进口设备原价的构成及计算

进口设备的原价是指进口设备的抵岸价，即设备抵达买方边境、港口或车站，交纳完各种手续费、税费后形成的价格。抵岸价通常是由进口设备到岸价（CIF）和进口从属费构成。进口设备的到岸价，即抵达买方边境港口或边境车站的价格。在国际贸易中，交易双方所使用的交货类别不同，则交易价格的构成内容也有所差异。进口从属费用包括银行财务费、外贸手续费、进口关税、消费税、进口环节增值税等，进口车辆还需缴纳车辆购置税。

在国际贸易中，装运港交货方式是我国进口设备采用较多的一种方式，它有三种交货价 FOB、CFR 和 CIF。

（1）FOB（free on board），意为装运港船上交货，亦称为离岸价格。

（2）CFR（cost and freight），意为成本加运费，或称之为运费在内价。

（3）CIF（cost insurance and freight），意为成本、保险费加运费，习惯称为到岸价格。

$$进口设备原价 = 货价 + 国际运费 + 国际运输保险费 + 银行财务费 +$$
$$外贸手续费 + 进口关税 + 消费税 +$$
$$进口环节增值税 + 车辆购置税 \qquad (2\text{-}8)$$

$$国际运费 = FOB \times 运费费率 \qquad (2\text{-}9)$$

$$国际运输保险费 = \frac{FOB + 国际运费}{1 - 保险费费率} \times 保险费费率 \qquad (2\text{-}10)$$

$$银行财务费 = 离岸价格（FOB）\times 人民币外汇汇率 \times 银行财务费率 \qquad (2\text{-}11)$$

$$外贸手续费 = 到岸价格（CIF）\times 人民币外汇汇率 \times 外贸手续费率 \qquad (2\text{-}12)$$

$$进口关税 = 到岸价格（CIF）\times 人民币外汇汇率 \times 进口关税税率 \qquad (2\text{-}13)$$

$$增值税 = 组成计税价格 \times 增值税税率 \qquad (2\text{-}14)$$

$$组成计税价格 = 到岸价 + 进口关税 + 消费税 \qquad (2\text{-}15)$$

$$消费税 = \frac{CIF + 进口关税}{1 - 消费税税率} \times 消费税税率 \qquad (2\text{-}16)$$

$$进口车辆购置税 = (关税完税价格 + 进口关税 + 消费税) \times 进口车辆购置税率 \qquad (2\text{-}17)$$

$$CIF = CFR + 国际运输保险费 = FOB + 国际运费 + 国际运输保险费 \qquad (2\text{-}18)$$

$$CFR = FOB + 国际运费 \qquad (2\text{-}19)$$

【例 2-2】 从某国进口设备,质量 1000t,装运港船上交货价为 400 万美元,工程建设项目位于国内某省会城市。如果国际运费标准为 300 美元/t,海上运输保险费率为 3‰,中国银行财务费费率为 5‰,外贸手续费费率为 1.5%,进口关税税率为 22%,增值税税率为 17%,消费税税率为 10%,银行外汇牌价为 1 美元＝6.8 元人民币,对该设备的原价进行估算。

【解】 进口设备 FOB＝(400×6.8)万元＝2720 万元

国际运费＝(300×1000×6.8)万元＝204 万元

$$海运保险费 = \left(\frac{2720 + 204}{1 - 0.3\%} \times 0.3\%\right) 万元 = 8.8 \ 万元$$

CIF＝(2720＋204＋8.8)万元＝2932.8 万元

银行财务费＝(2720×5‰)万元＝13.6 万元

外贸手续费＝(2932.8×1.5%)万元＝43.99 万元

进口关税＝(2932.8×22%)万元＝645.22 万元

$$消费税 = \left(\frac{2932.8 + 645.22}{1 - 10\%} \times 10\%\right) 万元 = 397.56 \ 万元$$

增值税＝[(2932.8＋645.22＋397.56)×17%]万元＝675.85 万元

进口从属费＝(13.6＋43.99＋645.22＋397.56＋675.85)万元

＝1776.22 万元

进口设备原价＝(2932.8＋1776.22)万元＝4709.02 万元

2.2.2 工具、器具及生产家具购置费的构成和计算

工具、器具及生产家具购置费,是指新建或扩建项目初步设计规定的,保证初期正常生产必须购置的没有达到固定资产标准的设备、仪器、工卡模具、器具、生产家具和备品备件等的购置费用。计算公式为

$$工具、器具及生产家具购置费 = 设备购置费 \times 定额费率 \qquad (2\text{-}20)$$

2.3 建筑安装工程费用构成

2.3.1 建筑安装工程费用内容

建筑安装工程费是指为完成工程项目建造、生产性设备及配套工程安装所需的费用。

1. 建筑工程费用内容

(1) 各类房屋建筑工程和列入房屋建筑工程预算的供水、供暖、卫生、通风、煤气等设备

费用及其装设、油饰工程的费用,列入建筑工程预算的各种管道、电力、电信和电缆导线敷设工程的费用。

(2) 设备基础、支柱、工作台、烟囱、水塔、水池、灰塔等建筑工程以及各种炉窑的砌筑工程和金属结构工程的费用。

(3) 为施工而进行的场地平整,工程和水文地质勘察,原有建筑物和障碍物的拆除以及施工临时用水、电、暖、气、路、通信和完工后的场地清理,环境绿化、美化等工作的费用。

(4) 矿井开凿、井巷延伸、露天矿剥离,石油、天然气钻井,修建铁路、公路、桥梁、水库、堤坝、灌渠及防洪等工程的费用。

2．安装工程费用内容

(1) 生产、动力、起重、运输、传动和医疗、实验等各种需要安装的机械设备的装配费用,与设备相连的工作台、梯子、栏杆等设施的工程费用,附属于被安装设备的管线敷设工程费用,以及被安装设备的绝缘、防腐、保温、油漆等工作的材料费和安装费。

(2) 为测定安装工程质量,对单台设备进行单机试运转、对系统设备进行系统联动无负荷试运转工作的调试费。

2.3.2　我国现行建筑安装工程费用项目组成

根据住房城乡建设部、财政部颁布的"关于印发《建筑安装工程费用项目组成》的通知"(建标〔2013〕44 号),我国现行建筑安装工程费用项目按两种不同的方式划分,即按费用构成要素划分和按造价形成划分。

1．按费用构成要素划分建筑安装工程费用项目构成和计算

建筑安装工程费用按照费用构成要素划分为人工费、材料(包含工程设备,下同)费、施工机具使用费、企业管理费、利润、规费和税金,其具体构成如图 2-1 所示。

1) 人工费

人工费是指按工资总额构成规定,支付给直接从事建筑安装工程施工作业的生产工人和附属生产单位工人的各项费用。

(1) 计时工资或计件工资。指按计时工资标准和工作时间或对已做工作按计件单价支付给个人的劳动报酬。

(2) 奖金。指对超额劳动和增收节支支付给个人的劳动报酬。如节约奖、劳动竞赛奖等。

(3) 津贴、补贴。指为了补偿职工特殊或额外的劳动消耗和因其他特殊原因支付给个人的津贴,以及为了保证职工工资水平不受物价影响支付给个人的物价补贴。如流动施工津贴、特殊地区施工津贴、高温(寒)作业临时津贴、高空津贴等。

(4) 加班加点工资。指按规定支付的在法定节假日工作的加班工资和在法定日工作时间外延时工作的加点工资。

(5) 特殊情况下支付的工资。指根据国家法律、法规和政策规定,因病、工伤、产假、计划生育假、婚丧假、事假、探亲假、定期休假、停工学习、执行国家或社会义务等原因,按计时工资标准或计件工资标准的一定比例支付的工资。

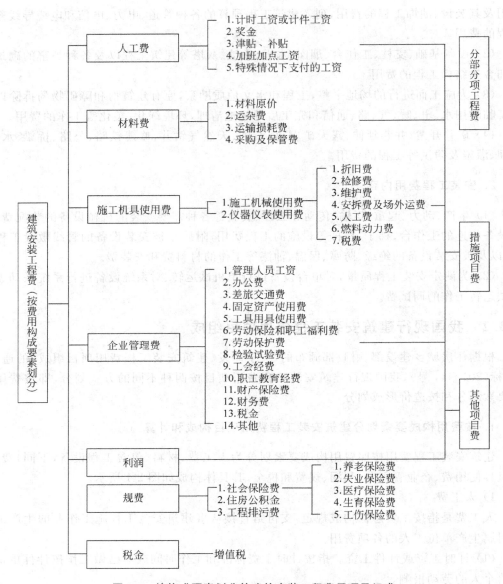

图 2-1　按构成要素划分的建筑安装工程费用项目组成

2) 材料费

材料费是指工程施工过程中耗费的各种原材料、辅助材料、构配件、零件、半成品或成品、工程设备的费用,以及周转材料等的摊销、租赁费用。内容包括:

(1) 材料原价。指材料、工程设备的出厂价格或商家供应价格。

(2) 运杂费。指材料、工程设备自来源地运至工地仓库或指定堆放地点所发生的全部费用。

(3) 运输损耗费。指材料在运输装卸过程中不可避免的损耗。

(4) 采购及保管费。指为组织采购、供应和保管材料、工程设备的过程中所需要的各项费用,包括采购费、仓储费、工地保管费、仓储损耗。

工程设备是指构成或计划构成永久工程一部分的机电设备、金属结构设备、仪器装置及其他类似的设备和装置。

3）施工机具使用费

施工机具使用费是指施工作业所发生的施工机械、仪器仪表使用费或其租赁费。

（1）施工机械使用费。以施工机械台班耗用量乘以施工机械台班单价表示，施工机械台班单价通常由折旧费、检修费、维护费、安拆费及场外运费、人工费、燃料动力费和其他费用组成。

（2）仪器仪表使用费。指工程施工所需使用的仪器仪表的摊销及维修费用。

4）企业管理费

企业管理费是指建筑安装企业组织施工生产和经营管理所需的费用。

（1）管理人员工资。指按规定支付给管理人员的计时工资、奖金、津贴补贴、加班加点工资及特殊情况下支付的工资等。

（2）办公费。指企业管理办公用的文具、纸张、账簿、印刷、邮电、书报、办公软件、现场监控、会议、水电、烧水和集体取暖降温（包括现场临时宿舍取暖降温）等费用。

（3）差旅交通费。指职工因公出差、调动工作的差旅费，住勤补助，市内交通费和误餐补助费，职工探亲路费，劳动力招募费，职工退休、退职一次性路费，工伤人员就医路费，工地转移费以及管理部门使用的交通工具的油料、燃料等费用。

（4）固定资产使用费。管理和试验部门及附属生产单位使用的属于固定资产的房屋、设备、仪器等的折旧、大修、维修或租赁费。

（5）工具用具使用费。指企业施工生产和管理使用的不属于固定资产的工具、器具、家具、交通工具和检验、试验、测绘、消防用具等的购置、维修和摊销费。

（6）劳动保险和职工福利费。指由企业支付的职工退职金、按规定支付给离休干部的经费，集体福利费、夏季防暑降温、冬季取暖补贴、上下班交通补贴等。

（7）劳动保护费。是企业按规定发放的劳动保护用品的支出。如工作服、手套、防暑降温饮料以及在有碍身体健康的环境中施工的保健费用等。

（8）检验试验费。指施工企业按照有关标准规定，对建筑以及材料、构件和建筑安装物进行一般鉴定、检查所发生的费用。包括自设实验室进行试验所耗用的材料等费用；不包括新结构、新材料的试验费，对构件做破坏性试验及其他特殊要求检验试验的费用和建设单位委托检测机构进行检测的费用，对此类检测发生的费用，由建设单位在工程建设其他费用中列支。但对施工企业提供的具有合格证明的材料进行检测不合格的，该检测费用由施工企业支付。当一般纳税人采用一般计税方法时，检验试验费中增值税进项税额现代服务业以适用的税率 6% 扣减。

（9）工会经费。指企业按《中华人民共和国工会法》规定的全部职工工资总额比例计提的工会经费。

（10）职工教育经费。指按职工工资总额的规定比例计提，企业为职工进行专业技术和职业技能培训，专业技术人员继续教育、职工职业技能鉴定、职业资格认定以及根据需要对职工进行各类文化教育所发生的费用。

（11）财产保险费。指施工管理用财产、车辆等的保险费用。

（12）财务费。指企业为施工生产筹集资金或提供预付款担保、履约担保、职工工资支付担保等所发生的各种费用。

（13）税金。指企业按规定缴纳的房产税、非生产性车船使用税、土地使用税、印花税、城市维护建设税、教育费附加以及地方教育附加等各项税费。

（14）其他。包括技术转让费、技术开发费、投标费、业务招待费、绿化费、广告费、公证费、法律顾问费、审计费、咨询费、保险费等。

5）利润

利润是指施工企业完成所承包工程获得的盈利。

6）规费

规费是指按国家法律、法规规定，由省级政府和省级有关权力部门规定必须缴纳或计取的费用。主要包括社会保险费、住房公积金和工程排污费。

（1）社会保险费

① 养老保险费。企业按照规定标准为职工缴纳的基本养老保险费。

② 失业保险费。企业按照规定标准为职工缴纳的失业保险费。

③ 医疗保险费。企业按照规定标准为职工缴纳的基本医疗保险费。

④ 生育保险费。企业按照规定标准为职工缴纳的生育保险费。

⑤ 工伤保险费。企业按照规定标准为职工缴纳的工伤保险费。

（2）住房公积金。企业按规定标准为职工缴纳的住房公积金。

（3）工程排污费。施工企业按规定缴纳的施工现场工程排污费。

7）税金

税金是指按照国家税法规定应计入建筑安装工程造价内的增值税额，按税前造价乘以增值税税率确定。

2．按造价形成划分建筑安装工程费用项目构成和计算

建筑安装工程费按照工程造价形成划分为分部分项工程费、措施项目费、其他项目费、规费和税金。分部分项工程费、措施项目费、其他项目费包含人工费、材料费、施工机具使用费、企业管理费和利润，其具体构成如图 2-2 所示。

1）分部分项工程费

分部分项工程费是指各专业工程的分部分项工程应予列支的各项费用。

（1）专业工程。指按现行国家计量规范划分的房屋建筑与装饰工程、仿古建筑工程、通用安装工程、市政工程、园林绿化工程、矿山工程、构筑物工程、城市轨道交通工程、爆破工程等各类工程。

（2）分部分项工程。指按现行国家计量规范对各专业工程划分的项目。如房屋建筑与装饰工程划分的土石方工程、地基处理与桩基工程、砌筑工程、钢筋及钢筋混凝土工程等。

各类专业工程的分部分项工程划分见现行国家或行业计量规范。

2）措施项目费

措施项目费是指为完成建设工程施工，发生于该工程施工前和施工过程中的技术、生活、安全、环境保护等方面的费用。内容包括：

（1）安全文明施工费。指工程项目施工期间，施工单位为保证安全施工、文明施工和保护现场内外环境等所发生的措施项目费用。通常由环境保护费、文明施工费、安全施工费、

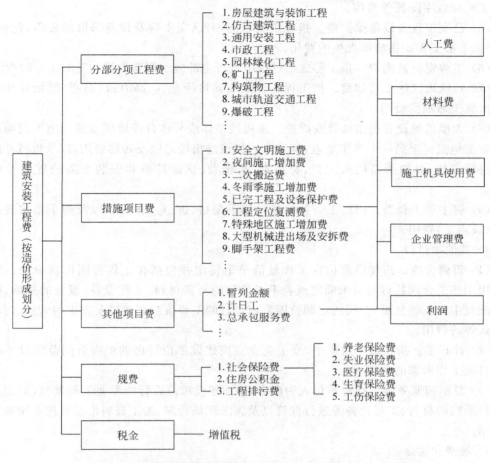

图 2-2　按造价形成划分的建筑安装工程费用项目组成

临时设施费组成。

① 环境保护费。是指施工现场为达到环保部门要求所需要的各项费用。

② 文明施工费。是指施工现场文明施工所需要的各项费用。

③ 安全施工费。是指施工现场安全施工所需要的各项费用。

④ 临时设施费。是指施工企业为进行建设工程施工所必须搭设的生活和生产用的临时建筑物、构筑物和其他临时设施费用。包括临时设施的搭设、维修、拆除、清理费或摊销费等。

（2）夜间施工增加费。指因夜间施工所发生的夜班补助费、夜间施工降效、夜间施工照明设备摊销及照明用电等费用。内容由以下各项组成：

① 夜间固定照明灯具和临时可移动照明灯具的设置、拆除费用。

② 夜间施工时，施工现场交通标志、安全标牌、警示灯的设置、移动、拆除费用。

③ 夜间照明设备摊销及照明用电、施工人员夜班补助、夜间施工劳动效率降低等费用。

（3）二次搬运费。指由于施工场地条件限制而发生的材料、构配件、半成品等一次运输不能达到堆放地点，必须进行二次或多次搬运的费用。

（4）冬雨季施工增加费。指在冬季或雨季施工需增加的临时设施防滑、排除雨雪，人工及施工机械效率降低等费用。

(5) 已完工程及设备保护费。指竣工验收前,对已完工程及设备采取的覆盖、包裹、封闭、隔离等必要保护措施所发生的费用。

(6) 工程定位复测费。指工程施工过程中进行全部施工测量放线和复测工作的费用。

(7) 特殊地区施工增加费。指工程在沙漠或其边缘地区、高海拔、高寒、原始森林等特殊地区施工增加的费用。

(8) 大型机械设备进出场及安拆费。指机械整体或分体自停放场地运至施工现场或由一个施工地点运至另一个施工地点,所发生的机械进出场运输及转移费用,以及机械在施工现场进行安装、拆卸所需的人工费、材料费、机械费、试运转费和安装所需的辅助设施的费用。

(9) 脚手架工程费。指施工需要的各种脚手架搭、拆、运输费用,以及脚手架购置费的摊销(或租赁)费用。

3)其他项目费

(1) 暂列金额。指建设单位在工程量清单中暂定并包括在工程合同价款中的一笔款项。用于施工合同签订时尚未确定或者不可预见的所需材料、工程设备、服务的采购,施工中可能发生的工程变更、合同约定调整因素出现时的工程价款调整以及发生的索赔、现场签证确认等的费用。

(2) 计日工。指在施工过程中,施工企业完成建设单位提出的工程合同范围以外的零星项目或工作所需的费用。

(3) 总承包服务费。指总承包人为配合、协调建设单位进行的专业工程发包,对建设单位自行采购的材料、工程设备等进行保管以及施工现场管理、竣工资料汇总整理等服务所需的费用。

4)规费和税金

规费和税金的构成和计算与按费用构成要素划分建筑安装工程费用项目组成部分是相同的。

2.3.3 建筑安装工程费用计算方法

1.各费用构成要素计算方法

1)人工费

$$人工费 = \sum(工日消耗量 \times 日工资单价) \tag{2-21}$$

$$日工资单价 = [生产工人平均月工资(计时、计件) + 平均月奖金 + 津贴补贴 +$$
$$特殊情况下支付的工资] / 年平均每月法定工作日 \tag{2-22}$$

日工资单价是指施工企业平均技术熟练程度的生产工人在每工作日(国家法定工作时间内)按规定从事施工作业应得的日工资总额。工程造价管理机构确定日工资单价应通过市场调查,根据工程项目的技术要求,参考实物工程量人工单价综合分析确定,最低日工资单价不得低于工程所在地人力资源和社会保障部门所发布的最低工资标准:普工1.3倍、一般技工2倍、高级技工3倍。

工程计价定额不可只列一个综合工日单价,应根据工程项目技术要求和工种差别适当划分多种日人工单价,确保各分部工程人工费的合理构成。

2) 材料费及工程设备费

(1) 材料费

$$材料费 = \sum(材料消耗量 \times 材料单价) \tag{2-23}$$

$$材料单价 = (材料原价 + 运杂费) \times [1 + 运输损耗率(\%)] \times$$
$$[1 + 采购及保管费费率(\%)] \tag{2-24}$$

(2) 工程设备费

$$工程设备费 = \sum(工程设备量 \times 工程设备单价) \tag{2-25}$$

$$工程设备单价 = (设备原价 + 运杂费) \times [1 + 采购及保管费率(\%)] \tag{2-26}$$

3) 施工机具使用费

$$施工机械使用费 = \sum(施工机械台班消耗量 \times 机械台班单价) \tag{2-27}$$

$$机械台班单价 = 台班折旧费 + 台班检修费 + 台班维护费 +$$
$$台班安拆费及场外运费 + 台班人工费 +$$
$$台班燃料动力费 + 台班车船税费 \tag{2-28}$$

$$台班折旧费 = \frac{机械预算价格 \times (1 - 残值率)}{耐用总台班} \tag{2-29}$$

$$耐用总台班 = 折旧年限 \times 年工作台班 = 检修间隔台班 \times 检修周期 \tag{2-30}$$

$$检修周期 = 检修次数 + 1 \tag{2-31}$$

$$台班检修费 = \frac{一次检修费 \times 检修次数}{耐用总台班} \times 除税系数 \tag{2-32}$$

$$检修次数 = \frac{耐用总台班数}{每次维修台班数} - 1 \tag{2-33}$$

【例2-3】 某施工机械预算价格为100万元,折旧年限为10年,年平均工作225个台班,残值率为4%,则该机械台班折旧费为多少元?

【解】 根据计算规则

$$台班折旧费 = \frac{机械预算价格 \times (1 - 残值率)}{耐用总台班数}$$
$$= [100 \times 10000 \times (1 - 4\%)/(10 \times 225)] 元$$
$$= 426.67 元$$

4) 企业管理费

(1) 以分部分项工程费为计算基础

$$企业管理费费率(\%) = \frac{生产工人年平均管理费}{年有效施工天数 \times 人工单价} \times$$
$$人工费占分部分项工程费比例 \times 100\% \tag{2-34}$$

(2) 以人工费和机械费合计为计算基础

$$企业管理费费率(\%) = \frac{生产工人年平均管理费}{年有效施工天数 \times (人工单价 + 每一工日机械使用费)} \times 100\%$$
$$\tag{2-35}$$

（3）以人工费为计算基础

$$企业管理费费率（\%）= \frac{生产工人年平均管理费}{年有效施工天数 \times 人工单价} \times 100\% \qquad (2\text{-}36)$$

注：上述公式适用于施工企业投标报价时自主确定管理费，是工程造价管理机构编制计价定额确定企业管理费的参考依据。

工程造价管理机构在确定计价定额中的企业管理费时，应以定额人工费或定额人工费与机械费之和作为计算基数，其费率根据历年积累的工程造价资料，辅以调查数据确定，计入分部分项工程和措施项目费中。

5）利润

（1）施工企业应根据企业自身需求并结合建筑市场实际自主确定，列入报价中。

（2）工程造价管理机构在确定计价定额中利润时，应以定额人工费或（定额人工费与机械费之和）作为计算基数，其费率根据历年积累的工程造价资料，并结合建筑市场实际确定，以单位（单项）工程测算，利润在税前建筑安装工程费的比重可按不低于5%且不高于7%的费率计算。利润应列入分部分项工程和措施项目费中。

6）规费

（1）社会保险费和住房公积金。应以定额人工费为计算基础，根据工程所在地省、自治区、直辖市或行业建设主管部门规定费率计算。

$$社会保险费和住房公积金 = \sum（工程定额人工费 \times 社会保险费和住房公积金费率）$$

$$(2\text{-}37)$$

式中，社会保险费和住房公积金费率可按每万元发承包价的生产工人人工费和管理人员工资含量与工程所在地规定的缴纳标准综合分析确定。

（2）工程排污费。工程排污费等其他应列而未列入的规费应按工程所在地环境保护等部门规定的标准缴纳，按实计取列入。

规费的计算方法见表2-2。

表 2-2　规费项目计价表

工程名称：　　　　　　　　　　标段：

序号	项目名称	计 算 基 础	计算基数	金额/元
1	规费	定额人工费		
1.1	社会保险费	定额人工费		
（1）	养老保险费	定额人工费		
（2）	失业保险费	定额人工费		
（3）	医疗保险费	定额人工费		
（4）	工伤保险费	定额人工费		
（5）	生育保险费	定额人工费		
1.2	住房公积金	定额人工费		
1.3	工程排污费	按工程所在地环境保护部门的收取标准，按实计入		
合　　　计				

7）税金

增值税的计税方法，包括一般计税方法和简易计税方法两种。

（1）采用一般计税方法时增值税的计算

采用一般计税方法时，建筑业增值税税率为 11％，计算公式为

$$增值税 = 税前造价 \times 11\% \qquad (2\text{-}38)$$

税前造价为人工费、材料费、施工机具使用费、企业管理费、利润和规费之和，各费用项目均以不包含增值税可抵扣进项税额的价格计算。

（2）采用简易计税方法时增值税的计算

① 简易计税的适用范围

a. 小规模纳税人发生应税行为适用简易计税方法计税。小规模纳税人通常是指纳税人提供建筑服务的年应征增值税销售额未超过 500 万元，并且会计核算不健全，不能按规定报送有关税务资料的增值税纳税人。年应税销售额超过 500 万元，但不经常发生应税行为的单位也可选择按照小规模纳税人纳税。

b. 一般纳税人以清包工方式提供的建筑服务。以清包工方式提供的建筑服务是指施工方不采购建筑工程所需的材料或只采购辅助材料，并收取人工费、管理费或者其他费用的建筑服务。

c. 一般纳税人为甲供工程提供的建筑服务。甲供工程，是指全部或部分设备、材料、动力由工程发包方自行采购的建筑工程。

d. 一般纳税人为建筑工程老项目提供的建筑服务。建筑工程老项目是指《建筑工程施工许可证》注明的合同开工日期在 2016 年 4 月 30 日前的建筑工程项目；以及未取得《建筑工程施工许可证》的，建筑工程承包合同注明的开工日期在 2016 年 4 月 30 日前的建筑工程项目。

② 简易计税的计算方法

当采用简易计税方法时，建筑业增值税税率为 3％，计算公式为

$$增值税 = 税前造价 \times 3\% \qquad (2\text{-}39)$$

式中，税前造价为人工费、材料费、施工机具使用费、企业管理费、利润和规费之和，各费用项目均以包含增值税进项税额的含税价格计算。

2．建筑安装工程计价公式

1）分部分项工程费

$$分部分项工程费 = \sum(分部分项工程量 \times 综合单价) \qquad (2\text{-}40)$$

式中，综合单价包括人工费、材料费、施工机具使用费、企业管理费和利润，以及一定范围的风险费用（下同）。

2）措施项目费

（1）国家计量规范规定应予计量的措施项目，其计算公式为

$$措施项目费 = \sum(措施项目工程量 \times 综合单价) \qquad (2\text{-}41)$$

（2）国家计量规范规定不宜计量的措施项目计算方法如下：

① 安全文明施工费

$$安全文明施工费 = 计算基数 \times 安全文明施工费费率（\%） \qquad (2\text{-}42)$$

计算基数应为定额基价（定额分部分项工程费＋定额中可以计量的措施项目费）、定额人工费（或定额人工费＋定额机械费），其费率由工程造价管理机构根据各专业工程的特点

综合确定。

② 夜间施工增加费

$$夜间施工增加费 = 计算基数 \times 夜间施工增加费费率(\%) \qquad (2\text{-}43)$$

③ 二次搬运费

$$二次搬运费 = 计算基数 \times 二次搬运费费率(\%) \qquad (2\text{-}44)$$

④ 冬雨季施工增加费

$$冬雨季施工增加费 = 计算基数 \times 冬雨季施工增加费费率(\%) \qquad (2\text{-}45)$$

⑤ 已完工程及设备保护费

$$已完工程及设备保护费 = 计算基数 \times 已完工程及设备保护费费率(\%) \qquad (2\text{-}46)$$

上述②~⑤项措施项目的计费基数应为定额人工费(或定额人工费+定额机械费),其费率由工程造价管理机构根据各专业工程特点和调查资料综合分析后确定。

3)其他项目费

(1)暂列金额由建设单位根据工程特点,按有关计价规定估算,施工过程中由建设单位掌握使用,扣除合同价款调整后如有余额,归建设单位。

(2)计日工由建设单位和施工企业按施工过程中的签证计价。

(3)总承包服务费由建设单位在招标控制价中根据总包服务范围和有关计价规定编制,施工企业投标时自主报价,施工过程中按签约合同价执行。

4)规费和税金

建设单位和施工企业均应按照省、自治区、直辖市或行业建设主管部门发布标准计算规费和税金,不得作为竞争性费用。

3. 建筑安装工程计价程序

发包人招标控制价计价程序见表 2-3,承包人工程投标报价计价程序见表 2-4,竣工结算计价程序见表 2-5。

表 2-3　建设单位工程招标控制价计价程序

工程名称:　　　　　　　　　　　　　标段:

序号	内　容	计 算 方 法	金额/元
1	分部分项工程费	按计价规定计算	
1.1			
1.2			
2	措施项目费	按计价规定计算	
2.1	其中:安全文明施工费	按规定标准计算	
3	其他项目费		
3.1	其中:暂列金额	按计价规定估算	
3.2	其中:专业工程暂估价	按计价规定估算	
3.3	其中:计日工	按计价规定估算	
3.4	其中:总承包服务费	按计价规定估算	
4	规费	按规定标准计算	
5	税金	(人工费+材料费+施工机具使用费+企业管理费+利润+规费)×规定税率	
招标控制价合计=1+2+3+4+5			

表 2-4　施工企业工程投标报价计价程序

工程名称：　　　　　　　　　　　　　　　　　　标段：

序号	内　容	计　算　方　法	金额/元
1	分部分项工程费	自主报价	
1.1			
1.2			
2	措施项目费	自主报价	
2.1	其中：安全文明施工费	按规定标准计算	
3	其他项目费		
3.1	其中：暂列金额	按招标文件提供金额计列	
3.2	其中：专业工程暂估价	按招标文件提供金额计列	
3.3	其中：计日工	自主报价	
3.4	其中：总承包服务费	自主报价	
4	规费	按规定标准计算	
5	税金	（人工费＋材料费＋施工机具使用费＋企业管理费＋利润＋规费）×规定税率	
	投标报价合计＝1＋2＋3＋4＋5		

表 2-5　竣工结算计价程序

工程名称：　　　　　　　　　　　　　　　　　　标段：

序号	内　容	计　算　方　法	金额/元
1	分部分项工程费	按合同约定计算	
1.1			
1.2			
2	措施项目	按合同约定计算	
2.1	其中：安全文明施工费	按规定标准计算	
3	其他项目		
3.1	其中：专业工程结算价	按合同约定计算	
3.2	其中：计日工	按计日工签证计算	
3.3	其中：总承包服务费	按合同约定计算	
3.4	索赔与现场签证	按发承包双方确认数额计算	
4	规费	按规定标准计算	
5	税金	（人工费＋材料费＋施工机具使用费＋企业管理费＋利润＋规费）×规定税率	
	竣工结算总价合计＝1＋2＋3＋4＋5		

【例 2-4】　某高层商业办公综合楼工程建筑面积为 90586m²。根据计算，建筑工程造价为 2200 元/m²，安装工程造价为 1200 元/m²，装饰装修工程造价为 1000 元/m²，各项费用均为不包含增值税可抵扣进项税额的价格。其中定额人工费占分部分项工程造价的 15%，措施费以分部分项工程费为计费基础，其中安全文明施工费费率为 1.5%，其他措施费费率合计 1%。其他项目费合计 750 万元，规费费率为 8%，增值税税率为 11%。计算招标控制价。

【解】 招标控制价计价程序见表 2-6。

表 2-6 招标控制价计价程序

序号	内　　容	计　算　方　法	金额/万元
1	分部分项工程费	19928.92＋10870.32＋9058.60	39857.84
1.1	建筑工程	90586×2200	19928.92
1.2	安装工程	90586×1200	10870.32
1.3	装饰装修工程	90586×1000	9058.60
2	措施项目费	分部分项工程费×2.5％	996.45
2.1	其中：安全文明施工费	分部分项工程费×1.5％	597.87
3	其他项目费		750.00
4	规费	分部分项工程费×15％×8％	478.29
5	税金	(39857.84＋996.45＋750.00＋478.29)×11％	4629.08
招标控制价合计＝(39857.84＋996.45＋750.00＋478.29＋4629.08)万元＝46711.66 万元

2.4　工程建设其他费用构成

工程建设其他费用,是指在建设期发生的与土地使用权取得、整个工程项目建设以及未来生产经营有关的构成建设投资但不包括在工程费用中的费用。

2.4.1　建设用地费

任何一个建设项目都固定于一定地点与地面相连接,必须占用一定量的土地,也就必然要发生为获得建设用地而支付的费用,这就是建设用地费。它是指为获得工程项目建设土地的使用权而在建设期内发生的各项费用,包括通过划拨方式取得土地使用权而支付的土地征用及迁移补偿费,或者通过土地使用权出让方式取得土地使用权而支付的土地使用权出让金。

1. 建设用地取得的基本方式

建设用地的取得,实质是依法获取国有土地的使用权。根据《中华人民共和国房地产管理法》规定,获取国有土地使用权的基本方式有两种：一是出让方式,二是划拨方式。建设土地取得的其他方式还包括租赁和转让方式。

1) 通过出让方式获取国有土地使用权

国有土地使用权出让,是指国家将国有土地使用权在一定年限内出让给土地使用者,由土地使用者向国家支付土地使用权出让金的行为。土地使用权出让最高年限按下列用途确定：

(1) 居住用地 70 年。

(2) 工业用地 50 年。

(3) 教育、科技、文化、卫生、体育用地 50 年。

(4) 商业、旅游、娱乐用地 40 年。

(5) 综合或者其他用地 50 年。

通过出让方式获取国有土地使用权又可以分成两种具体方式：一是通过招标、拍卖、挂牌等竞争出让方式获取国有土地使用权,二是通过协议出让方式获取国有土地使用权。

通过竞争出让方式获取国有土地使用权。具体的竞争方式又包括三种:投标、竞拍和挂牌。按照国家相关规定,工业(包括仓储用地,但不包括采矿用地)、商业、旅游、娱乐和商品住宅等各类经营性用地,必须以招标、拍卖或者挂牌方式出让;上述规定以外用途的土地的供地计划公布后,同一宗地有两个以上意向用地者的,也应当采用招标、拍卖或者挂牌方式出让。

通过协议出让方式获取国有土地使用权。按照国家相关规定,出让国有土地使用权,除依照法律、法规和规章的规定应当采用招标、拍卖或者挂牌方式外,还可采取协议方式。以协议方式出让国有土地使用权的出让金不得低于按国家规定所确定的最低价。协议出让底价不得低于拟出让地块所在区域的协议出让最低价。

2) 通过划拨方式获取国有土地使用权

国有土地使用权划拨,是指县级以上人民政府依法批准,在土地使用者缴纳补偿、安置等费用后将该幅土地交付其使用,或者将土地使用权无偿交付给土地使用者使用的行为。

国家对划拨用地有着严格的规定,下列建设用地,经县级以上人民政府依法批准,可以以划拨方式取得:

(1) 国家机关用地和军事用地。

(2) 城市基础设施用地和公益事业用地。

(3) 国家重点扶持的能源、交通、水利等基础设施用地。

(4) 法律、行政法规规定的其他用地。

依法以划拨方式取得土地使用权的,除法律、行政法规另有规定外,没有使用期限的限制。因企业改制、土地使用权转让或者改变土地用途等不再符合本目录的,应当实行有偿使用。

2. 建设用地取得的费用

建设用地如通过行政划拨方式取得,则须承担征地补偿费用或对原用地单位或个人的拆迁补偿费用;若通过市场机制取得,则不但承担以上费用,还须向土地所有者支付有偿使用费,即土地出让金。

1) 征地补偿费用

建设征用土地费用由以下几个部分构成:

(1) 土地补偿费。

(2) 青苗补偿费和地上附着物补偿费。

(3) 安置补助费。

(4) 新菜地开发建设基金。

(5) 耕地占用税。

(6) 土地管理费。

2) 拆迁补偿费用

在城市规划区内国有土地上实施房屋拆迁,拆迁人应当对被拆迁人给予补偿、安置。

(1) 拆迁补偿。拆迁补偿的方式可以实行货币补偿,也可以实行房屋产权调换。

货币补偿的金额,根据被拆迁房屋的区位、用途、建筑面积等因素,以房地产市场评估价格确定。具体办法由省、自治区、直辖市人民政府制定。

实行房屋产权调换的,拆迁人与被拆迁人按照计算得到的被拆迁房屋的补偿金额和所调换房屋的价格,结清产权调换的差价。

(2) 搬迁、安置补助费。拆迁人应当对被拆迁人或者房屋承租人支付搬迁补助费,对于在规定的搬迁期限届满前搬迁的,拆迁人可以付给提前搬家奖励费;在过渡期限内,被拆迁人或者房屋承租人自行安排住处的,拆迁人应当支付临时安置补助费;被拆迁人或者房屋承租人使用拆迁人提供的周转房的,拆迁人不支付临时安置补助费。

搬迁补助费和临时安置补助费的标准,由省、自治区、直辖市人民政府规定。有些地区规定,拆除非住宅房屋,造成停产、停业引起经济损失的,拆迁人可以根据被拆除房屋的区位和使用性质,按照一定标准给予一次性停产停业综合补助费。

3) 出让金、土地转让金

土地使用权出让金为用地单位向国家支付的土地所有权收益,出让金标准一般参考城市基准地价并结合其他因素制定。基准地价由市土地管理局会同市物价局、市国有资产管理局、市房地产管理局等部门综合平衡后报市级人民政府审定通过,它以城市土地综合定级为基础,用某一地价或地价幅度表示某一类别用地在某一土地级别范围的地价,以此作为土地使用权出让价格的基础。

在有偿出让和转让土地时,政府对地价不作统一规定,但坚持以下原则:即地价对目前的投资环境不产生大的影响;地价与当地的社会经济承受能力相适应;地价要考虑已投入的土地开发费用、土地市场供求关系、土地用途、所在区类、容积率和使用年限等。有偿出让和转让使用权,要向土地受让者征收契税;转让土地如有增值,要向转让者征收土地增值税;土地使用者每年应按规定的标准缴纳土地使用费。土地使用权出让或转让,应先由地价评估机构进行价格评估后,再签订土地使用权出让和转让合同。

2.4.2 与项目建设有关的其他费用

1. 建设管理费

建设管理费是指建设单位从项目筹建开始直至工程竣工验收合格或交付使用为止发生的项目建设管理费用。

1) 建设单位管理费

建设单位管理费是指建设单位发生的管理性质的开支。包括:工作人员工资、工资性补贴、施工现场津贴、职工福利费、住房公积金、基本养老保险费、基本医疗保险费、失业保险费、工伤保险费、办公费、差旅交通费、劳动保护费、工具用具使用费、固定资产使用费、必要的办公及生活用品购置费、必要的通信设备及交通工具购置费、零星固定资产购置费、招募生产工人费、技术图书资料费、业务招待费、设计审查费、工程招标费、合同契约公证费、法律顾问费、咨询费、完工清理费、竣工验收费、印花税和其他管理性质开支。

2) 工程监理费

工程监理费是指建设单位委托工程监理单位实施工程监理的费用。按国家发展改革委关于《进一步放开建设项目专业服务价格的通知》(发改价格〔2015〕299号)规定,此项费用实行市场调节价。

3）工程总承包管理费

如建设管理采用工程总承包方式,其总包管理费由建设单位与总包单位根据总包工作范围在合同中商定,从建设管理费中支出。

2．可行性研究费

可行性研究费是指在工程项目投资决策阶段,依据调研报告对有关建设方案、技术方案或生产经营方案进行的技术经济论证,以及编制、评审可行性研究报告所需的费用。

3．研究试验费

研究试验费是指为建设项目提供或验证设计数据、资料等进行必要的研究试验及按照相关规定在建设过程中必须进行试验、验证所需的费用。包括自行或委托其他部门研究试验所需人工费、材料费、试验设备及仪器使用费等。

4．勘察设计费

勘察设计费是指对工程项目进行工程水文地质勘察、工程设计所发生的费用。包括工程勘察费、初步设计费(基础设计费)、施工图设计费(详细设计费)、设计模型制作费。

5．专项评价及验收费

专项评价及验收费包括环境影响评价费、安全预评价及验收费、职业病危害预评价及控制效果评价费、地震安全性评价费、地质灾害危险性评价费、水土保持评价及验收费、压覆矿产资源评价费、节能评估及评审费、危险与可操作性分析及安全完整性评价费,以及其他专项评价及验收费。

6．场地准备及临时设施费

1）建设项目场地准备费

建设项目场地准备费是指为使工程项目的建设场地达到开工条件,由建设单位组织进行的场地平整等准备工作而发生的费用。

2）建设单位临时设施费

建设单位临时设施费是指建设单位为满足工程项目建设、生活、办公的需要,用于临时设施建设、维修、租赁、使用所发生或摊销的费用。

7．引进技术和引进设备其他费

引进技术和引进设备其他费是指引进技术和设备发生的但未计入设备购置费中的费用。

(1)引进项目图纸资料翻译复制费、备品备件测绘费。

(2)出国人员费用。包括买方人员出国设计联络、出国考察、联合设计、监造、培训等所发生的差旅费、生活费等。

(3)来华人员费用。包括卖方来华工程技术人员的现场办公费用、往返现场交通费用、接待费用等。

（4）银行担保及承诺费。指引进项目由国内外金融机构出面承担风险和责任担保所发生的费用，以及支付贷款机构的承诺费用。

8．工程保险费

工程保险费是指为转移工程项目建设的意外风险，在建设期内对建筑工程、安装工程、机械设备和人身安全进行投保而发生的费用。包括建筑安装工程一切险、引进设备财产保险和人身意外伤害险等。

9．特殊设备安全监督检验费

特殊设备安全监督检验费是指安全监察部门对在施工现场组装的锅炉及压力容器、压力管道、消防设备、燃气设备、电梯等特殊设备和设施实施安全检验收取的费用。

10．市政公用设施费

市政公用设施费是指使用市政公用设施的工程项目，按照项目所在地省级人民政府有关规定建设或缴纳的市政公用设施建设配套费用，以及绿化工程补偿费用。

2.4.3　与未来生产经营有关的其他费用

1．联合试运转费

联合试运转费是指新建或新增加生产能力的工程项目，在交付生产前按照设计文件规定的工程质量标准和技术要求，对整个生产线或装置进行负荷联合试运转所发生的费用净支出（试运转支出大于收入的差额部分费用）。试运转支出包括试运转所需原材料、燃料及动力消耗、低值易耗品、其他物料消耗、工具用具使用费、机械使用费、保险金、施工单位参加试运转人员工资以及专家指导费等；试运转收入包括试运转期间的产品销售收入和其他收入。联合试运转费不包括应由设备安装工程费用开支的调试及试车费用，以及在试运转中暴露出来的因施工原因或设备缺陷等发生的处理费用。

2．专利及专有技术使用费

专利及专有技术使用费是指在建设期内为取得专利、专有技术、商标权、商誉、特许经营权等发生的费用。主要内容包括：

（1）国外设计及技术资料费，引进有效专利、专有技术使用费和技术保密费。

（2）国内有效专利、专有技术使用费。

（3）商标权、商誉和特许经营权费等。

3．生产准备费

在建设期内，建设单位为保证项目正常生产而发生的人员培训费、提前进厂费以及投产使用必备的办公、生活家具用具及工具、器具等的购置费用。

（1）人员培训费及提前进厂费。包括自行组织培训或委托其他单位培训的人员工资、工资性补贴、职工福利费、差旅交通费、劳动保护费、学习资料费等。

（2）为保证初期正常生产（或营业、使用）所必需的生产办公、生活家具用具及工具、器具购置费。

2.5　预备费与建设期利息

2.5.1　预备费

按我国现行规定，预备费包括基本预备费和价差预备费。

1. 基本预备费

1）基本预备费的内容

基本预备费是指投资估算或工程概算阶段预留的，由于工程实施中不可预见的工程变更及洽商、一般自然灾害处理、地下障碍物处理、超规超限设备运输等而可能增加的费用，又称工程建设不可预见费，基本预备费一般由以下四部分构成。

（1）工程变更及洽商增加的费用。在批准的初步设计范围内，技术设计、施工图设计及施工过程中所增加的工程费用；设计变更、工程变更、材料代用、局部地基处理等增加的费用。

（2）一般自然灾害处理的费用。一般自然灾害造成的损失和预防自然灾害所采取的措施费用。实行工程保险的工程项目，该费用应适当降低。

（3）不可预见的地下障碍物处理的费用。

（4）超规超限设备运输增加的费用。

2）基本预备费的计算

基本预备费是以工程费用和工程建设其他费用二者之和为计取基础，乘以基本预备费费率进行计算。

$$基本预备费 =（工程费用 + 工程建设其他费用）\times 基本预备费费率 \qquad (2\text{-}47)$$

基本预备费费率的取值应执行国家及部门的有关规定。

2. 价差预备费

1）价差预备费的内容

价差预备费是指为在建设期内利率、汇率或价格等因素的变化而预留的可能增加的费用，亦称为价格变动不可预见费。包括人工、设备、材料、施工机具的价差费，建筑安装工程费及工程建设其他费用调整，利率、汇率调整等增加的费用。

2）价差预备费的测算方法

价差预备费一般根据国家规定的投资综合价格指数，以估算年份价格水平的投资额为基数，采用复利方法计算。计算公式为

$$PF = \sum_{t=1}^{n} I_t \left[(1+f)^m (1+f)^{0.5} (1+f)^{t-1} - 1 \right] \qquad (2\text{-}48)$$

式中，PF——价差预备费；

　　n——建设期年份数；

　　I_t——建设期中第 t 年的投资计划额，包括工程费用、工程建设其他费用及基本预备费，即第 t 年的静态投资计划额；

f——年涨价率,政府部门有规定的按规定执行,没有规定的由可行性研究人员预测;

m——建设前期年限,年(从编制估算到开工建设)。

【例 2-5】 某建设项目建安工程费 5000 万元,设备购置费 3000 万元,工程建设其他费用 2000 万元,已知基本预备费率 5%,项目建设前期年限为 1 年,建设期为 3 年,各年投资计划额如下:第 1 年完成投资 20%,第 2 年完成 60%,第 3 年完成 20%,年均投资价格上涨率为 6%。求建设项目建设期间价差预备费。

【解】 基本预备费=[(5000+3000+2000)×5%]万元=500 万元

静态投资=(5000+3000+2000+500)万元=10500 万元

建设期第一年完成投资 I_1=(10500×20%)万元=2100 万元

第 1 年价差预备费为

$$PF_1=I_1[(1+f)(1+f)^{0.5}-1]$$
$$=\{2100\times[(1+6\%)(1+6\%)^{0.5}-1]\}\text{万元}$$
$$=191.8\text{ 万元}$$

第 2 年完成投资 I_2=(10500×60%)万元=6300 万元

第 3 年价差预备费为

$$PF_2=I_2[(1+f)(1+f)^{0.5}(1+f)-1]$$
$$=\{6300\times[(1+6\%)(1+6\%)^{0.5}(1+6\%)-1]\}\text{万元}$$
$$=987.9\text{ 万元}$$

第 3 年完成投资 I_3=(10500×20%)万元=2100 万元

第 3 年价差预备费为

$$PF_3=I_3[(1+f)(1+f)^{0.5}(1+f)^2-1]$$
$$=\{2100\times[(1+6\%)(1+6\%)^{0.5}(1+6\%)^2-1]\}\text{万元}$$
$$=475.1\text{ 万元}$$

所以,建设期的价差预备费为 PF=(191.8+987.9+475.1)万元=1654.8 万元

2.5.2 建设期利息

建设期利息主要是指在建设期内发生的为工程项目筹措资金的融资费用及债务资金利息。建设期贷款利息的计算方法分为以下两种情况:

1)贷款总额一次性贷出且利率固定的贷款

计算公式为

$$I=F-P \tag{2-49}$$

其中:

$$F=P(1+i)^n \tag{2-50}$$

式中,I——利息;

F——n 期后的本息和;

P——本金;

n——计息期数;

i——有效利率。

2）总贷款额分年均衡发放

当总贷款是分年均衡发放时，建设期利息的计算可按当年借款在年中支用考虑，即当年贷款按半年计息，上年贷款按全年计息。计算公式为

$$q_j = \left(P_{j-1} + \frac{1}{2}A_j\right)i \qquad (2\text{-}51)$$

式中，q_j——建设期第 j 年应计利息；

　　P_{j-1}——建设期第（$j-1$）年末累计贷款本金与利息之和；

　　A_j——建设期第 j 年贷款金额；

　　i——年利率。

国外贷款利息的计算中，还应包括国外贷款银行根据贷款协议向贷款方以年利率的方式收取的手续费、管理费、承诺费，以及国内代理机构经国家主管部门批准的以年利率的方式向贷款单位收取的转贷费、担保费、管理费等。

【例 2-6】　某新建项目，建设期为 3 年，分年均衡进行贷款，第 1 年贷款 300 万元，第 2 年贷款 600 万元，第 3 年贷款 400 万元，年利率为 12%，建设期内利息只计息不支付。计算建设期利息。

【解】　在建设期，各年利息计算如下：

$$q_1 = \left(0 + \frac{1}{2}A_1\right)i = \left(\frac{1}{2} \times 300 \times 12\%\right)万元 = 18\ 万元$$

$$q_2 = \left(P_1 + \frac{1}{2}A_2\right)i = \left[\left(300 + 18 + \frac{1}{2} \times 600\right) \times 12\%\right]万元 = 74.16\ 万元$$

$$q_3 = \left(P_2 + \frac{1}{2}A_3\right)i = \left[\left(318 + 600 + 74.16 + \frac{1}{2} \times 400\right) \times 12\%\right]万元$$
$$= 143.06\ 万元$$

所以，建设期利息 $= q_1 + q_2 + q_3 = (18 + 74.16 + 143.06)$ 万元 $= 235.22$ 万元

【例 2-7】　某化工项目，规模 30 万 t，基础数据如下：设备购置费为 3900 万元，建筑安装工程费为 2500 万元，工程建设其他费用费率为 10%，建设期内价差预备费的年平均费率为 6%，建设准备期 1 年，项目建设资金来源为自有资金和贷款，贷款总额为 1000 万元，分年度按投资比例发放，贷款利率为 6.17%（按年计息）。建设期 2 年，第 1 年投入 40%，第 2 年投入 60%。流动资金投资为建设投资的 20%。计算该建设项目总投资。

【解】　工程费 $= (3900 + 2500)$ 万元 $= 6400$ 万元

　　　　工程建设其他费 $= (6400 \times 10\%)$ 万元 $= 640$ 万元

　　　　基本预备费 $= [(6400 + 640) \times 5\%]$ 万元 $= 352$ 万元

　　　　静态投资 $= (6400 + 640 + 352)$ 万元 $= 7392$ 万元

建设期第 1 年完成投资为 $(7392 \times 40\%)$ 万元 $= 2956.8$ 万元

第 2 年价差预备费为

$$PF_1 = I_1\left[(1+f)(1+f)^{0.5} - 1\right]$$
$$= \{2956.8 \times [(1 + 6\%)(1 + 6\%)^{0.5} - 1]\}\ 万元$$
$$= 270.06\ 万元$$

第 2 年完成投资为 $(7392 \times 60\%)$ 万元 $= 4435.2$ 万元

第 2 年价差预备费为

$$PF_2 = I_2 \left[(1+f)(1+f)^{0.5}(1+f) - 1 \right]$$
$$= \{ 4435.2 \times [(1+6\%)(1+6\%)^{0.5}(1+6\%) - 1] \} \text{ 万元}$$
$$= 695.51 \text{ 万元}$$

建设期的价差预备费为

$$PF = PF_1 + PF_2 = (270.06 + 695.51) \text{ 万元} = 965.57 \text{ 万元}$$

建设投资为 $(7392 + 965.57)$ 万元 $= 8357.57$ 万元

建设期各年利息为

$$q_1 = \left(0 + \frac{1}{2} A_1 \right) i = \left(\frac{1}{2} \times 1000 \times 40\% \times 6.17\% \right) \text{ 万元} = 12.34 \text{ 万元}$$

$$q_2 = \left(P_1 + \frac{1}{2} A_2 \right) i = \left[\left(400 + 12.34 + \frac{1}{2} \times 600 \right) \times 6.17\% \right] \text{ 万元} = 43.95 \text{ 万元}$$

建设期利息为 $q = q_1 + q_2 = (12.34 + 43.95)$ 万元 $= 56.29$ 万元

建设项目总投资为 $[8357.57 \times (1+20\%) + 56.29]$ 万元 $= 10085.37$ 万元

第 3 章

工程建设定额

本章主要讲述建筑工程定额的相关知识,分别介绍建筑工程的施工定额、预算定额、概算定额与概算指标等各类定额的组成,编制方法及使用条件,重点阐述施工定额、预算定额的组成与编制,要求重点掌握劳动定额、材料定额和机械台班消耗定额的编制。

3.1 工程建设定额概述

3.1.1 建筑工程定额的概念

所谓定额,定,就是规定;额,就是额度或限度。从广义上讲,定额就是规定在产品生产中人力、物力或资金消耗的标准额度和限度,即标准或尺度。建筑工程定额指在一定的社会生产力发展水平条件下,在正常的施工条件下和合理的劳动组织、合理的使用材料及机械的条件下,完成单位合格建筑产品所规定的资源消耗标准。

3.1.2 定额的分类

我国自新中国成立以来,建筑安装行业发展很快,在经营生产管理中,各类标准工程定额是核算工程成本,确定工程造价的基本依据。这些工程定额经过多次修订,已经形成一个由全国统一定额、地方估价表、行业定额、企业定额等组成的较完整的定额体系,属于工程经济标准化范畴。

建筑安装工程定额的种类很多,但不论何种定额,其包含的生产要素是共同的,即:人工、材料和机械等三要素。建筑安装工程定额可按不同的标准进行划分。

1. 按生产要素分为三类

(1) 劳动定额,也称工时定额或人工定额,是指在合理的劳动组织条件下,工人以社会平均熟练程度和劳动强度在单位时间内生产合格产品的数量。

建筑安装工程劳动定额是反映建筑产品生产中劳动消耗量的数量标准,是指在正常的生产(施工)组织和生产(施工)技术条件下,为完成单位合格产品或完成一定量的工作所预先规定的必要劳动消耗量的标准数额。

(2) 材料消耗定额,是指在生产(施工)组织和生产(施工)技术条件正常,材料供应符合技术要求,合理使用材料的条件下,完成单位合格产品,所需一定品种规格的建筑或构、配件消耗量的数量标准。包括净用在产品中的数量和在施工过程中发生的自然和工艺性质的损耗量。

（3）机具消耗定额，由机械消耗定额与仪器仪表消耗定额组成。机械消耗定额是指在正常施工技术和组织条件下，完成规定计量单位合格的建筑安装产品所消耗的机械台班的数量标准。机械台班定额有两种表现形式：

① 机械台班产量定额，是指在合理的劳动组织和一定的技术条件下，工人操作机械在一个工作台班内应完成合格产品的数量标准。

② 机械时间定额，是指在合理的劳动组织和一定的技术条件下，生产某一单位合格产品所必须消耗的机械台班数量。

劳动定额、材料消耗定额、机具消耗定额反映了社会平均必需消耗的水平，它是制定各种实用性定额的基础，因此也称为基础定额。

2．按照定额的测定对象和用途分为六类

（1）工序定额，以个别工序为测定对象，它是组成一切工程定额的基本元素，在施工中除了为计算个别工序的用工量外很少采用，但却是劳动定额成形的基础。

（2）施工定额，以同一性质的施工过程为测定对象，表示某一施工过程中的人工、主要材料和机械消耗量。它以工序定额为基础综合而成，在施工企业中，用来编制班组作业计划，签发工程任务单，限额领料卡以及结算计件工资或超额奖励、材料节约奖等。施工定额是企业内部经济核算的依据，也是编制预算定额的基础。

（3）预算定额，是以工程中的分项工程，即在施工图纸上和工程实体上都可以区分开的产品为测定对象，其内容包括人工、材料和机械台班使用量等三个部分。它是编制施工图预算（设计预算）的依据，也是编制概算定额、概算指标的基础。预算定额在施工企业被广泛用于编制施工准备计划，编制工程材料预算，确定工程造价，考核企业内部各类经济指标等。因此，预算定额是用途最广泛的一种定额。

（4）概算定额，是预算定额的合并与归纳，用于在初步设计深度条件下，编制设计概算，控制设计项目总造价，评定投资效果和优化设计方案。

（5）概算指标，以统计指标的形式反映工程建设过程中生产单位合格工程建设产品所需资源消耗量的水平。它比概算定额更为综合和概括，通常是以整个建筑物和构筑物为对象，以建筑面积、体积或成套设备装置的台或组为计量单位，包括人工、材料和机械台班的消耗量标准和造价指标。

（6）投资估算指标，是在编制项目建议书可行性研究报告和编制设计任务书阶段进行投资估算，计算投资需要量时使用的一种定额。

3．按制定单位和执行范围分为五类

（1）全国统一定额，由国务院有关部门制定和颁发的定额，它不分地区，全国适用。

（2）地方定额，是由各省、自治区、直辖市在国家统一指导下，结合本地区特点编制的定额，只在本地区范围内执行。

（3）行业定额，是由各行业结合本行业特点，在国家统一指导下编制的具有较强行业或专业特点的定额，一般只在本行业内部使用。

（4）企业定额，是由企业自行编制，只限于本企业内部使用的定额，如施工企业及附属的加工厂、车间编制的用于企业内部管理、成本核算、投标报价的定额，以及对外实行独立经济核算的单位如预制混凝土和金属结构厂、大型机械化施工公司、机械租赁站等编制的不纳入建筑安装工程定额系列之内的定额标准、出厂价格、机械台班租赁价格等。

（5）临时定额，也称一次性定额，它是因上述定额中缺项而又实际发生的新项目而编制的。一般由施工企业提出测定资料，与建设单位或设计单位协商议定，只作为一次使用，并同时报主管部门备查，以后陆续遇到此类项目时，经过总结和分析，往往成为补充或修订正式统一定额的基本资料。

3.1.3　建筑工程定额的性质

1．权威性与法定性

我国的各类定额，都是由授权部门根据当时的生产力水平制定并颁布的，具有较强的权威性。在使用过程中，任何单位和个人都必须严格遵守和执行，不得随意改变定额的内容和水平。如需进行调整、修改和补充，须由授权部门批准。因此，定额具有经济法规的性质。

2．真实性与科学性

定额是依据一定的理论（如价值、效率等理论），并遵循客观规律，在认真调查研究和总结生产实践经验的基础上，运用系统的、科学的方法制定出来的，因此，定额是真实性与科学性的统一体。真实性指定额作为国民经济的综合反映，它受经济活动中各种因素的影响，每一因素的变化都会通过它直接或间接地反映出来。科学性指定额管理在理论、方法和手段上必须科学化，利用现代科学管理的成就，形成一套系统完整并行之有效的科学方法。

3．时效性与稳定性

时效性指从定额信息源发送的信息经过接收、加工、传递和利用的时间间隔期及其效率。影响时效性的主要因素有：定额信息从发送到使用的时间间隔越短，时效性越强；定额信息传递速度越快，时效性越强；使用越及时，时效性越强。

4．定额的群众性

工人、技术、定额人员三结合，源于群众，为广大职工所掌握。

3.1.4　建筑工程定额的作用

（1）是编制施工定额、预算定额和概算定额的基础，是编制计划组织管理施工的依据。

（2）是计算定额用工、编制施工进度计划、劳动工资计划等的依据。

（3）是衡量人工生产率、考核工效的主要尺度。

（4）是确定定额标准、合理组织生产的依据，是总结先进生产力的手段。

3.2　施工定额

3.2.1　施工定额概述

1．定义

施工定额是直接用于施工管理中的定额,它是在正常的施工条件下,以施工工序过程为标定对象而规定的完成单位合格产品所需消耗的人工、材料和机械台班的数量标准。

2．组成

施工定额由劳动定额、材料消耗定额和机械台班使用定额组成。

3．作用

施工定额是编制预算定额的基础、编制施工预算的依据、企业内部管理的依据。

3.2.2　劳动定额

1．定义

劳动定额是施工企业内部使用的定额,指在正常施工条件下,某工种某等级的工人或工人小组,在合理的劳动组织和合理使用材料的前提下,按照规定的操作工序,生产单位合格产品所需要的时间。

2．劳动定额的表示形式

劳动定额按其表现形式的不同,可以分为时间定额和产量定额两种。

1) 时间定额

时间定额是指在一定的生产技术和生产组织条件下,某工种、某种技术等级的工人班组或个人,完成符合质量要求的单位产品所必需的工作时间。包括工人的有效工作时间(准备与结束时间、基本工作时间、辅助工作时间),不可避免的中断时间和工人必要的休息时间。

时间定额以工日为单位,每个工作时间按现行制度规定为8h,可按式(3-1)或式(3-2)计算,即:

$$单位产品时间定额(工日)=1/每工产量 \qquad (3-1)$$

或

$$单位产品时间定额(工日)=小组成员工日数总和/机械台班产量 \qquad (3-2)$$

【**例3-1**】　生产某产品的工人小组由5人组成,每个小组的成员工日数为1工日,机械台班产量为4m²/工日,则时间定额应为多少工日/m²?

【**解**】　根据式(3-1),单位产品时间定额=1/每工产量=小组成员工日数总和/机械台班产量=(5×1/4) 工日/m²=1.25 工日/m²

2) 产量定额

产量定额是指在一定的生产技术和生产组织条件下,某工种、某种技术等级的班组或个人,在单位时间内(工日)应完成合格产品的数量。产量定额的计量单位是以产品的单位计算,如 m/工日、m²/工日、m³/工日等。可按式(3-3)或式(3-4)计算,即:

$$小组产量 = 1/单位产品时间定额(工日) \qquad (3-3)$$

或

$$小组台班产量 = 小组成员工日数总和/单位产品时间定额(工日) \qquad (3-4)$$

从时间定额、产量定额的概念和计算式可以看出,个人完成的时间定额和产量定额两者互为倒数关系,即:

$$时间定额 = 1/产量定额 \qquad (3-5)$$

3．工作时间分析

工作时间分析是指将劳动者整个生产过程中所消耗的工作时间,根据其性质、范围和具体情况进行科学的划分和归类,明确规定哪些属于定额时间,哪些属于非定额时间,找出非定额时间增多的原因,以便拟定技术组织措施,消除产生非定额时间的因素,充分利用工作时间,提高劳动生产率。

对工作时间的研究和分析,可分为工人工作时间和机械工作时间两个系统进行。

1) 工人工作时间

工人在工作班内消耗的工作时间,按其消耗的性质可分为两大类:定额时间(必须消耗的时间)和非定额时间(损失时间),见图 3-1。

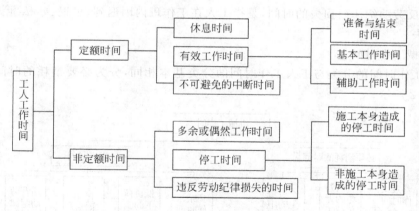

图 3-1　工人工作时间图

(1) 定额时间

定额时间是指工人在正常施工条件下,为完成一个产品(工作任务)所消耗的时间,包括有效工作时间、工人的合理休息时间和不可避免的中断时间。

① 有效工作时间是指与完成产品有直接关系的时间消耗,包括基本工作时间、辅助工作时间、准备与结束工作时间的消耗。

a. 基本工作时间,是指直接与施工过程的技术操作发生关系的时间消耗。如砌砖施工过程中的挂线、铺灰浆、砌砖等工作时间。基本工作时间一般与工作量的大小成正比。

b. 辅助工作时间,是指为了保证基本工作顺利完成而同技术操作无直接关系的辅助性工作的消耗时间。如修磨校验工具、移动工作梯、工人转移工作地点等所需的时间。辅助工作一般不改变产品的形状、位置和性能。

　　c. 准备与结束工作时间,是指工人在执行任务前的准备工作(包括工作地点、劳动工具、劳动对象的准备)和完成任务后的整理工作时间。

　　② 休息时间,是指工人在制作过程中为恢复体力所必需的短暂休息和生理需要的消耗时间。

　　③ 不可避免的中断时间,是指由于施工工艺特点所引起的工作中断时间,如等候装货的时间、安装工人等候构件起吊的时间等。

　　(2)非定额时间

　　非定额时间是指和产品生产无关,而与施工组织和技术上的缺陷有关,与工人在施工过程中的个人过失或某些偶然因素有关的时间消耗,包括多余和偶然工作时间、停工时间和违反劳动纪律所损失的时间。

　　① 多余和偶然工作时间,是指工人进行了任务以外而又不能增加产品数量的工作所消耗的时间,一般是由于工程技术人员和工人的差错而引起的,因此,不应计入定额时间。如抹灰工不得不补上偶然遗留的墙洞等。

　　② 停工时间,是指工作班内停止工作造成的工时损失。停工时间按其性质可分为施工本身造成的停工时间和非施工本身造成的停工时间两种。施工本身造成的停工时间是由于施工组织不善、材料供应不及时、工作前准备工作做得不好、工作地点组织不良等情况引起的停工时间;非施工本身造成的停工时间是由于水源、电源等中断引起的停工时间。

　　③ 违反劳动纪律而损失的时间,是指工人在工作班内因迟到、早退、办私事等原因造成的工时损失。

　　2)机械工作时间

　　机械工作时间的分类与工人工作时间的分类基本相同,分为必要消耗的时间和损失时间,如图 3-2 所示。

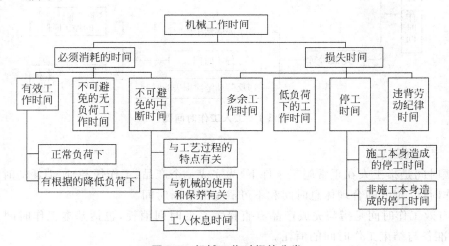

图 3-2　机械工作时间的分类

4. 劳动定额的编制

　　劳动定额是根据国家的经济政策、劳动制度和有关技术文件及资料制定的。常用的方法有四种：技术测定法、统计分析法、比较类推法和经验估计法。

1）技术测定法

技术测定法是根据生产技术和施工组织条件，对施工过程中各个工序采用测时法、写实记录法、工作日写实法和简易测定法，测出各工序的工时消耗等资料，再对所获得的资料进行科学分析，制定出劳动定额的方法。

2）统计分析法

统计分析法是把过去施工生产中的同类工程或同类产品的工时消耗的统计资料，与当前生产技术和施工组织条件的变化因素结合起来，进行统计分析的方法。这种方法简单易行，适用于施工条件正常、产品稳定、工序重复量大和统计工作制度健全的施工过程。

3）比较类推法

对于同类型产品规格多、工序重复、工作量小的施工过程，常用比较类推法。采用此法制定定额是以同类型工序相同产品的实耗工时为标准，类推出相似项目定额水平的方法。但此法必须掌握工程类似的程度和各种影响因素的异同程度。

4）经验估计法

根据定额专业人员、经验丰富的工人和施工技术人员的实际工作经验，参考有关定额资料，对施工管理组织和现场技术条件进行调查、讨论和分析，制定定额的方法叫做经验估计法。经验估计法通常作为一次性定额使用。

3.2.3　材料消耗定额

在建筑工程当中，材料费用占工程造价的 60%～70%，材料的运输、储存和管理在工程施工中占极其重要的位置。

1．材料消耗定额的概念及分类

材料消耗定额简称材料定额，它是指在节约和合理使用材料的条件下，生产单位合格产品所需要消耗一定品种规格的材料、半成品、配件和水、电、燃料等的数量标准，包括材料的使用量和必要的工艺性损耗及废料数量。

2．材料消耗定额的组成

材料消耗定额包括直接消耗在建筑产品实体上的净用量和在施工现场内运输及操作的不可避免的损耗量。

$$材料总消耗量 = 材料净用量 + 材料损耗量 \tag{3-6}$$

$$材料损耗量 = 材料净用量 × 材料损耗率 \tag{3-7}$$

$$损耗率 = \frac{损耗量}{净用量} × 100\% \tag{3-8}$$

$$材料总消耗量 = 材料净用量 + 材料损耗量 = 净用量 × (1 + 损耗率) \tag{3-9}$$

材料的损耗率是通过观测和统计，由国家部门确定，如表 3-1 所示。

3．确定材料消耗量的基本方法

根据材料消耗与工程实体的关系，施工中的材料可分为实体材料和非实体材料两类。

表 3-1　建筑工程材料、成品、半成品场内运输及操作损耗率

名　　称	工程项目	损耗率/%	名　　称	工程项目	损耗率/%
红(青)砖	基础	1.0	混凝土(预制)	空心板	1.0
	实心砖墙	0.4		其余部分	1.5
	方砖柱	1.0	钢筋	预制混凝土	—
	墙	2.5	钢筋	后张吊车梁	2.0
小青瓦、黏土瓦、水泥瓦	(包括脊瓦)	2.5	钢筋(预应力)	先张高强钢丝	13.0
天然砂	混凝土工程	2.0	钢管		4.0
生石灰		2.5	钢材		6.0
水泥		1.0	木材	门窗框(包括配料)	5.0
砌筑砂浆	空斗墙	1.0		门窗扇(包括配料)	5.0
	黏土空心砖墙	5.0	胶合板、纤维板	顶棚、间壁	5.0
水泥石灰砂浆	抹顶棚	2.0		门窗扇(包括配料)	15.0
石灰砂浆	抹墙面及墙裙	1.0	石油沥青	—	1.0
水泥砂浆	抹墙面及墙裙	2.5	玻璃	配制	15.0
	地面、屋面、构筑物	2.0	玻璃	安装	3.0
混凝土(现浇)	二次灌浆	2.0	汽油	用于机械	1.0
	地面	3.0	汽油	用于其他工程	10.0
	其余部分	1.0	石膏粉		5.0
	桩、基础、梁、柱	1.5	调和漆		3.0

（1）实体材料,是指直接构成工程实体的材料,包括工程直接性材料和辅助材料。工程直接性材料主要是指一次性消耗、直接用于工程上构成建筑物或结构本体的材料,如钢筋混凝土柱中的钢筋、水泥、砂、碎石等;辅助性材料消耗指的是施工过程中所必需的,却并不构成建筑物或结构本体的材料,如土石方爆破工程中所需的炸药、引线、雷管等。主要材料用量大,辅助材料用量少。

（2）非实体材料,是指在施工中必须使用但又不能构成工程实体的施工措施性材料,主要是指周转性材料,如模板、脚手架等。

1）实体材料消耗定额的制定

材料净用量确定一般有以下几种方法。

（1）现场技术测定法,又称观测法,是根据对材料消耗过程的测定与观察,通过完成产品数量和材料消耗量的计算,从而确定各种材料消耗定额的一种方法。现场技术测定法主要适用于确定材料损耗量,因为该部分数值用统计法或其他方法较难得到。通过现场观察,还可以区别出可以避免和难以避免的材料损耗,准确计算材料损耗。

（2）实验室试验法,主要用于编制材料净用量定额。通过试验,能够对材料的结构、化学成分、物理性能、强度配合比等做出科学的结论,给编制材料消耗定额提供有技术根据的、比较精确的计算数据。但其缺点在于无法估计施工现场某些因素对材料消耗量的影响。

（3）现场统计法,是以施工现场积累的分部分项工程使用材料数量、完成产品数量、完成工作原材料的剩余数量等统计资料为基础,经过整理分析,获得材料消耗的数据。这种方

法由于不能分清材料消耗的性质,因而不能作为确定材料净用量定额和材料损耗定额的依据,只能作为编制定额的辅助性方法使用。

上述三种方法的选择必须符合国家有关标准规范,即材料的产品标准,计量要使用标准容器和称量设备,质量符合施工验收规范要求,以保证获得可靠的定额编制依据。

(4) 理论计算法,是根据设计、施工验收规范和材料规格等,运用一定的数学公式计算材料的净用量。

计算确定材料消耗定额举例如下。每立方米砖墙的用砖数和砌筑砂浆的用量,可用下列理论计算公式计算各自的净用量。

标准砖砌体中,砌 $1m^3$ 标准砖墙的净用砖量:

$$A = \frac{1}{墙厚 \times (砖长 + 灰缝) \times (砖厚 + 灰缝)} \times k \qquad (3-10)$$

式中,k——墙厚的砖数 $\times 2$。

砌 $1m^3$ 标准砖砌体砂浆净用量:

$$B = 1m^3 \text{ 砌体} - 1m^3 \text{ 砌体中标准砖的净体积} \qquad (3-11)$$

【例 3-2】 计算 $1m^3$ 240 厚标准砖外墙砌体砖数和砂浆的净用量。

【解】 砖净用 $A = \left[\dfrac{1}{0.24 \times (0.24 + 0.01) \times (0.053 + 0.01)} \times 1 \times 2 \right]$ 块 $= 529$ 块

砂浆净用量 $B = [1 - 529 \times (0.24 \times 0.115 \times 0.053)]m^3 = 0.226m^3$

【例 3-3】 在例 3-2 的基础上,假设标准砖和砂浆的损耗率均为 1%,计算标准砖和砂浆的总消耗量。

【解】 标准砖的总消耗量 $= [529 \times (1 + 1\%)]$ 块 $= 534.29$ 块

砂浆的总消耗量 $= [0.226 \times (1 + 1\%)]m^3 = 0.228m^3$

2) 周转性消耗材料消耗量的组成

周转材料的消耗定额,应按照多次使用、分次摊销的方法确定。摊销量是指周转材料使用一次在单位产品上的消耗量,即应分摊到每一单位分项工程或结构构件上的周转材料消耗量。周转性材料消耗定额一般与下面四个因素有关:

(1) 一次使用量,第一次投入使用时的材料数量。

(2) 损耗率,在第二次和以后各次周转中,每周转一次因损坏不能复用,必须另作补充的数量占一次使用量的百分比,又称平均每次周转补损率。用统计法和观测法来确定。

(3) 周转次数,按施工情况和过去经验确定。

(4) 回收量,平均每周转一次可以回收材料的数量,这部分数量应从摊销量中扣除。

以木模板为例,现浇混凝土构件木模板摊销量计算公式如下:

$$一次使用量 = 1m^3 \text{ 混凝土构件的模板接触面积} \times$$
$$1m^2 \text{ 接触面积需模量} \qquad (3-12)$$

或

$$一次使用量 = 净用量 \times (1 + 操作损耗率) \qquad (3-13)$$

$$周转使用量 = \frac{一次使用量 \times [1 + (周转次数 - 1) \times 补损率]}{周转次数} \qquad (3-14)$$

$$回收量 = \frac{一次使用量 \times (1 - 补损率)}{周转次数} \qquad (3-15)$$

$$摊销量 = 周转使用量 - \frac{回收量 \times 回收折价率}{1 + 施工管理费率} \tag{3-16}$$

【例 3-4】 根据选定的某工程捣制混凝土独立基础的施工图计算,$1m^3$ 独立基础模板接触面积为 $2.1m^2$,根据计算 $1m^2$ 模板接触面积需用板材 $0.083m^3$,模板周转 6 次,每次周转损耗率 16.6%,回收折价率为 50%,施工管理费率为 18.2%。试计算混凝土独立基础的模板周转使用量、回收量、定额摊销量。

【解】 一次使用量 $=(2.1\times0.083)m^3=0.1743m^3$

周转使用量 $=\{[0.1743+0.1743\times(6-1)\times16.6\%]/6\}m^3=0.053m^3$

回收量 $=[(0.1743-0.1743\times16.6\%)/6]m^3=0.024m^3$

摊销量 $=[0.053-(0.024\times50\%)\div(1+18.2\%)]m^3=0.043m^3$

3.2.4 机械台班消耗定额

1. 定义

施工机械时间定额,是指在合理使用机械和合理的施工组织条件下,完成单位合格产品所必须消耗机械台班的数量标准。又称机械台班消耗定额或机械台班使用定额。机械时间定额以"台班"表示,即一台机械工作一个工作班时间,一个作业班时间为 8h。

2. 机械台班使用定额的表示方式

(1) 机械时间定额,在正常的施工条件和劳动组织条件下,使用某种规定的机械,完成单位合格产品所必须消耗的台班数量。

$$机械时间定额 = \frac{1}{机械台班产量定额}(台班) \tag{3-17}$$

(2) 机械产量定额,指在合理劳动组织与合理使用机械的条件下,某种机械在一个台班时间内,所必须完成合格产品的数量。

$$机械台班产量定额 = \frac{1}{机械时间定额}(台班) \tag{3-18}$$

机械产量定额和机械时间定额互为倒数。由于机械必须由工人小组配合,所以完成单位合格产品的时间定额,同时列出人工时间定额即:

$$单位产品人工时间定额(工日) = \frac{小组成员总人数}{台班产量} \tag{3-19}$$

【例 3-5】 用 6t 塔式起重机吊装某种构件,由 1 名吊车司机,7 名安装起重工,2 名电焊工组成的综合小组共同完成。已知机械台班产量定额为 40 块。试计算吊装每一块构件的机械时间定额和人工时间定额。

【解】 (1) 吊装每一块混凝土构件的机械时间定额

$$机械时间定额 = \frac{1}{机械台班产量定额} = \frac{1}{40}块/台班 = 0.25\,台班/块$$

(2) 吊装每一块混凝土构件的人工时间定额

$$单位产品人工时间定额(工日) = \frac{小组成员总人数}{台班产量} = \frac{10}{40}工日 = 0.25\,工日/块$$

（3）定额表示方法，机械台班使用定额的复式表示法的形式如下：

$$\frac{人工时间定额}{机械台班产量}$$

【例 3-6】 正铲挖土机每一台班劳动定额表中 $\frac{0.466}{4.29}$ 表示挖一、二类土，挖土深度在 1.5m 以内，且需装车的情况下，斗容量为 0.5m³ 的正铲挖土机的台班产量定额为 4.29（100m³/台班）；配合挖土机施工的工人小组的人工时间定额为 0.466（工日/100m³）；同时可推算出挖土机的时间定额，应为台班产量定额的倒数，即：

$$\frac{1}{4.29}=0.233\ 台班/100m^3$$

可推算出配合挖土机施工的工人小组人数为 $\frac{人工时间定额}{机械时间定额}$，即 $\frac{0.466}{0.233}$ 人＝2 人；或人工时间定额×机械台班产量定额，即（0.466×4.29）人＝2 人。

3.3 预算定额

3.3.1 概述

预算定额是在施工定额的基础上进行综合扩大编制而成的。预算定额中的人工、材料和施工机械台班的消耗水平根据施工定额综合取定，定额子目的综合程度大于施工定额，从而可以简化施工图预算的编制工作。预算定额是编制施工图预算的主要依据。

预算定额是指在正常的施工条件下，在社会平均水平的基础上完成一定计量单位的分部分项工程或结构构件消耗的人工、材料、机械台班的数量标准，是确定社会平均价格的主要依据。

以 2015 年《全国统一建筑工程基础定额》中砖石结构工程分部部分砖墙项目为例，说明预算定额的表达形式，见表 3-2。

表 3-2 砖墙定额示例

工作内容：调、运、铺砂浆，运砖；砌砖包括窗台虎头砖、腰线、门窗套；安装木砖、铁杆等。　　　　10m³

	定 额 编 号		4-2	4-3	4-5	4-8	4-10	4-11
	项目	单位	单面清水砖墙			混水砖墙		
			½砖	1砖	1砖半	½砖	1砖	1砖半
人工	综合工日	工日	21.79	18.87	17.83	20.14	16.08	15.63
材料	水泥砂浆 M5	m³	—	—	—	1.95	—	—
	水泥砂浆 M10	m³	1.95	—	—	—	—	—
	水泥混合砂浆 M2.5	m³	—	2.25	2.40	—	2.25	2.04
	普通黏土砖	千块	5.641	5.314	5.350	5.641	5.341	5.350
	水	m³	1.13	1.06	1.07	1.33	1.06	1.07
机械	灰浆搅拌机 200L	台班	0.33	0.38	0.40	0.33	0.38	0.40

3.3.2 预算定额中消耗量指标的确定

1. 人工消耗量指标的确定

预算定额中人工消耗量是指完成某一计量单位的分项工程或结构构件所需各种用工量的总和,包括:

(1) 基本用工,指完成分项工程的主要用工量,例如,砌筑各种墙体工程的砌砖、调制砂浆以及运输砖和砂浆的用工量。

$$基本用工工日数 = \sum [i \text{ 工序工程量}(m^3) \times$$
$$i \text{ 工序时间定额}(\text{工日}/m^3)] \quad (3\text{-}20)$$

(2) 辅助用工,指劳动定额未包括的各种辅助工序用工,主要指材料在现场加工等方面的用工,如洗石子、筛砂子、整理模板增加的用工。

$$辅助用工工日数 = \sum (\text{加工 } j \text{ 材料数量} \times \text{加工 } j \text{ 材料的时间定额}) \quad (3\text{-}21)$$

(3) 超运距用工,指运距超过劳动定额规定的距离时增加的用工量。

(4) 人工幅度差用工,劳动定额未考虑,而正常施工条件下不可避免地无法计量的一些零星用工。一般按 $10\% \sim 15\%$ 记取,叫做人工幅度差系数。

$$人工幅度差用工数量 = \sum (\text{基本用工} + \text{超运距用工} + \text{辅助用工}) \times$$
$$人工幅度差系数 \quad (3\text{-}22)$$
$$定额综合工日 = 基本用工 + 辅助用工 + 超运超用工 + 人工幅度差用工 \quad (3\text{-}23)$$

【例 3-7】 砌 $10m^3$ 一砖标准砖墙,基本用工 8.5 工日,辅助用工 4.0 工日,超运距用工 3.5 工日,平均月工资标准 750 元,全年有效工作天数 252 天。计算其人工费,人工幅度差取 12%。

【解】 一月有效天数为(252/12)天/月＝21 天/月

工日工资为(750/21)元/工日＝35.71 元/工日

$10m^3$ 一砖墙所用综合工为 $[(8.5+4+3.5) \times (1+12\%)]$ 工日＝17.92 工日

人工费为(17.92×35.7)元＝639.92 元

【例 3-8】 某砖混结构墙体砌筑工程,完成 $10m^3$ 砌体基本用工为 13.5 工日,辅助用工 2.0 工日,超运距用工 1.5 工日,人工幅度差系数为 10%,则该砌筑工程预算定额中人工消耗量为多少?

【解】 砌筑工程预算定额中人工消耗量为

$$(13.5+2.0+1.5)\text{工日} \times (1+10\%) = 18.7 \text{ 工日}$$

2. 材料消耗量指标的确定

(1) 材料消耗量指标的确定方法和施工定额相应的内容基本相同。施工定额材料消耗量＝净用量×(1+损耗率),预算定额的水平是通过损耗率来体现的。

（2）材料消耗指标

① 主要材料：

$$直接性消耗材料 = 净用量 \times (1 + 损耗率) \tag{3-24}$$

② 周转材料：

$$摊销量 = 周转使用量 - 回收量 \tag{3-25}$$

③ 次要材料：用"其他材料费"表示。

【例 3-9】　某工程有现浇混凝土梁 80m³，支该梁需用模板 5m³，1m³ 梁的模板接触面积为 1.25m²，一次损耗率为 5%，周转次数为 8 次，补损率为 10%。试计算 100m² 接触面积的模板周转使用量是多少？

【解】　1m³ 现浇混凝土梁需模板 $\dfrac{5}{80}$ m³

1m³ 梁的模板接触面积为 1.25m²

1.25m² 模板接触面需木材 $\dfrac{5}{80}$ m³

一次使用量：

$$\left[\frac{100}{1.25} \times \frac{5}{80} \times (1 + 5\%) \right] m^3 = 5.25 m^3$$

周转使用量：

$$\left[5.25 \times \frac{1 + (8 - 1) \times 10\%}{8} \right] m^3 = 1.12 m^3$$

---

3. 机械台班消耗量指标的确定

预算定额中的施工机械消耗指标，是以台班为单位进行计算，每一台班为 8 小时工作制。预算定额的机械化水平，应以多数施工企业采用的和已推广的先进施工方法为标准。预算定额中的机械台班消耗量按合理的施工方法取定并考虑增加了机械幅度差。

1）机械幅度差

机械幅度差是指在施工定额中未曾包括的，而机械在合理的施工组织条件下所必需的停歇时间，在编制预算定额时应予以考虑。其内容包括：

（1）施工机械转移工作面及配套机械互相影响损失的时间；

（2）在正常的施工情况下，机械施工中不可避免的工序间歇；

（3）检查工程质量影响机械操作的时间；

（4）临时停机、停电影响机械操作的时间；

（5）工程开工或收尾时，工作量不饱满所损失的时间。

由于垂直运输用的塔吊、卷扬机及砂浆、混凝土搅拌机是按小组配合，应以小组产量计算机械台班产量，不另增加机械幅度差。

2）机械台班消耗指标的计算

（1）小组产量计算法。按小组日产量大小来计算耗用机械台班多少，计算公式如下：

$$分项定额台班使用量 = \frac{分项定额计量单位值}{小组产量} \tag{3-26}$$

(2) 台班产量计算法。按台班产量大小来计算定额内机械消耗量大小,计算公式如下:

$$定额台班用量 = 施工定额机械台班定额 \times (1 + 机械幅度差系数) \qquad (3\text{-}27)$$

【例 3-10】 某工程用塔式起吊机吊装混凝土,塔吊净工作 1h 生产率为 $12m^3$,时间利用率为 0.85。试计算该塔吊的台班产量定额是多少?

【解】 $(8 \times 0.85 \times 12)m^3/台班 = 81.6m^3/台班$

【例 3-11】 已知某挖土机挖土,一次正常循环工作时间是 40s,每次循环平均挖土量 $0.3m^3$,机械正常利用系数是 0.8,机械幅度差是 25%。则该机械挖土方 $1000m^3$ 的预算定额机械台班量为多少?

【解】 机械挖土方 $1000m^3$ 的预算定额机械台班量为

$$\left[\frac{1000}{8 \times 60 \times 60 \times 0.8 \div 40 \times 0.3} \times (1 + 25\%) \right] 台班 = 7.23\ 台班$$

3.3.3 生产要素单价的确定

1. 人工日工资单价的组成和确定方法

人工日工资单价是指施工企业平均技术熟练程度的生产工人在每工作日(国家法定工作时间内)按规定从事施工作业应得的日工资总额。合理确定人工工日单价是正确计算人工费和工程造价的前提和基础。

1) 人工日工资单价组成内容

人工日工资单价由计时工资或计件工资、奖金、津贴补贴以及特殊情况下支付的工资组成。

(1) 计时工资或计件工资。是指按计时工资标准和工作时间或对已做工作按计件单价支付给个人的劳动报酬。

(2) 奖金。是指对超额劳动和增收节支支付给个人的劳动报酬。如节约奖、劳动竞赛奖等。

(3) 津贴补贴。是指为了补偿职工特殊或额外的劳动消耗和因其他原因支付给个人的津贴,以及为了保证职工工资水平不受物价影响支付给个人的物价补贴。如流动施工津贴、特殊地区施工津贴、高温(寒)作业临时津贴、高空津贴等。

(4) 特殊情况下支付的工资。是指根据国家法律、法规和政策规定,因病、工伤、产假、计划生育假、婚丧假、事假、探亲假、定期休假、停工学习、执行国家或社会义务等原因按计时工资标准或计时工资标准的一定比例支付的工资。

2) 人工日工资单价确定方法

(1) 年平均每月法定工作日。由于人工日工资单价是每一个法定工作日的工资总额,因此需要对年平均每月法定工作日进行计算。计算公式如下:

$$年平均每月法定工作日 = \frac{全年日历日 - 法定假日}{12} \qquad (3\text{-}28)$$

式中,法定假日指双休日和法定节日。

(2) 日工资单价的计算。确定了年平均每月法定工作日后,将上述工资总额进行分摊,即形成了人工日工资单价。计算公式如下:

日工资单价 ＝

$$\frac{\text{生产工人平均月工资（计时、计件）＋ 平均月（奖金 ＋ 津贴补贴 ＋ 特殊情况下支付的工资）}}{\text{年平均每月法定工作日}}$$

(3-29)

（3）日工资单价的管理。虽然施工企业投标报价时可以自主确定人工费，但由于人工日工资单价在我国具有一定的政策性，因此工程造价管理机构也需要确定人工日工资单价。工程造价管理机构确定日工资单价应通过市场调查，根据工程项目的技术要求，参考实物工程量人工单价综合分析确定，发布的最低日工资单价不得低于工程所在地人力资源和社会保障部门所发布的最低工资标准的：普工 1.3 倍，一般技工 2 倍，高级技工 3 倍。

3）影响人工日工资单价的因素

影响人工日工资单价的因素很多，归纳起来有以下几个方面。

（1）社会平均工资水平。建筑安装工人人工日工资单价必然和社会平均工资水平趋同。社会平均工资水平取决于经济发展水平。由于经济的增长，社会平均工资也会增长，从而影响人工日工资单价的提高。

（2）生活消费指数。生活消费指数的提高会影响人工日工资单价的提高，以减少生活水平的下降，或维持原来的生活水平。生活消费指数的变动取决于物价的变动，尤其取决于生活消费品物价的变动。

（3）人工日工资单价的组成内容。关于印发《建筑安装工程费用项目组成》的通知（建标〔2013〕44 号）将职工福利费和劳动保护费从人工日工资单价中删除，这也必然影响人工日工资单价的变化。

（4）劳动力市场供需变化。劳动力市场如果需求大于供给，人工日工资单价就会提高；供给大于需求，市场竞争激烈，人工日工资单价就会下降。

（5）政府推行的社会保障和福利政策也会影响人工日工资单价的变动。

2．材料单价的组成和确定方法

在建筑工程中，材料费占总造价的 60%～70%，在金属结构工程中所占比重还要大，是直接工程费的主要组成部分。因此，合理确定材料价格构成，正确计算材料单价，有利于合理确定和有效控制工程造价。

1）材料单价的构成和分类

（1）材料单价的构成

材料单价是指材料（包括构件、成品及半成品等）从其来源地（或交货地点、供应者仓库提货地点）到达施工工地仓库（施工地点内存放材料的地点）后出库的综合平均价格。材料单价一般由材料原价（或供应价格）、材料运杂费、运输损耗费、采购及保管费组成。此外在计价时，材料费中还应包括单独列项计算的检验试验费。

$$\text{材料费} ＝ \sum (\text{材料消耗量} \times \text{材料单价})$$

(3-30)

其中：

材料单价 ＝（材料原价 ＋ 运杂费）×（1 ＋ 运输损耗率）×（1 ＋ 采购及保管费率）　(3-31)

（2）材料单价分类

材料单价按适用范围划分，有地区材料单价和某项工程使用的材料单价。地区材料价格是按地区(城市或建设区域)编制,供该地区所有工程使用;某项工程(一般指大中型重点工程)使用的材料单价,是以一个工程为编制对象,专供该工程项目使用。

地区材料单价与某项工程使用的材料单价的编制原理和方法是一致的,只是在材料来源地、运输数量权数等具体数据上有所不同。

2) 材料单价的编制依据和确定方法

材料单价是由材料原价(或供应价格)、材料运杂费、运输损耗费以及采购保管费合计而成的。

(1) 材料原价(或供应价格)

材料原价是指国内采购材料的出厂价格,国外采购材料抵达买方边境、港口或车站并交纳完各种手续费、税费后形成的价格。在确定原价时,凡同一种材料因来源地、交货地、供货单位、生产厂家不同,而有几种价格(原价)时,根据不同来源地供货数量比例,采取加权平均的方法确定其综合原价。计算公式如下:

$$\text{加权平均原价} = (K_1 \cdot C_1 + K_2 \cdot C_2 + \cdots + K_n \cdot C_n)/(K_1 + K_2 + \cdots + K_n) \quad (3\text{-}32)$$

式中,$K_1, K_2, \cdots, K_n$——不同供应地点的供应量或各不同使用地点的需要量;

$C_1, C_2, \cdots, C_n$——各不同供应地点的原价。

【例 3-12】 某工程需水泥 1000t,有三个供货厂家则该水泥原价是多少?

【解】 计算过程见下表。

厂家	供应比例/%	出厂价/(元/t)
甲	30	260
乙	50	230
丙	20	250
水泥原价	(0.3×260+0.5×230+0.2×250)元/t =243 元/t	

(2) 材料运杂费

材料运杂费是指国内采购材料自来源地、国外采购材料自到岸港运至工地仓库或指定堆放地点发生的费用。含外埠中转运输过程中所发生的一切费用和过境过桥费用,包括调车和驳船费、装卸费、运输费及附加工作费等。

同一品种的材料有若干个来源地,应采用加权平均的方法计算材料运杂费。计算公式如下:

$$\text{加权平均运距} = (L_1 \cdot T_1 + L_2 \cdot T_2 + \cdots + L_n \cdot T_n)/(L_1 + L_2 + \cdots + L_n) \quad (3\text{-}33)$$

$$\text{加权平均运杂费} = (K_1 \cdot T_1 + K_2 \cdot T_2 + \cdots + K_n \cdot T_n)/(K_1 + K_2 + \cdots + K_n) \quad (3\text{-}34)$$

式中,$L_1, L_2, \cdots, L_n$——各来源地至工地的运距;

$K_1, K_2, \cdots, K_n$——各不同供应点的供应量;

$T_1, T_2, \cdots, T_n$——各不同运输方式的运费。

(3) 运输损耗

在材料的运输中应考虑一定的场外运输损耗费用,这是指材料在运输装卸过程中不可避免的损耗。运输损耗的计算公式如下:

$$\text{运输损耗} = (\text{材料原价} + \text{运杂费}) \times \text{相应材料损耗率} \quad (3\text{-}35)$$

（4）采购及保管费

采购及保管费是指组织材料采购、检验、供应和保管过程中发生的费用,包含采购费、仓储费、工地管理费和仓储损耗。

采购及保管费一般按照材料到库价格以费率取定。材料采购及保管费计算公式如下:

$$采购及保管费 = 材料运到工地仓库价格 \times 采购及保管费率(\%) \qquad (3\text{-}36)$$

或

$$采购及保管费 = (材料原价 + 运杂费 + 运输损耗费) \times$$
$$采购及保管费率(\%) \qquad (3\text{-}37)$$

综上所述,材料单价的一般计算公式为

$$材料单价 = [(供应价格 + 运杂费) \times (1 + 运输损耗率(\%))] \times$$
$$[1 + 采购及保管费率(\%)] \qquad (3\text{-}38)$$

由于我国幅员广阔,建筑材料产地与使用地点的距离各地差异很大,建筑材料采购、保管、运输方式也不尽相同,因此材料单价原则上按地区范围编制。

【例 3-13】 某工地水泥从两个地方采购,其采购量及有关费用如下表所示,求该工地水泥的基价。

采购处	采购量/t	原价/(元/t)	运杂费/(元/t)	运输损耗率/%	采购及保管费费率/%
来源一	300	240	20	0.5	3
来源二	200	250	15	0.4	3

【解】 加权平均原价:$[(300 \times 240 + 200 \times 250)/500]$元/t = 244 元/t

加权平均运杂费:$[(300 \times 20 + 200 \times 15)/500]$元/t = 18 元/t

来源一的运输损耗费:$[(240 + 20) \times 0.5\%]$元/t = 1.3 元/t

来源二的运输损耗费:$[(250 + 15) \times 0.4\%]$元/t = 1.06 元/t

加权平均运输损耗费:$[(300 \times 1.3 + 200 \times 1.06)/500]$元/t = 1.20 元/t

水泥基价 = $[(244 + 18 + 1.20) \times (1 + 3\%)]$元/t = 271.1 元/t

3）影响材料单价变动的因素

（1）市场供需变化。材料原价是材料单价中最基本的组成,市场供大于求价格就会下降,反之,价格就会上升,从而也就会影响材料单价的涨落。

（2）材料生产成本的变动直接影响材料单价的波动。

（3）流通环节的多少和材料供应体制也会影响材料单价。

（4）运输距离和运输方法的改变会影响材料运输费用的增减,从而也会影响材料单价。

（5）国际市场行情会对进口材料单价产生影响。

3. 施工机械台班单价的组成和确定方法

施工机械使用费是根据施工中耗用的机械台班数量和机械台班单价确定的。施工机械台班耗用量按有关定额规定计算;施工机械台班单价是指一台施工机械,在正常运转条件下一个工作班中所发生的全部费用,每台班按 8 小时工作制计算。正确制定施工机械台班单价是合理确定和控制工程造价的重要方面。

施工机械台班单价由七项费用组成,包括折旧费、检修费、维护费、安拆费及场外运费、人工费、燃料动力费、其他费用等。

1)折旧费的组成及确定

折旧费是指施工机械在规定使用期限内,陆续收回其原值及购置资金的时间价值。计算公式如下:

$$台班折旧费 = \frac{机械价格 \times (1 - 残值率)}{耐用总台班} \times 时间价值系数 \qquad (3-39)$$

2)检修费的组成及确定

检修费是指机械设备按规定的检修间隔台班进行必要的检修,以恢复机械正常功能所需的费用。台班检修费是机械使用期限内全部检修费之和在台班费用中的分摊额,取决于一次检修费用、检修次数和耐用总台班的数量。其计算公式为

$$台班检修费 = \frac{一次检修费 \times 检修次数}{耐用总台班} \times 除税系数 \qquad (3-40)$$

$$除税系数 = \frac{自行检修比例 + 委外检修比例}{1 + 税率} \qquad (3-41)$$

【例3-14】 某6t载重汽车一次检修费为1万元,每550个台班需要检修一次,耐用总台班1650个。全部自行检修,试计算台班检修费。

【解】 计算检修次数:(1650/550－1)次＝2次

台班检修费 ＝(2×10000÷1650)元/台班 ＝ 12.12元/台班

3)维护费的组成及确定

维护费的组成及确定指施工机械除检修以外的各级保养和临时故障排除所需的费用。包括为保障机械正常运转所需替换与随机配备工具附具的摊销和维护费用,机械运转及日常保养所需润滑与擦拭的材料费,以及机械停滞期间的维护和保养费用等。各项费用分摊到台班中,即为台班维护费。其计算公式为

$$台班维护费 = \frac{\sum(各级维护一次费用 \times 除税系数 \times 各级维护次数) + 临时故障排除费}{耐用总台班}$$

$$(3-42)$$

当台班维护费计算公式中各项数值难以确定时,也可按下式计算:

$$台班维护费 = 台班检修费 \times K \qquad (3-43)$$

式中,K——台班维护费系数,K＝机械台班维护费/机械台班检修费

4)安拆费及场外运费的组成和确定

安拆费指施工机械在现场进行安装与拆卸所需的人工、材料、机械和试运转费用以及机械辅助设施的折旧、搭设、拆除等费用;场外运费指施工机械整体或分体自停放地点运至施工现场或由一个施工地点运至另一个施工地点的运输、装卸、辅助材料及架线等费用。

安拆费及场外运费根据施工机械不同分为计入台班单价、单独计算和不计算三种类型。

5)人工费的组成及确定

人工费指机上司机和其他操作人员的工作日人工费及上述人员在施工机械规定的年工作台班以外的人工费。按下列公式计算:

$$台班人工费 = 人工消耗量 \times \left(1 + \frac{年制度工作日 - 年工作台班}{年工作台班}\right) \times 人工日工资单价$$

$$(3-44)$$

（1）人工消耗量指机上司机和其他操作人员工日消耗量。

（2）年制度工作日应执行编制期国家有关规定。

（3）人工日工资单价应执行编制期工程造价管理部门的有关规定。

【例 3-15】　某载重汽车配司机 1 人，当年制度工作日为 250 天，年工作台班为 230 台班，人工日工资单价为 50 元。求该载重汽车的台班人工费为多少？

【解】　$台班人工费 = \left[1 \times \left(1 + \frac{250 - 230}{230}\right) \times 50\right]$ 元/台班 $= 54.35$（元/台班）

6）燃料动力费的组成和确定

燃料动力费是指施工机械在运转作业中所耗用的固体燃料（煤、木柴）、液体燃料（汽油、柴油）及水、电等费用。计算公式如下：

$$台班燃料动力费 = \sum（台班燃料动力消耗量 \times 相应单价） \qquad (3-45)$$

7）其他费用的组成

其他费用是指按照国家和有关部门规定应交纳的养路费、车船使用税、保险费及年检费用等，计算公式如下：

$$台班其他费用 = \frac{年车船税 + 年保险费 + 年检修费}{年工作台班} \qquad (3-46)$$

3.3.4　消耗量定额及价目表的应用

1．消耗量定额的应用

（1）根据定额要求和规定，正确的划分项目，然后正确计算定额工程量。

（2）正确选择子目（套定额）确定预算单价。

2．单位估价表

单位估价表是由分部分项工程单价构成的单价表，具体的表现形式可分为工料单价和综合单价等。

1）工料单价单位估价表

工料单价是确定定额计量单位的分部分项工程的人工费、材料费和机械使用费的费用标准，即人、料、机费用单价，也称为定额基价。

分部分项工程的单价，是用定额规定的分部分项工程的人工、材料、施工机具的消耗量，分别乘以相应的人工价格、材料价格、机械台班价格，从而得到分部分项工程的人工费、材料费和机械费，并将三者汇总而成的。因此，单位估价表是以定额为基本依据，根据相应地区和市场的资源价格，既需要人工、材料和施工机具的消耗量，又需要人工、材料和施工机具价格，经汇总得到分部分项工程的单价。

由于生产要素价格，即人工价格、材料价格和机械台班价格是随地区的不同而不同，随市场的变化而变化。所以,单位估价表应是地区单位估价表,按当地的资源价格来编制。同时,单位估价表应是动态的,随着市场价格的变化,及时不断地对单位估价表中的分部分项工程单价进行调整、修改和补充,使单位估价表能够正确反映市场的变化。

通常,单位估价表是以一个城市或一个地区为范围进行编制,在该地区范围内适用。因此单位估价表的编制依据如下。

(1)全国统一或地区通用的概算定额、预算定额或基础定额,以确定人工、材料、机械台班的消耗量。

(2)本地区或市场上的资源实际价格或市场价格,以确定人工、材料、机械台班价格。

单位估价表的编制公式为

分部分项工程单价 = 分部分项人工费 + 分部分项材料费 + 分部分项机械费

$$= \sum (人工定额消耗量 \times 人工价格) +$$

$$\sum (材料定额消耗量 \times 材料价格) +$$

$$\sum (机械台班定额消耗量 \times 机械台班价格) \quad (3-47)$$

编制单位估价表时,项目的划分、项目名称、项目编号、计量单位和工程量计算规则应尽量与定额保持一致。

编制单位估价表,可以简化设计概算和施工图预算的编制。在编制概预算时,将各个分部分项工程的工程量分别乘以单位估价表中的相应单价后,即可计算得出分部分项工程的人工、材料、机械费用,经累加汇总就可得到整个工程的人、料、机费用。

2)综合单价单位估价表

编制单位估价表时,在汇集分部分项工程人工、材料、机械台班使用费用,得到人、料、机费用单价以后,再按取定的企业管理费费用比率以及取定的利润率、规费和税率,计算出各项相应费用,汇总人工、材料、机械费用,企业管理费、利润、规费和税金,就构成一定计量单位的分部分项工程的综合单价。综合单价分别乘以分部分项工程量,可得到分部分项工程的造价费用。

3)企业单位估价表

作为施工企业,应依据本企业定额中的人工、材料、机械台班消耗量,按相应人工、材料、机械台班的市场价格,计算确定一定计量单位的分部分项工程的工料单价或综合单价,形成本企业的单位估价表。

3.应用举例

1)定额的直接套用

当设计要求和定额项目的内容一致时,可直接套用定额的预算基价及工料消耗量,计算该分项工程的直接费以及工料需用量。

套用时需要注意以下几点:

(1)根据施工图、设计说明、标准图做法说明,选择预算定额项目。

(2)应从工程内容,技术特征和施工方法上仔细核对,才能准确地确定与施工图相对应的预算定额项目。

（3）施工图中分项工程的名称、内容和计量单位要与预算定额项目相对应一致。

2）定额换算

根据定额的分部说明或附注规定，对定额基价或部分内容乘以规定系数，进行定额换算。

$$换算后基价 ＝ 定额基价 ＋ 调整部分金额 \times$$
$$（调整系数 － 1）（当只是定额中部分内容调整时） \tag{3-48}$$
$$换算后基价 ＝ 定额基价 \times 调整系数（当全部定额调整时） \tag{3-49}$$

3）砂浆、混凝土强度等级、配合比换算

当设计中的内容与定额不相符时，可根据定额的说明进行相应换算。在进行换算时要遵循两种材料交换，定额含量不变的原则。

$$换算后基价 ＝ 原基价 ＋（换入基价 － 换出基价）\times 定额材料用量 \tag{3-50}$$

4）材料价调差

（1）按实调整法（抽样调整法）

$$某种材料单价差 ＝ 该材料实际价格（或加权平均价格）－$$
$$定额中该种材料价格 \tag{3-51}$$
$$某种材料价差调整额 ＝ 该种材料在工程中合计消耗量 \times 材料单价价格$$

按实调整法的优点：补差准确、计算合理、实事求是。缺点：费时费力、烦琐复杂。此方法是由当地工程造价管理部门测算的综合调差系数调整工程材料价差的一种方法。

$$某种材料调差系数 ＝ \sum k_1（各种材料价差）\times k_2 \tag{3-52}$$

式中：k_1——各种材料费占工程材料的比重；

　　　k_2——各种工程材料占直接费的比重。

（2）综合系数调差法

$$单位工程材料价差调整金额 ＝ 综合价差系数 \times 预算定额直接费 \tag{3-53}$$

综合系数调差法的优点：操作简单、快速易行。缺点：依赖造价管理部门对综合系数的测量工作，常常会因项目选取的代表性，材料品种价格的真实性、准确性和短期价格波动的关系导致工程造价计算误差。将材料分为重点控制和次要处理，有效提高了工程造价的准确性，减少了工作量。

（3）按实调整与综合系数相结合

这种方法是按照当地造价管理部门公布的当期建筑材料价格或价差指数逐一调整工程材料价差的方法。具体做法是先预测当地各种建材的预算价格和市场价格，然后进行综合整理，定期公布各种建材的价格指数和价差指数。

$$某种材料的价格指数 ＝ 该种材料当期预算价 \div 该种材料定额中的取定价 \tag{3-54}$$
$$某种材料的价差指数 ＝ 该种材料的价格指数 － 1 \tag{3-55}$$

按实调整与综合系数相结合的方法能及时反映建材价格的变化，准确性好，适应建筑工程动态管理。

（4）价格指数调整法

由于设计采用新结构、新材料、新工艺，在当地区消耗量定额中没有同类项目，分项工程的设计内容与定额项目规定的条件完全不相同，可编制补充定额。

3.4 概算定额与概算指标

3.4.1 概算定额的概述

1. 概念

概算定额是指在正常的施工生产条件下,完成一定计量单位的工程建设产品(扩大结构构件或扩大分部分项工程)所需要的人工、材料、机械台班消耗的数量及其费用标准。

概算定额是在预算定额的基础上,按工程形象部位,以主体结构分部为主,将一些相近的分项工程预算定额加以合并,进行综合扩大编制的。例如,在概算定额中的砖基础工程,往往把预算定额中的挖地槽、基础垫层、砌筑基础、铺设防潮层、回填土、余土外运等项目,并为一项砖基础工程。概算定额与预算定额相比,项目划分要综合,以适应初步设计或扩大初步设计阶段设计工作的深度,这使得概算工程量的计算和概算书的编制都比预算简化了许多,但精确度也相对降低。

概算定额的组成内容、表现形式和使用方法等与预算定额十分相似,也可划分为建筑工程概算定额和安装工程概算定额两大类。其中,建筑工程概算定额包括一般土建工程概算定额、给排水工程概算定额、采暖工程概算定额、通信工程概算定额、电气照明工程概算定额和工业管道工程概算定额等;设备安装工程概算定额主要包括机器设备及安装工程概算定额、电气设备及安装工程概算定额和工器具及生产家具购置费概算定额等。概算定额在编制过程中,其定额水平的确定原则与预算定额是一致的,均为社会平均水平,但概算定额需与预算定额保持一个合理的幅度差,以保证根据概算定额编制的设计概算能够对根据预算定额编制的施工图预算起到控制作用。

2. 概算定额的作用

概算定额的作用与预算定额是类似的,只是两者适用的工作阶段不同。概算定额应用于初步设计或技术设计阶段,预算定额应用于施工图设计完成之后。概算定额的作用表现在以下几个方面。

1) 概算定额是编制概算、修正概算的主要依据

在工程项目设计的不同阶段均需对拟建工程进行估价,初步设计阶段应编制设计概算,技术设计阶段应编制修正概算,因此必须要有与设计深度相适应的计价定额。概算定额是为适应这种设计深度而编制的,其定额项目划分更具综合性,能够满足初步设计或扩大初步设计阶段工程计价需要。

2) 概算定额是编制主要物资订购计划的依据

项目建设所需要的材料、工具设备等物资,应先提出采购计划,再据此进行订购。根据概算定额的消耗量指标可以比较准确、快速地计算主要材料及其他物资数量,可以在施工图设计之前提出物资采购计划。

3) 概算定额是对设计方案进行经济分析的依据

设计方案的比较主要是对建筑、结构方案进行技术、经济比较,目的是选出经济合理的

优秀设计方案。概算定额按扩大分项工程或扩大结构构件划分定额项目,可为初步设计或扩大初步设计方案的比较提供方便的条件。

4)概算定额是编制标底的依据和投标报价的参考

有些工程项目在初步设计阶段进行招标,概算定额是编制招标标底的重要依据;施工企业在投标报价时,也可以以概算定额作为参考,既有一定的准确性,又能快速报价。

5)概算定额是编制概算指标和投资估算的依据

概算指标和投资估算均比概算定额更加综合扩大,两者的编制均需以概算定额作为基础,再结合其他一些资料和数据进行必要测算和分析才能完成。

3. 概算定额的特点

(1)法令性。概算定额是国家及其授权机关颁布并执行的,作为业主或投资方控制工程造价的重要依据,因而它具有一定的法令性。如河北省定额站颁布的《河北省建筑工程概算定额》,自 2006 年 1 月 1 日起在全省范围内执行。

(2)专业性。概算定额按照不同的专业划分为多种类别,如《建筑工程概算定额》《安装工程概算定额》《公路工程概算定额》《电力工程建设概算定额》等,形成了覆盖各个专业领域的概算定额体系。

(3)实用性。概算定额是在预算定额的基础上,根据典型工程调查测算资料取定各分部、分项工程含量,把预算定额中几个相关项目合并成一个项目,将定额项目综合扩大或改变部分计算单位,以达到实用的目的。

(4)简洁性。概算定额所对应的是初步设计文件,由于设计的深度所限,要求概算定额一定要简洁明了,具有较强的综合能力。如在概算定额中,对于工程项目或整个建筑物的概算造价影响不大的零星工程,可以不计算其工程量,而按占主要工程价值的百分比计算,这样既适应设计深度的需要,又可以简化概算的编制工作。

4. 概算定额的内容和形式

1)概算定额的内容

按专业特点和地区特点编制的概算定额手册,其内容与预算定额基本相同,由文字说明、定额项目表格及附录三部分组成。

(1)文字说明

文字说明中包括总说明和分册、章(节)说明等。在总说明中,要说明编制的目的和依据,所包括的内容和用途,使用的范围和应遵守的规定,以及建筑面积的计算规则。分册、章(节)说明等规定了分部分项工程的工程量计算规则等。

(2)定额项目表

定额项目表由项目表、综合项目及说明组成。项目表是概算定额的主要内容,它反映了一定计量单位的扩大分项工程或扩大结构构件的主要材料消耗量标准及概算单价。综合项目及说明规定了概算定额所综合扩大的分项工程内容,这些分项工程所消耗的人工、材料及机械台班数量均已包括在概算定额项目内。

(3)附录

附录一般列在概算定额手册之后,通常包括各种砂浆、混凝土配比表及其他相关资料。

2）概算定额的表现形式

现行的概算定额一般是以行业或地区为主编制的，表现形式不尽一致，但其主要内容均包括人工、材料、机械的消耗量及其费用指标，有的还列出概算定额项目所综合的预算定额内容。以建筑工程为例，表3-3是某地区建筑工程概算定额中砖基础概算定额项目。

表3-3 砖基础概算定额

编号				1-2	
名称				砖基础	
基价/元				117.49	
其中	人工费/元			20.59	
	材料费/元			96.40	
	机械费/元			0.52	
预算定额编号	工程名称	单价/元	单位	数量	合价/元
3-1	砖基础	103.21	m³	1.00	103.21
1-16	人工挖地槽	1.73	m³	2.15	3.72
1-59	人工夯填土	1.42	m³	1.22	1.73
1-54	人工运土	2.21	m³	3.05	6.74
8-19	水泥砂浆防潮层	4.45	m³	0.47	2.09
人工	合计		工日	2.12	
主要材料	砖		块	522	
	水泥		kg	49	
	砂子		m³	0.28	

3）概算定额应用规则

在应用概算定额时，应符合一定的规则，概算定额的应用规则如下：

（1）符合概算定额规定的应用范围。

（2）工程内容、计量单位及综合程度应与概算定额一致。

（3）必要的调整和换算应严格按定额的文字说明和附录进行。

（4）避免重复计算和漏项。

（5）参考预算定额的应用规则。

3.4.2 概算指标

1. 概算指标的概念及作用

1）概算指标的概念

概算指标以统计指标的形式反映工程建设过程中生产单位合格工程建设产品所需资源消耗量的水平。它比概算定额更为综合和概括，通常是以整个建筑物和构筑物为对象，以建筑面积、体积或成套设备装置的台或组为计量单位，包括人工、材料和机械台班的消耗量标准和造价指标。

2）概算指标的作用

（1）概算指标可以作为编制投资估算的参考。

（2）概算指标中的主要材料指标可作为估算主要材料用量的依据。

(3) 概算指标是设计单位进行设计方案比较,建设单位选址的一种依据。

(4) 概算指标是编制固定资产投资计划,确定投资额的主要依据。

2．概算指标的编制原则和依据

1) 概算指标的编制原则

(1) 按平均水平确定概算指标的原则。在我国社会主义市场经济条件下,概算指标作为确定工程造价的依据,同样必须遵照价值规律的客观要求,在其编制时必须按社会必要劳动时间,贯彻平均水平的编制原则,只有这样才能使概算指标合理确定和控制工程造价的作用得到充分发挥。

(2) 概算指标的内容和表现形式要贯彻简明适用的原则。为适应市场经济的客观要求,概算指标的项目划分应根据用途的不同,确定其项目的综合范围。遵循粗而不漏、适用面广的原则,体现综合扩大的性质。概算指标从形式到内容应简明易懂,要便于在采用时根据拟建工程的具体情况进行必要的调整换算,能在较大范围内满足不同用途的需要。

(3) 概算指标的编制依据必须具有代表性。编制概算指标所依据的工程设计资料,应是有代表性的,技术上是先进的,经济上是合理的。

2) 概算指标的编制依据

以建筑工程为例,建筑工程概算指标的编制依据有：

(1) 各种类型工程的典型设计和标准设计图纸。

(2) 现行建筑工程预算定额和概算定额。

(3) 当地材料价格、工资单价、施工机械台班费、间接费定额。

(4) 各种类型的典型工程结算资料。

(5) 国家及地区的现行工程建设政策、法令和规章。

3．概算指标的内容和表现形式

1) 概算指标的内容组成

概算指标的组成内容一般分为文字说明和列表形式两部分,以及必要的附录。

(1) 总说明和分册说明。总说明和分册说明的内容一般包括：概算指标的编制范围、编制依据、分册情况、指标包括的内容、指标未包括的内容、指标的使用方法、指标允许调整的范围及调整方法等。

(2) 列表形式。①建筑工程列表形式。房屋建筑、构筑物一般是以建筑面积、建筑体积、"座"或"个"等为计量单位,附以必要的示意图,示意图画出建筑物的轮廓示意或单位平面图,列出综合指标"元/m^2"或"元/m^3",自然条件(如地耐力、地震烈度等),建筑物的类型、结构形式及各部位结构主要特点,主要工程量。②安装工程列表形式。设备以"t"或"台"为计算单位,也有以设备购置费或设备原价的百分比(%)表示;工艺管道一般以"t"为计算单位;通信电话线安装以"站"为计算单位。列出指标编号、项目名称、规格、综合指标(元/计算单位)之后还要列出其中的人工费,必要时还要列出主材费、辅材费。

2) 概算指标的分类

以建筑工程为例,概算指标可分为两类：一类是建筑工程概算指标,另一类是设备安装工程概算指标。

（1）建筑工程概算指标。①一般土建工程概算指标；②给排水工程概算指标；③采暖工程概算指标；④通信工程概算指标；⑤电气照明工程概算指标；⑥工业管道工程概算指标。

（2）设备安装工程概算指标。①机器设备及安装工程概算指标；②电气设备及安装工程概算指标；③工器具及生产家具购置费概算指标。

3）概算指标的表现形式

（1）一般房屋建筑工程概算指标。一般房屋建筑工程概算指标附有工程平、剖面示意图，并列出其建筑结构特征，如结构类型、层数、檐高、层高、跨度、基础深度及用料等。概算指标表中列出每 100m² 建筑面积的分部分项工程量，主要材料用量。

（2）水、暖、电安装工程概算指标

① 给排水概算指标。列有工程特征及经济指标，其工程特征栏内一般列出建筑面积（m²）、建筑层数（层）、结构类型等。经济指标栏内一般列出每 100m² 建筑面积的直接费（元），其中人工工资（元）单列。

② 采暖概算指标。除与上述给排水概算指标相同内容外，其工程特征栏内还应列出采暖热媒（如说明采用高压蒸汽、热水等）及采暖形式（如说明采用双管上行式、单管上行下给式等）。

③ 电气照明概算指标。一般在工程特征栏内列出建筑层数（层）、结构类型、配线方式（如说明瓷瓶配线、瓷柱、瓷夹配、管配、木槽板瓷夹等）、灯具名称（如说明白炽灯、日光灯、吊灯、防水灯等）。在经济指标栏内一般列出每 100m² 建筑面积的直接费（元），其中人工工资（元）单列，并列出每 100m² 所需的主要材料用量。

4）概算指标的表示方法

按具体内容和表示方法的不同，概算指标一般有综合指标和单项指标两种。

（1）综合指标。综合指标是以一种类型的建筑物或构筑物为研究对象，以建筑物或构筑物的体积或面积为计量单位，综合了该类型范围内各种规格的单位工程的造价和消耗量指标而形成的，它反映的不是具体工程的指标，而是一类工程的综合指标，是一种概括性较强的指标。

（2）单项指标。单项指标是一种以典型的建筑物或构筑物为分析对象的概算指标，仅反映某一具体工程的消耗情况。

第 **4** 章

建设工程项目设计概算

4.1 概述

4.1.1 设计概算的内容和作用

建设工程项目设计概算是设计文件的重要组成部分,是确定和控制建设工程项目全部投资的文件,是编制固定资产投资计划、实行建设项目投资包干、签订承发包合同的依据,是签订贷款合同、项目实施全过程造价控制管理以及考核项目经济合理性的依据。设计概算投资一般应控制在立项批准的投资控制额以内;如果设计概算值超过控制额,必须修改设计或重新立项审批;设计概算批准后不得任意修改和调整,如需修改或调整时,须经原批准部门重新审批。设计概算应按编制时项目所在地的价格水平编制,总投资应完整地反映编制时建设项目的实际投资;设计概算应考虑建设项目施工条件等因素对投资的影响,还应按项目合理工期预测建设期价格水平,以及资产租赁和贷款的时间价值等动态因素对投资的影响。设计概算由项目设计单位负责编制,并对其编制质量负责。

1. 设计概算的内容

设计概算是设计文件的重要组成部分,是由设计单位根据初步设计(或技术设计)图纸及说明、概算定额(或概算指标)、各项费用定额或取费标准(指标)、设备、材料预算价格等资料或参照类似工程预决算文件,编制和确定的建设工程项目从筹建至竣工交付使用所需全部费用的文件。

设计概算可分为单位工程概算、单项工程综合概算和建设工程项目总概算三级。各级概算之间的相互关系如图 4-1 所示。

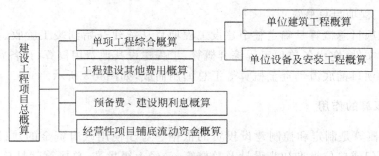

图 4-1 设计概算文件的组成内容

1）单位工程概算

单位工程概算是确定各单位工程建设费用的文件，是根据初步设计或扩大初步设计图纸和概算定额或概算指标以及市场价格信息等资料编制而成的。对于一般工业与民用建筑工程而言，单位工程概算按其工程性质分为建筑工程概算和设备及安装工程概算两大类。建筑工程概算包括土建工程概算、给排水采暖工程概算、通风空调工程概算、电气照明工程概算、弱电工程概算、特殊构筑物工程概算等；设备及安装工程概算包括机械设备及安装工程概算、电气设备及安装工程概算、热力设备及安装工程概算以及工器具和生产家具购置费概算等。

单位工程概算只包括单位工程的工程费用，由人、料、机费用和企业管理费、利润、规费和税金组成。

2）单项工程综合概算

单项工程综合概算是确定一个单项工程所需建设费用的文件，是由单项工程中的各单位工程概算汇总编制而成的，是建设工程项目总概算的组成部分。对于一般工业与民用建筑工程而言，单项工程综合概算的组成内容如图 4-2 所示。

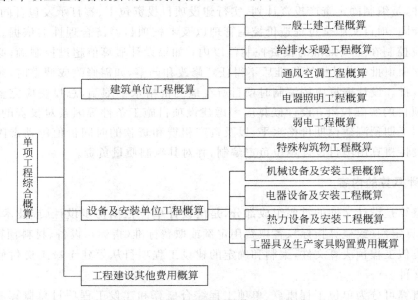

图 4-2　单项工程综合概算的组成内容

3）建设工程项目总概算

建设工程项目总概算是确定整个建设工程项目从筹建开始到竣工验收、交付使用所需的全部费用的文件，它由各单项工程综合概算、工程建设其他费用概算、预备费、建设期利息概算和经营性项目铺底流动资金概算等汇总编制而成，如图 4-3 所示。

2．设计概算的作用

（1）设计概算是制定和控制建设投资的依据。对于使用政府资金的建设项目，按照规定报请有关部门或单位批准初步设计及总概算，一经上级批准，总概算就是总造价的最高限额，不得随意突破，如有突破须报原审批部门批准。

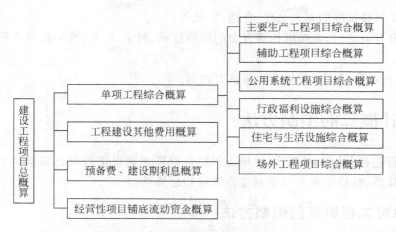

图 4-3　建设工程项目总概算的组成内容

（2）设计概算是编制建设计划的依据。建设工程项目年度计划的安排、投资需要量的确定、建设物资供应计划和建筑安装施工计划等，都以主管部门批准的设计概算为依据。若实际投资超出了总概算，设计单位和建设单位需要共同提出追加投资的申请报告，经上级计划部门批准后方能追加投资。

（3）设计概算是进行贷款的依据。银行根据批准的设计概算和年度投资计划进行贷款，并严格监督控制。

（4）设计概算是签订工程总承包合同的依据。对于施工期限较长的大中型建设工程项目，可以根据批准的建设计划、初步设计和总概算文件确定工程项目的总承包价，采用工程总承包的方式进行建设。

（5）设计概算是考核设计方案的经济合理性，控制施工图预算和施工图设计的依据。

（6）设计概算是考核和评价建设工程项目成本和投资效果的依据。

可以将以概算造价为基础计算的项目技术经济指标与以实际发生造价为基础计算的指标进行对比，从而对建设工程项目成本及投资效果进行评价。

4.1.2　设计概算的编制依据、程序和步骤

1. 设计概算的编制依据

设计概算编制依据主要包括以下方面：

（1）国家、行业和地方有关规定；

（2）相应工程造价管理机构发布的概算定额（或指标）；

（3）工程勘察与设计文件；

（4）拟定或常规的施工组织设计和施工方案；

（5）建设项目资金筹措方案；

（6）工程所在地编制同期的人工、材料、机械台班市场价格，以及设备供应方式及供应价格；

（7）建设项目的技术复杂程度，新技术、新材料、新工艺以及专利使用情况等；

（8）建设项目批准的相关文件、合同、协议等；

（9）政府有关部门、金融机构等发布的价格指数、利率、汇率、税率以及工程建设其他费用等；

（10）委托单位提供的其他技术经济资料等。

4.2 设计概算的编制方法

设计概算包括单位工程概算、单项工程综合概算和建设工程项目总概算三级。首先编制单位工程概算，然后逐级汇总编制综合概算和总概算。

4.2.1 单位工程概算的编制方法

单位工程概算分单位建筑工程概算和单位设备及安装工程概算两大类。建筑工程概算的编制方法有概算定额法、概算指标法、类似工程预算法；设备及安装工程概算的编制方法有预算单价法、扩大单价法、设备价值百分比法和综合吨位指标法等。

1. 单位建筑工程概算编制方法

1）概算定额法

概算定额法又称扩大单价法或扩大结构定额法，是套用概算定额编制建筑工程概算的方法。运用概算定额法，要求初步设计必须达到一定深度，建筑结构尺寸比较明确，能按照初步设计的平面图、立面图、剖面图纸计算出楼地面、墙身、门窗和屋面等扩大分项工程（或扩大结构构件）项目的工程量时，方可采用。

建筑工程概算表的编制，按构成单位工程的主要分部分项工程编制，根据初步设计工程量按工程所在省、市、自治区颁发的概算定额（指标）或行业概算定额（指标），以及工程费用定额计算。概算定额法编制设计概算的步骤如下：

（1）搜集基础资料、熟悉设计图纸、了解有关施工条件和施工方法。

（2）按照概算定额分部分项顺序，列出单位工程中分项工程或扩大分项工程项目名称并计算工程量。工程量计算应按概算定额中规定的工程量计算规则进行，计算时采用的原始数据必须以初步设计图纸所标识的尺寸或初步设计图纸能读出的尺寸为准，并将计算所得各分项工程量按概算定额编号顺序，填入工程概算表内。

（3）确定各分部分项工程项目的概算定额单价（基价）。工程量计算完毕后，逐项套用相应概算定额单价和人工、材料消耗指标，然后分别将其填入工程概算表和工料分析表中。如遇设计图中的分项工程项目名称、内容与采用的概算定额手册中相应的项目有某些不相符时，则按规定对定额进行换算后方可套用。

有些地区根据地区人工工资、物价水平和概算定额编制了与概算定额配合使用的扩大单位估价表，该表确定了概算定额中各扩大分部分项工程或扩大结构构件所需的全部人工费、材料费、机械台班使用费之和，即概算定额单价。在采用概算定额法编制概算时，可以将计算出的扩大分部分项工程的工程量，乘以扩大单位估价表中的概算定额单价，进行人、料、机费用的计算。概算定额单价的计算公式为

概算定额单价 ＝ 概算定额人工费 ＋ 概算定额材料费 ＋ 概算定额机械台班使用费

$$= \sum (概算定额中人工消耗量 \times 人工单价) +$$

$$\sum (概算定额中材料消耗量 \times 材料预算单价) +$$

$$\sum (概算定额中机械台班消耗量 \times 机械台班单价) \qquad (4-1)$$

（4）计算单位工程人、料、机费用。将已算出的各分部分项工程项目的工程量及在概算定额中已查出的相应定额单价和单位人工、主要材料消耗指标分别相乘，即可得出各分项工程的人、料、机费和人工、主要材料消耗量。再汇总各分项工程的人、料、机费及人工、主要材料消耗量，即可得到该单位工程的人、料、机费和工料总消耗量。如果规定有地区的人工、材料价差调整指标，计算人、料、机费时，按规定的调整系数或其他调整方法进行调整计算。

（5）根据人、料、机费用，结合其他各项取费标准，分别计算企业管理费、利润、规费和税金。计算公式如下（以人工费为计算基础）：

$$企业管理费 ＝ 定额人工费 \times 企业管理费费率 \qquad (4-2)$$

$$利润 ＝ 定额人工费 \times 利润率 \qquad (4-3)$$

$$规费 ＝ 定额人工费 \times 社会保险费和住房公积金费率 ＋ 工程排污费 \qquad (4-4)$$

$$税金 ＝ (人、料、机费 ＋ 企业管理费 ＋ 利润 ＋ 规费) \times 综合税率 \qquad (4-5)$$

（6）计算单位工程概算造价，其计算公式为

$$单位工程概算造价 ＝ 人、料、机费 ＋ 企业管理费 ＋ 利润 ＋ 规费 ＋ 税金 \qquad (4-6)$$

（7）编写概算编制说明。单位建筑工程概算按照规定的表格形式进行编制，具体格式参见表 4-1。

表 4-1　建筑工程概算表

单位工程概算编号：　　　　　　　单项工程名称：　　　　　　　　　共　页　第　页

序号	项目编码	工程项目或费用名称	单位	数量	综合单价/元	合价/元
一		分部分项工程				
（一）		土石方工程				
1	××	×××××				
2	××	×××××				
（二）		砌筑工程				
1	××	×××××				
（三）		楼地面工程				
1	××	×××××				
（四）		××工程				
		分部分项工程费用小计				
二		可计量措施项目				
（一）		××工程				
1	××	×××××				
2	××	×××××				

续表

序号	项目编码	工程项目或费用名称	单位	数量	综合单价/元	合价/元
(二)		××工程				
1	××	×××××				
		可计量措施项目费小计				
三		综合取定的措施项目费				
1		安全文明施工费				
2		夜间施工增加费				
3		二次搬运费				
4		冬雨季施工增加费				
		综合取定措施项目费小计				
		合计				

编制人：　　　　　　　　　审核人：　　　　　　　　　审定人：

注：建设工程概预算表应以单项工程为对象进行编制，表中综合单价应通过综合单价分析表计算获得。

2）概算指标法

概算指标法是用拟建的厂房、住宅的建筑面积（或体积）乘以技术条件相同或基本相同的概算指标得出人、料、机费，然后按规定计算出企业管理费、利润、规费和税金等，得出单位工程概算的方法。概算指标法适用的情况包括：①在方案设计中，由于设计无详图而只有概念性设计时，或初步设计深度不够不能准确地计算出工程量，但工程设计采用的技术比较成熟时，可以选定与该工程相似类型的概算指标编制概算；②设计方案急需造价估算而又有类似工程概算指标可以利用的情况；③图样设计间隔很久后再来实施，概算造价不适用于当前情况而又急需确定造价的情形下，可按当前概算指标来修正原有概算造价；④可组织编制通用图设计概算指标来确定造价。

（1）拟建工程结构特征与概算指标相同时的计算

在使用概算指标法时，如果拟建工程在建设地点、结构特征、地质及自然条件、建筑面积等方面与概算指标相同或相近，就可直接套用概算指标编制概算。在直接套用概算指标时，拟建工程应符合以下条件：

① 拟建工程的建设地点与概算指标中的工程建设地点相同；

② 拟建工程的工程特征和结构特征与概算指标中的工程特征、结构特征基本相同；

③ 拟建工程的建筑面积与概算指标中工程的建筑面积相差不大。

基本思路是以指标中所规定的工程每平方米或立方米的工料单价，根据管理费、利润、规费、税金的费（税）率确定该子目的全费用综合单价，乘以拟建单位工程建筑面积或体积，即可求出单位工程的概算造价。

单位工程概算造价 = 概算指标 $1m^2$（m^3）综合单价 × 拟建工程建筑面积（体积）

(4-7)

（2）拟建工程结构特征与概算指标有局部差异时的调整

由于拟建工程往往与类似工程的概算指标的技术条件不尽相同，而且概算编制年份的设备、材料、人工等价格与拟建工程当时当地的价格也会不同，在实际工作中，还经常会遇到

拟建对象的结构特征与概算指标中规定的结构特征有局部不同的情况,因此必须对概算指标进行调整后方可套用。调整方法如下:

① 调整概算指标中的1m²造价

当设计对象的结构特征与概算指标有局部差异时需要进行这种调整。这种调整方法是将原概算指标中的单位造价进行调整(仍使用人、料、机费用指标),扣除1m²原概算指标中与拟建工程结构不同部分的造价,增加1m²拟建工程与概算指标结构不同部分的造价,使其成为与拟建工程结构相同的工程单位人、料、机费用单价。计算公式为

$$结构变化修正概算指标(元/m^2) = J + Q_1P_1 - Q_2P_2 \tag{4-8}$$

式中,J——原概算指标;

Q_1——概算指标中换入结构的工程量;

Q_2——概算指标中换出结构的工程量;

P_1——换入结构的人、料、机费用单价;

P_2——换出结构的人、料、机费用单价。

若概算指标中的单价为工料单价,则应根据管理费、利润、规费、税金的费(税)率确定该子目的全费用综合单价,再计算拟建工程造价为

$$单位工程概算造价 = 修正后的概算指标综合单价 \times 拟建工程建筑面积(体积) \tag{4-9}$$

② 调整概算指标中的工、料、机数量

这种方法是将原概算指标中每100m²(1000m³)建筑面积(体积)中的工、料、机数量进行调整,扣除原概算指标中与拟建工程结构不同部分的工、料、机消耗量,增加拟建工程与概算指标结构不同部分的工、料、机消耗量,使其成为与拟建工程结构相同的每100m²(1000m³)建筑面积(体积)工、料、机数量。计算公式为

$$结构变化修正概算指标的工、料、机数量$$
$$= 原概算指标的工、料、机数量 + 换入结构件工程量 \times$$
$$相应定额工、料、机消耗量 - 换出结构件工程量 \times$$
$$相应定额工、料、机消耗量 \tag{4-10}$$

以上两种方法,前者是直接修正概算指标单价,后者是修正概算指标的工、料、机数量。修正之后,方可按上述方法分别套用。

【例4-1】　某新建住宅的建筑面积为3500m²,按概算指标和地区材料预算价格等算出综合单价为738元/m²,其中,一般土建工程640元/m²,采暖工程32元/m²,给排水工程36元/m²,照明工程30元/m²。但新建住宅的设计资料与概算指标相比较,其结构构件有部分变更,设计资料表明,外墙为1.5砖外墙,而概算指标中外墙为1砖外墙。根据当地土建工程预算定额计算,外墙带形毛石基础的综合单价为147.87元/m³,1砖外墙的综合单价为177.10元/m³,1.5砖外墙的综合单价为178.08元/m³。概算指标中每100m²中含外墙带形毛石基础为18m³,1砖外墙为46.5m³。新建工程设计资料表明,每100m²中含外墙带形毛石基础为19.6m³,1.5砖外墙为61.2m³。请计算调整后的概算综合单价和新建住宅的概算造价。

【解】　对土建工程中结构构件的变更和单价调整过程如表4-2所示。

表 4-2　结构变化引起的单价调整

结构名称	单位	数量(每100m²含量)	单价/元	合价/元
土建工程单位面积造价				640
换出部分				
外墙带形毛石基础	m³	18	147.87	2661.66
1砖外墙	m³	46.5	177.10	8235.15
合　计	元			10896.81
换入部分				
外墙带形毛石基础	m³	19.6	147.87	2898.25
1.5砖外墙	m³	61.2	178.08	10898.5
合　计	元			13796.75
单位造价修正指标:(640−10896.81/100+13796.75/100)元/m²=669元/m²				

其余的单价指标都不变,因此经调整后的概算综合单价为(669+32+36+30)元/m²=767元/m²,新建住宅的概算造价为(767×3500)元=2684500元

3) 类似工程预算法

类似工程预算法是利用技术条件与设计对象相类似的已完工程或在建工程的工程造价资料来编制拟建工程设计概算的方法。

当拟建工程初步设计与已完工程或在建工程的设计相类似而又没有可用的概算指标时可以采用类似工程预算法。

类似工程预算法的编制步骤如下:

(1) 根据设计对象的各种特征参数,选择最合适的类似工程预算。

(2) 根据本地区现行的各种价格和费用标准计算类似工程预算的人工费、材料费、施工机具费、企业管理费修正系数。

(3) 根据类似工程预算修正系数和以上四项费用占预算成本的比重,计算预算成本总修正系数,并计算出修正后的类似工程平方米预算成本。

(4) 根据类似工程修正后的平方米预算成本和编制概算地区的利税率计算修正后的类似工程平方米造价。

(5) 根据拟建工程的建筑面积和修正后的类似工程平方米造价,计算拟建工程概算造价。

(6) 编制概算编写说明。

类似工程预算法对条件有所要求,也就是可比性,即拟建工程项目在建筑面积、结构构造特征要与已建工程基本一致,如层数相同、面积相似、结构相似、工程地点相似等,采用此方法时必须对建筑结构差异和价差进行调整。

建筑结构差异的调整。结构差异调整方法与概算指标法的调整方法相同。即先确定有差别的部分,再分别按每一项目计算出结构构件的工程量和单位价格(按编制概算工程所在地区的单价),然后以类似工程中相应(有差别)的结构构件的工程数量和单价为基础,算出总差价。将类似预算的人、料、机费总额减去(或加上)这部分差价,就得到结构差异换算后

的人、料、机费,再行取费得到结构差异换算后的造价。

价差调整。类似工程造价的价差调整可以采用两种方法。

① 当类似工程造价资料有具体的人工、材料、机械台班的用量时,可按类似工程预算造价资料中的主要材料、工日、机械台班数量乘以拟建工程所在地的主要材料预算价格、人工单价、机械台班单价,计算出人、料、机费,再计算措施费、间接费、利润和税金,即可得出所需的造价指标。

② 类似工程造价资料只有人工、材料、施工机具使用费和企业管理费等费用或费率时,可按下面公式调整:

$$D = A \cdot K \tag{4-11}$$
$$K = aK_1 + bK_2 + cK_3 + dK_4 \tag{4-12}$$

式中: D——拟建工程成本单价。

A——类似工程成本单价。

K——成本单价综合调整系数。

a,b,c,d——类似工程预算的人工费、材料费、施工机具使用费、企业管理费占预算成本的比重,%。如 a=类似工程人工费/类似工程预算成本×100%, $b,c,$ d 雷同。

K_1,K_2,K_3,K_4——拟建工程地区与类似工程预算造价在人工费、材料费、施工机具使用费、企业管理费之间的差异系数。如 K_1=拟建工程概算的人工费(或工资标准)/类似工程预算人工费(或地区工资标准), $K_2,$ K_3,K_4 雷同。

以上综合调价系数是以类似工程中各成本构成项目占总成本的百分比为权重,按照加权的方式计算成本单价的调价系数。根据类似工程预算提供的资料,也可按照同样的计算思路计算出人、料、机费综合调整系数,通过系数调整类似工程的工料单价,再行计算其他剩余费用构成内容,也可得出所需的造价指标。总之,以上方法可灵活应用。

【例 4-2】 某地拟建一工程,与其类似的已完工程单方工程造价为 4500 元/m²,其中人工、材料、施工机具使用费分别占工程造价的 15%、55% 和 10%;拟建工程地区与类似工程地区人工、材料、施工机具使用费差异系数分别为 1.05、1.03 和 0.98。假定以人、料、机费用之和为基数取费,综合费率为 25%。用类似工程预算法计算拟建工程适用的综合单价。

【解】 先使用调差系数计算出拟建工程的工料单价。

类似工程的工料单价为

$$4500 \text{ 元}/m^2 \times 80\% = 3600 \text{ 元}/m^2$$

在类似工程的工料单价中,人工、材料、施工机具使用费的比重分别为 18.75%、68.75% 和 12.5%,则拟建工程的工料单价为

$$3600 \text{ 元}/m^2 \times (18.75\% \times 1.05 + 68.75\% \times 1.03 + 12.5\% \times 0.98) = 3699 \text{ 元}/m^2$$

则拟建工程适用的综合单价为

$$3699 \text{ 元}/m^2 \times (1 + 25\%) = 4623.75 \text{ 元}/m^2$$

2．单位设备及安装工程概算编制方法

单位设备及安装工程概算包括单位设备及工器具购置费概算和单位设备安装工程费概算两大部分。

1）设备及工器具购置费概算

设备及工器具购置费概算是根据初步设计的设备清单计算出设备原价,并汇总求出设备总价,然后按有关规定的设备运杂费率乘以设备总价,两项相加再考虑工具、器具及生产家具购置费即为设备及工器具购置费概算。

2）设备安装工程概算的编制方法

设备安装工程费包括用于设备、工器具、交通运输设备、生产家具等的组装和安装,以及配套工程安装而发生的全部费用。编制方法有:

（1）预算单价法。当初步设计有详细设备清单时,可直接按安装工程预算单价(预算定额单价)编制设备安装工程概算。根据计算的设备安装工程量,乘以安装工程预算单价,经汇总求得。用预算单价法编制概算,计算比较具体,精确性较高。

（2）扩大单价法。当初步设计的设备清单不完备,只有主体设备或仅有成套设备的重量时,可采用主体设备、成套设备或工艺线的综合扩大安装单价编制概算。

（3）设备价值百分比法,又叫安装设备百分比法。当初步设计深度不够,只有设备出厂价而无详细规格、重量时,安装费可按占设备费的百分比计算。其百分比值(即安装费率)由相关管理部门制定或由设计单位根据已完类似工程确定。该法常用于价格波动不大的定型产品和通用设备产品,其计算公式为

$$\text{设备安装费} = \text{设备原价} \times \text{安装费率}(\%) \tag{4-13}$$

（4）综合吨位指标法。当初步设计提供的设备清单有规格和设备重量时,可采用综合吨位指标编制概算,其综合吨位指标由相关主管部门或由设计单位根据已完类似工程的资料确定。该法常用于设备价格波动较大的非标准设备和引进设备的安装工程概算,其计算公式为

$$\text{设备安装费} = \text{设备吨重} \times \text{每吨设备安装费指标}(\text{元}/t) \tag{4-14}$$

单位设备及安装工程概算要按照规定的表格格式进行编制,参见表4-3。

表 4-3　设备及安装工程设计概算表

单位工程概算编号：　　　　　　　单项工程名称：　　　　　　　共　页　第　页

序号	项目编码	工程项目或费用名称	项目特征	单位	数量	综合单价/元		合价/元	
						设备购置费	安装工程费	设备购置费	安装工程费
一		分部分项工程							
（一）		机械设备安装工程							
1	××	×××××							
2	××	×××××							
（二）		电气工程							
1	××	×××××							

续表

序号	项目编码	工程项目或费用名称	项目特征	单位	数量	综合单价/元		合价/元	
						设备购置费	安装工程费	设备购置费	安装工程费
(三)		给排水工程							
1	××	×××××							
(四)		××工程							
		分部分项工程费用小计							
二		可计量措施项目							
(一)		××工程							
1	××	×××××							
2	××	×××××							
(二)		××工程							
1	××	×××××							
		可计量措施项目费小计							
三		综合取定的措施项目费							
1		安全文明施工费							
2		夜间施工增加费							
3		二次搬运费							
4		冬雨季施工增加费							
		综合取定的措施项目费小计							
合　　计									

编制人：　　　　　　　　　　审核人：　　　　　　　　　　审定人：

4.2.2　单项工程综合概算的编制方法

单项工程综合概算是确定单项工程建设费用的综合性文件,它是由该单项工程的各专业单位工程概算汇总而成的,是建设项目总概算的组成部分。

单项工程综合概算文件一般包括编制说明(不编制总概算时列入)、综合概算表(含其所附的单位工程概算表和建筑材料表)两大部分。当建设项目只有一个单项工程时,此时综合概算文件(实为总概算)除包括上述两大部分外,还应包括工程建设其他费用、建设期利息、预备费的概算。

1. 编制说明

编制说明应列在综合概算表的前面,其内容包括:

(1) 工程概况。简述建设项目性质、特点、生产规模、建设周期、建设地点、主要工程量、工艺设备等情况。引进项目要说明引进内容以及与国内配套工程等主要情况。

(2) 编制依据。包括国家和有关部门的规定、设计文件、现行概算定额或概算指标、设备材料的预算价格和费用指标等。

(3) 编制方法。说明设计概算是采用概算定额法,还是采用概算指标法或其他方法。

（4）主要设备、材料的数量。

（5）主要技术经济指标。主要包括项目概算总投资（有引进的给出所需外汇额度）及主要分项投资、主要技术经济指标（主要单位投资指标）等。

（6）工程费用计算表。主要包括建筑工程费用计算表、工艺安装工程费用计算表、配套工程费用计算表、其他涉及工程的工程费用计算表。

（7）引进设备材料有关费率取定及依据。主要是关于国外运输费、国外运输保险费、关税、增值税、国内运杂费、其他有关税费等。

（8）引进设备材料从属费用计算表。

（9）其他必要的说明。

2．综合概算表

单项工程综合概算采用综合概算表（含其所附的单位工程概算表和建筑材料表）进行编制。对单一的、具有独立性的单项工程建设项目，按照两级概算编制形式，直接编制总概算。

综合概算表是根据单项工程所辖范围内的各单位工程概算等基础资料，按照国家或部委规定的统一表格进行编制。对于工业建筑而言，其概算包括建筑工程和设备及安装工程；对于民用建筑而言，概算包括土建工程、给排水、采暖、通风及电气照明工程等。

综合概算一般应包括建筑工程费用、安装工程费用、设备及工器具购置费。单项工程综合概算表如表4-4所示。

表4-4　单项工程综合概算表

综合概算编号：　　　　　　工程名称：　　　　单位：万元　　　　共　页　第　页

序号	概算编号	工程项目或费用名称	设计规模或主要工程量	建筑工程费	设备购置费	安装工程费	合计	其中：引进部分		主要技术经济指标		
								美元	折合人民币	单位	数量	单位价值
一		主要工程										
1	×	×××××										
2	×	×××××										
二		辅助工程										
1	×	×××××										
2	×	×××××										
三		配套工程										
1	×	×××××										
2	×	×××××										
		单项工程概算费用合计										

编制人：　　　　　　　　　审核人：　　　　　　　　　审定人：

4.2.3　建设工程项目总概算的编制方法

1．总概算书的内容

建设工程项目总概算是设计文件的重要组成部分，是预计整个建设项目从筹建到竣工交付使用所花费的全部费用的文件。它由各单项工程综合概算、工程建设其他费用、建设期利息、预备费和经营性项目的铺底流动资金组成,并按主管部门规定的统一表格编制而成。

设计概算文件一般应包括以下七部分。

(1) 封面、签署页及目录。

(2) 编制说明。编制说明应包括下列内容:

① 工程概况。简述建设项目性质、特点、生产规模、建设周期、建设地点等主要情况。对于引进项目要说明引进内容及与国内配套工程等主要情况。

② 资金来源及投资方式。

③ 编制依据及编制原则。

④ 编制方法。说明设计概算是采用概算定额法,还是采用概算指标法等。

⑤ 投资分析。主要分析各项投资的比重、各专业投资的比重等经济指标。

⑥ 其他需要说明的问题。

(3) 总概算表。总概算表应反映静态投资和动态投资两个部分。静态投资是按设计概算编制期价格、费率、利率、汇率等因素确定的投资;动态投资则是指概算编制期到竣工验收前的工程和价格变化等多种因素所需的投资。

(4) 工程建设其他费用概算表。工程建设其他费用概算按国家或地区或部委所规定的项目和标准确定,并按统一表式编制。

(5) 单项工程综合概算表。

(6) 单位工程概算表。

(7) 附录。补充估价表。

2. 总概算表的编制方法

将各单项工程综合概算及其他工程和费用概算等汇总即为建设工程项目总概算。总概算由以下四部分组成:①工程费用;②其他费用;③预备费;④应列入项目概算总投资的其他费用,包括建设期利息和铺底流动资金。

编制总概算表的基本步骤如下:

(1) 按总概算组成的顺序和各项费用的性质,将各个单项工程综合概算及其他工程和费用概算汇总列入总概算表,参见表 4-5。

(2) 将工程项目和费用名称及各项数值填入相应各栏内,然后按各栏分别汇总。

(3) 以汇总后总额为基础,按取费标准计算预备费用、建设期利息、固定资产投资方向调节税、铺底流动资金。

(4) 计算回收金额。回收金额是指在整个基本建设过程中所获得的各种收入。如原有房屋拆除所回收的材料和旧设备等的变现收入;试车收入大于支出部分的价值等。回收金额的计算方法应按地区主管部门的规定执行。

(5) 计算总概算价值。

$$总概算价值 = 工程费用 + 其他费用 + 预备费 + 建设期利息 +$$
$$铺底流动资金 - 回收金额 \tag{4-15}$$

(6) 计算技术经济指标。整个项目的技术经济指标应选择有代表性和能说明投资效果的指标填列。

（7）投资分析。对基本建设投资分配、构成等情况进行分析，应在总概算表中计算出各项工程和费用投资占总投资比例，在表的末栏计算出每项费用的投资占总投资的比例。

表 4-5　建设工程总概算表

总概算编号：　　　　　　　　　　工程名称：　　　　单位：万元　　　　　　　共　页　第　页

序号	概算编号	工程项目或费用名称	建筑工程费	设备购置费	安装工程费	其他费用	合计	其中：引进部分		占总投资比例/%
								美元	折合人民币	
一		工程费用								
1		主要工程								
2		辅助工程								
3		配套工程								
二		工程建设其他费用								
1										
2										
三		预备费								
四		建设期利息								
五		流动资金								
		建设项目概算总投资								

编制人：　　　　　　　　　　审核人：　　　　　　　　　　审定人：

（8）编制工程建设其他费用概算表。工程建设其他费用概算按国家或地区或部委所规定的项目和标准确定，并按统一格式编制，见表 4-6。

表 4-6　工程建设其他费用概算表

工程名称：　　　　　　　　　　单位：万元　　　　　　　共　页　第　页

序号	费用项目编号	费用项目名称	费用计算基数	费率	金额	计算公式	备注
1							
2							
合　计							

编制人：　　　　　　　　　　审核人：　　　　　　　　　　审定人：

（9）单项工程综合概算表和建筑安装单位工程概算表。

（10）主要建筑安装材料汇总表。针对每一个单项工程列出钢筋、型钢、水泥、木材等主要建筑安装材料的消耗量。

4.3　设计概算的审查

4.3.1　设计概算审查的意义

（1）审查设计概算有助于促进概算编制人员严格执行国家有关概算的编制规定和费用标准，提高概算的编制质量。

（2）审查设计概算有利于合理分配投资资金、加强投资计划管理。设计概算编制的偏高或偏低，都会影响投资计划的真实性，影响投资资金的合理分配。进行设计概算审查是遵循客观经济规律的需要，通过审查可以提高投资的准确性与合理性。

（3）审查设计概算有助于促进设计的技术先进性与经济合理性的统一。概算中的技术经济指标，是概算水平的综合反映，合理、准确的设计概算是技术经济协调统一的具体体现，与同类工程对比，便可看出它的先进与合理程度。

（4）审查设计概算有利于核定建设项目的投资规模，可以使建设项目总投资力求做到准确、完整，防止任意扩大投资规模或出现漏项，从而减少投资缺口、缩小概算与预算之间的差距，避免故意压低概算投资，最后导致实际造价大幅度地突破概算。

（5）经审查的概算有利于为建设项目投资的落实提供可靠的依据。打足投资，不留缺口，有助于提高建设工程项目的投资效益。

4.3.2　设计概算审查的内容

1．审查设计概算的编制依据

（1）合法性审查。采用的各种编制依据必须经过国家或授权机关的批准，符合国家的编制规定。未经批准的不得采用，不得强调特殊理由擅自提高费用标准。

（2）时效性审查。对定额、指标、价格、取费标准等各种依据，都应根据国家有关部门的现行规定执行。对颁发时间较长、已不能全部适用的应按有关部门规定的调整系数执行。

（3）适用范围审查。各主管部门、各地区规定的各种定额及其取费标准均有其各自的适用范围，特别是各地区间的材料预算价格区域性差别较大，在审查时应给予高度重视。

2．单位工程设计概算构成的审查

1）建筑工程概算的审查

（1）工程量审查。根据初步设计图纸、概算定额、工程量计算规则的要求进行审查。

（2）采用的定额或指标的审查。审查定额或指标的使用范围、定额基价、指标的调整、定额或指标缺项的补充等。其中，审查补充的定额或指标时，其项目划分、内容组成、编制原则等须与现行定额水平相一致。

（3）材料预算价格的审查。以耗用量最大的主要材料作为审查的重点，同时着重审查材料原价、运输费用及节约材料运输费用的措施。

（4）各项费用的审查。审查各项费用所包含的具体内容是否重复计算或遗漏，取费标准是否符合国家有关部门或地方规定的标准。

2）设备及安装工程概算的审查

设备及安装工程概算审查的重点是设备清单与安装费用的计算。

（1）标准设备原价，应根据设备被管辖的范围，审查各级规定的价格标准。

（2）非标准设备原价，除审查价格的估算依据、估算方法外，还要分析研究非标准设备估价准确度的有关因素及价格变动规律。

（3）设备运杂费审查需注意：①设备运杂费率应按主管部门或省、自治区、直辖市规定的标准执行；②若设备价格中已包括包装费和供销部门手续费时不应重复计算，应相应降低设备运杂费率。

（4）进口设备费用的审查,应根据设备费用各组成部分及国家设备进口、外汇管理、海关、税务等有关部门不同时期的规定进行。

（5）设备安装工程概算的审查,除编制方法、编制依据外,还应注意审查:①采用预算单价或扩大综合单价计算安装费时的各种单价是否合适、工程量计算是否符合规则要求、是否准确无误;②当采用概算指标计算安装费时采用的概算指标是否合理、计算结果是否达到精度要求;③审查所需计算安装费的设备数量及种类是否符合设计要求,避免某些不需安装的设备安装费计入在内。

3）综合概算和总概算的审查

（1）审查概算的编制是否符合国家经济建设方针、政策的要求,根据当地自然条件、施工条件和影响造价的各种因素,实事求是地确定项目总投资。

（2）审查概算的投资规模、生产能力、设计标准、建设用地、建筑面积、主要设备、配套工程、设计定员等是否符合原批准可行性研究报告或立项批文的标准。如概算总投资超过原批准投资估算10%以上,应进一步审查超估算的原因。

（3）审查其他具体项目:审查各项技术经济指标是否经济合理;审查费用项目是否按国家统一规定计列,具体费率或计取标准是否按国家、行业或有关部门规定计算,有无随意列项,有无多列、交叉计列和漏项等。

4）财政部对设计概算评审的要求

根据财政部办公厅财办建〔2002〕619号文件《财政投资项目评审操作规程》（试行）的规定,对建设工程项目概算的评审包括以下内容。

（1）项目概算评审包括对项目建设程序、建筑安装工程概算、设备投资概算、待摊投资概算和其他投资概算等的评审。

（2）项目概算应由项目建设单位提供,项目建设单位委托其他单位编制项目概算的,由项目单位确认后报送评审机构进行评审。项目建设单位没有编制项目概算的,评审机构应督促项目建设单位尽快编制。

（3）项目建设程序评审包括对项目立项、项目可行性研究报告、项目初步设计概算、项目征地拆迁及开工报告等批准文件的程序性评审。

（4）建筑安装工程概算评审包括对工程量计算、概算定额选用、取费及材料价格等进行评审。

其中,工程量计算的评审包括:

① 审查工程量计算规则的选用是否正确;

② 审查工程量的计算是否存在重复计算现象;

③ 审查工程量汇总计算是否正确;

④ 审查施工图设计中是否存在擅自扩大建设规模、提高建设标准等现象。

定额套用、取费和材料价格的评审包括:

① 审查是否存在高套、错套定额现象;

② 审查是否按照有关规定计取企业管理费、规费及税金;

③ 审查材料价格的计取是否正确。

（5）设备投资概算评审,主要是对设备型号、规格、数量及价格进行评审。

（6）待摊投资概算和其他投资概算的评审,主要是对项目概算中除建筑安装工程概算、设备投资概算之外的项目概算投资进行评审。评审内容包括：

①建设单位管理费、勘察设计费、监理费、研究试验费、招投标费、贷款利息等待摊投资概算,按国家规定的标准和范围等进行评审;对土地使用权费用概算进行评审时,应在核定用地数量的基础上,区别土地使用权的不同取得方式进行评审。

②其他投资的评审,主要评审项目建设单位按概算内容发生并构成基本建设实际支出的房屋购置和基本禽畜、林木等购置、饲养、培育支出,以及取得各种无形资产和其他资产等发生的支出。

(7)部分项目发生的特殊费用,应视项目建设的具体情况和有关部门的批复意见进行评审。

(8)对已招投标或已签订相关合同的项目进行概算评审时,应对招投标文件、过程和相关合同的合法性进行评审,并据此核定项目概算。对已开工的项目进行概算评审时,应对截止评审日的项目建设实施情况,分别按已完、在建和未建工程进行评审。

(9)概算评审时需要对项目投资细化、分类的,按财政细化基本建设投资项目概算的有关规定进行评审。

3. 设计概算审查的方法

1)对比分析法

对比分析法主要是指通过建设规模、标准与立项批文对比,工程数量与设计图纸对比,综合范围、内容与编制方法、规定对比,各项取费与规定标准对比,材料、人工单价与统一信息对比,技术经济指标与同类工程对比等,发现设计概算存在的主要问题和偏差。

2)查询核实法

查询核实法是对一些关键设备和设施、重要装置、引进工程图纸不全、难以核算的较大投资进行多方查询核对,逐项落实的方法。主要设备的市场价向设备供应部门或招标公司查询核实;重要生产装置、设施向同类企业(工程)查询了解;进口设备价格及有关费税向进出口公司调查落实;复杂的建安工程向同类工程的建设、承包、施工单位征求意见;深度不够或不清楚的问题直接向原概算编制人员、设计者询问。

3)联合会审法

联合会审前,可先采取多种形式分头审查,包括:设计单位自审,主管、建设、承包单位初审,工程造价咨询公司评审,邀请同行专家预审,审批部门复审等,经层层审查把关后,由有关单位和专家进行联合会审。在会审大会上,由设计单位介绍概算编制情况及有关问题,各有关单位、专家汇报初审及预审意见。然后进行认真分析、讨论,结合对各专业技术方案的审查意见所产生的投资增减,逐一核实原概算出现的问题。经过充分协商,认真听取设计单位意见后,实事求是地处理、调整。

第 5 章
建设工程项目施工图预算

5.1　计价模式

　　从传统意义上讲,施工图预算是指在施工图设计完成以后,按照主管部门制定的预算定额、施工图设计文件、费用定额以及工程所在地人工、材料、设备、施工机械台班等市场价格信息编制的单位工程或单项工程预算价格的文件。

　　从现有意义上讲,只要是按照施工图纸以及计价所需的各种依据在工程实施前所计算的工程价格,均可以称为施工图预算价格。该施工图预算价格可以是按照主管部门统一规定的预算单价、取费标准、计价程序计算得到的计划中的价格,也可以是根据企业自身的实力和市场供求及竞争状况计算的反映市场价格。实际上,这体现了两种不同的计价模式,即传统计价模式和工程量清单计价模式。

1. 传统计价模式

　　我国的传统计价模式是采用国家、部门或地区统一规定的定额和取费标准进行工程造价计价的模式,通常也称为定额计价模式。在传统计价模式下,由主管部门制定工程预算定额,并且规定间接费的内容和取费标准。建设单位和施工单位均先根据预算定额中规定的工程量计算规则、定额单价计算人、料、机费用,再按照规定的费率和取费程序计取企业管理费、利润、规费和税金,汇总得到工程造价。其中,预算定额单价既包括了消耗量标准,又包含单位价格。

　　虽然传统计价模式对我国建设工程的投资计划管理和招投标起到过很大的作用,但也存在一些缺陷。传统计价模式的工、料、机消耗量是根据"社会平均水平"综合测定,取费标准是根据不同地区价格水平平均测算,企业自主报价的空间很小,不能结合项目具体情况、自身技术管理水平和市场价格自主报价,也不能满足招标人对建筑产品质优价廉的要求,其实质是"政府指导价"。

2. 工程量清单计价模式

　　工程量清单计价模式是指按照工程量清单规范规定的全国统一工程量规则,由招标人提供工程量清单和有关技术说明,投标人根据企业自身的定额水平和市场价格进行计价的模式。简单地说,工程量清单计价模式是由建设产品的买卖双方在建设市场上根据供求情况、信息状况进行自由竞价,从而确定工程合同价格的方法,其核心是"量价分离,自主报价"。

5.2　概述

5.2.1　施工图预算作用

1．施工图预算对建设单位的作用

（1）施工图预算是施工图设计阶段确定建设项目造价的依据，是设计文件的组成部分。

（2）施工图预算是建设单位在施工期间安排建设资金计划和使用建设资金的依据。

（3）施工图预算是招投标的重要基础，既是工程量清单的编制依据，也是标底编制的依据。施工图预算在投标中大量运用，是招投标的重要基础，施工图预算的原理、依据、方法和编制程序，仍是投标报价的重要参考资料。同时，现阶段工程量清单计价基础资料系统还没有建立起来，特别是投标企业还没有自己的企业定额，这样，预算定额、预算编制模式和方法是工程量清单的编制依据。

（4）施工图预算是拨付进度款及办理结算的依据。

2．施工图预算对施工单位的作用

（1）施工图预算是确定投标报价的依据。在竞争激烈的建筑市场，施工单位需要根据施工图预算，结合企业的投标策略，确定投标报价。

（2）施工图预算是施工单位进行施工准备的依据，是施工单位在施工前组织材料、机具、设备及劳动力供应的重要参考，是施工单位编制进度计划、统计完成工程量、进行经济核算的参考依据。

（3）施工图预算是控制施工成本的依据。根据施工图预算确定的中标价格是施工单位收取工程款的依据，施工单位只有合理利用各项资源，采取技术措施、经济措施和组织措施降低成本，将成本控制在施工图预算以内，才能获得良好的经济效益。

（4）施工图预算是进行"两算"对比的依据。施工企业可以通过施工图预算与施工预算的对比分析，找出差距，采取必要措施，使企业尽可能地减少亏损，获得较好的经济效益。

5.2.2　施工图预算的编制依据

1．施工图纸等设计文件

施工图纸是预算编制必须重点熟悉的对象，作为施工图预算编制主要依据的施工图纸是指经过会审的施工图，是计算预算工程量的基础性文件。

2．现行预算定额或地区单位估价表

编制施工图预算，从分部分项工程项目的划分到工程量的计算，都必须以预算定额的相关规定为准。而地区单位估价表是计算人工费、材料费、机械台班费的主要依据。这些资料均是编制施工图预算的基础性资料。

3. 经过批准的施工组织设计或施工方案

施工组织设计或施工方案所确定的施工方法、施工工艺、施工机械（设备）直接影响工程量的计算和预算单价的套用。

4. 费用定额

施工图预算中的措施费用、企业管理费、利润、规费、税金等的取费标准应根据工程所在地的取费标准来确定。各省、自治区、直辖市和专业部门还制定各自费用的计算程序，以便于预算的编制和审查。

5. 工程承包合同及招标文件

工程承包合同及招标文件通常会反映建设单位对工程计价的具体约定，这些都会影响分部分项工程的预算价格。

6. 人工、材料、机械台班的市场价格信息

由于预算单价具有滞后性，不能真实反映人工、材料、机械台班的市场价格，在编制施工图预算时，通常需要根据市场价格对人工、主要材料、机械台班进行调查计算。

7. 批准的概算文件

一般情况下，要求施工图预算不得超过已经批准的建设项目设计概算。

5.3　施工图预算的编制方法

5.3.1　施工图预算的内容

从建设项目构成内容的层次来分类，建设工程项目施工图预算分为单位工程预算、单项工程综合预算和建设项目总预算三个层次。建设工程项目总预算由单项工程综合预算汇总而来；综合预算由组成本单项工程的单位工程汇总而成；单位工程预算包括建筑工程预算和设备及安装工程预算。

采用三级预算编制形式的工程预算文件包括：封面、签署页及目录、编制说明、总预算表、综合预算表、单位工程预算表、附件等内容；采用二级预算编制形式的工程预算文件包括：封面、签署页及目录、编制说明、总预算表、单位工程预算表、附件等内容。

单位工程预算是依据单位工程施工图设计文件、现行预算定额以及人工、材料和施工机械台班价格等，按照规定的计价方法编制的工程造价文件，包括单位建筑工程预算和单位设备及安装工程预算。单位建筑工程预算是建筑工程各专业单位工程施工图预算的总称，按其工程性质分为一般土建工程预算，给排水工程预算，采暖通风工程预算，煤气工程预算，电气照明工程预算，弱电工程预算，特殊构筑物如烟窗、水塔等工程预算，以及工业管道工程预算等。安装工程预算是安装工程各专业单位工程预算的总称，安装工程预算按其工程性质分为机械设备安装工程预算、电气设备安装工程预算、工业管道工程预算和热力设备安装工程预算等。

单位工程预算的编制方法有单价法和实物量法,其中单价法分为定额单价法和工程量清单单价法。

5.3.2　定额单价法

1. 概述

定额单价法是用事先编制好的分项工程的单位估价表来编制施工图预算的方法。根据施工图设计文件和预算定额,按分部分项工程顺序先计算出分项工程量,然后乘以对应的定额单价,求出分项工程人、料、机费用;将分项工程人、料、机费用汇总为单位工程人、料、机费用;汇总后另加企业管理费、利润、规费和税金生成单位工程的施工图预算。

2. 编制步骤

1) 准备资料,熟悉施工图纸

全面搜集、准备各种与工程量计算有关的资料,如施工图纸、施工组织设计、施工方案、现行建筑安装定额、取费标准、统一工程量计算规则和地区材料预算价格等各种资料。在此基础上详细了解施工图纸,全面分析各分部分项工程,充分了解施工组织设计和施工方案,注意影响费用的关键因素。

2) 计算工程量

工程量计算一般按如下步骤进行:

(1) 根据工程内容和定额项目,列出需计算工程量的分部分项工程;

(2) 根据一定的计算顺序和计算规则,列出分部分项工程量的计算式;

(3) 根据施工图纸上的设计尺寸及有关数据,代入计算式进行数值计算;

(4) 对计算结果的计量单位进行调整,使之与定额中相应的分部分项工程的计量单位保持一致。

3) 套用定额单价,计算人工、材料、机械台班费用

核对工程量计算结果后,套用地区单位估价表中的分项工程预算单价,计算出各分项工程单价,汇总求出单位工程直接工程费。

4) 编制工料分析表

根据各分部分项工程项目实物工程量和预算定额项目中所列的用工及材料数量,计算各分部分项工程所需人工及材料数量,汇总后算出单位工程所需各类人工、材料的数量。

5) 按计价程序计算其他各项费用,并汇总造价

根据规定的税率、费率和相应的计取基础,分别计算企业管理费、利润、规费、税金,将上述费用累计后与人、料、机费用进行汇总,求出单位工程预算造价。

6) 复核

对项目填列、工程量计算公式、计算结果、套用的单价、采用的取费费率、数字计算、数据精确度等进行全面复核,以便及时发现差错,及时修改,提高预算的准确性。

7) 编制说明、填写封面

编制说明主要写明预算所包括的工程内容范围、依据的图纸编号、承包方式、有关部门

现行的调价文件号、套用单价需要补充说明的问题及其他说明的问题等。封面应写明工程编号、工程名称、预算总造价和单件造价、编制单位名称、负责人和编制日期以及审核单位的名称、负责人和审核日期等。

定额单价法的编制步骤如图5-1所示。

图 5-1　定额单价法的编制步骤

3．工程清单单价法

工程清单单价法是根据国家统一的工程量计算规则计算工程量,采用综合单价的形式计算工程造价的方法。

1) 全费用综合单价

全费用综合单价即单价中综合了人、料、机费用,企业管理费,规费,利润和税金等,以各个分项工程量乘以综合单价的合价汇总后,就生成工程承发包价。

2) 部分费用综合单价

我国目前实行的工程量清单计价采用的综合单价是部分费用综合单价,分部分项工程单价中综合了人、料、机费用、管理费、利润,以及一定范围内的风险费用,单价中未包括措施费、其他项目费、规费和税金,是不完全费用综合单价。以各分项工程量乘以部分费用综合单价的合价汇总,再加上项目措施费、其他措施费、规费和税金后,生成工程承发包价。

5.3.3　实物量法

1．概述

实物量法是依据施工图纸和预算定额的项目划分及工程量计算规则,先计算出分部分项工程量,分别乘以人工、材料、机械台班的定额消耗量,分类汇总得出单位工程所需的各种人工、材料、施工机械台班的总消耗量,然后分别乘以当时当地各种人工、材料、机械台班的单价,求得人工费、材料费和施工机械使用费,再汇总求和。对于企业管理费、利润等费用的计算则根据当时当地建筑市场供求情况予以具体确定。

2．编制步骤

1) 准备资料、熟悉施工图纸

全面搜集各种人工、材料、机械的当时当地的实际价格;不同工种、不同等级的人工工资单价;不同种类、不同型号的机械台班单价等。要求获得的各种实际价格应全面、系统、真实、可靠。

2) 计算工程量

本步骤的内容与定额单价法相同,不再赘述。

3) 套用消耗定额,计算人、料、机消耗量

根据预算人工定额所列各类人工工日的数量,乘以各分项工程的工程量,计算出各分项

工程所需各类人工工日的数量,统计汇总后确定单位工程所需要的各类人工工日消耗量。同理,根据材料预算定额、机械预算台班定额分别确定出单位工程各类材料消耗数量和各类施工机械台班数量。

4) 计算汇总人工费、材料费、施工机械使用费

根据当时当地工程造价管理部门定期发布的或企业根据市场价格确定的人工工资单价、材料预算价格、施工机械台班单价分别乘以人工、材料、机械消耗量,汇总即为单位工程人工费、材料费和施工机械使用费。人工、材料、机械台班费用计算公式如下:

$$人工费 = 综合工日消耗量 \times 综合工日市场单价 \tag{5-1}$$

$$材料费 = \sum(各种材料消耗量 \times 相应材料市场单价) \tag{5-2}$$

$$机械费 = \sum(各种机械台班消耗量 \times 相应机械台班市场单价) \tag{5-3}$$

5) 计算其他各项费用,汇总造价

对于企业管理费、利润、规费和税金等计算,可以采用与定额单价法相似的计算程序,只有有关的费率是根据当时当地建筑市场供求情况予以确定。将上述单位工程人、料、机费用与企业管理费、利润、规费、税金等汇总即为工程造价。

6) 复核

检查人工、材料、机械台班的消耗量计算是否准确,有无漏算、重算或多算;套取的定额是否正确;检查采用的实际价格是否合理。

7) 编制说明、填写封面

本步骤的内容和方法与定额单价法相同。

实物量法的编制步骤如图 5-2 所示。实物量法编制施工图预算的步骤与定额单价法基本相似,但在具体计算人工费、材料费和机械使用费及汇总三种费用之和方面有一定的区别。实物量法编制施工图预算所用人工、材料和机械台班的单价都是当时当地的实际价格,编制出的预算较准确地反映实际水平,误差较小,适用于市场经济条件波动较大的情况。由于采用该方法需要统计人工、材料、机械台班消耗量,还需搜集相应的实际价格,因而工程量大、计算过程烦琐。

图 5-2　实物量法的编制步骤

5.3.4　施工图预算编制案例

某住宅楼项目主体设计采用 7 层轻型框架结构,基础形式为钢筋混凝土筏形基础。现以基础部分为例说明定额单价法和实物量法编制施工图预算的过程。

1. 定额单价法编制施工图预算方案

定额单价法编制施工图预算采用的预算定额套用的是 2000 年建筑工程单位估价表中有关分项工程的定额单价,并考虑了部分材料价差。采用定额单价法编制某住宅楼基础工

程预算书具体参见表 5-1。

表 5-1　采用定额单价法编制某住宅楼基础工程预算书

工程定额编号	工程费用名称	计量单位	工程量	金额/元	
				单价	合计
1-48	平整场地	100m²	15.21	112.55	1711.89
1-149	机械挖土	100m³	2.78	1848.42	5138.61
8-15	碎石掺土垫层	10m³	31.45	1004.47	31590.58
8-25	C10 混凝土垫层	10m³	21.10	2286.40	48243.04
5-14	C20 带形钢筋混凝土基础(筋膜)	10m³	37.23	2698.22	100454.73
5-479	C20 带形钢筋混凝土筋膜	10m³	37.23	2379.69	88595.86
5-25	C20 独立式混凝土筋膜	10m³	4.33	2014.47	8722.66
5-481	独立式混凝土	10m³	4.33	2404.48	10411.40
5-110	矩形柱筋膜(1.8m)	10m³	0.92	5377.06	4946.90
5-489	矩形柱混凝土	10m³	0.92	3029.82	2787.43
5-8	带形无筋混凝土基础模板(C10)	10m³	5.43	604.38	3281.78
5-479	带形无筋混凝土	10m³	5.43	2379.69	12921.72
4-1	砖基础 M5 砂浆	10m³	3.50	1306.90	4574.15
9-128	基础防潮层平面	100m²	0.32	925.08	296.03
3-23	满堂红脚手架	100m²	10.30	416.16	4286.45
1-51	回填土	100m³	12.61	720.45	9084.87
16-36	挖土机场外运输				0.00
16-38	推土机场外运输				0.00
	C10 混凝土差价		265.30	84.90	22523.97
	C20 混凝土差价		424.80	101.14	42964.27
	商品混凝土运费		690.10	50.00	34505.00
(一)	项目人、料、机费用小计	元			437041.33
(二)	工程定额人工费小计	元			109260.33
(三)	企业管理费[(一)×10%]	元			43704.13
(四)	利润[(一)+(三)]×5%	元			24037.27
(五)	规费[(二)×38%]	元			41518.93
(六)	税金[(一)+(三)+(四)+(五)]×11%	元			60093.19
(七)	造价总计[(一)+(三)+(四)+(五)+(六)]	元			606394.85

2．实物量法编制施工图预算方案

实物量法编制同一工程的预算,采用的定额与定额单价法采用的定额相同,但资源单价为当时当地的价格。采用实物量法编制某住宅楼基础工程预算书具体参见表 5-2。

3．施工图预算的审查

1) 施工图预算审查的内容

施工图预算审查的重点是工程量计算是否准确,定额套用、各项取费标准是否符合现行规定或单价计算是否合理等方面,审查的主要内容如下:

表 5-2　采用实物量法编制某住宅楼基础工程预算书

序号	人工、材料、机械费用名称	计量单位	实物工程数量	金额/元	
				当时当地单价	合计
1	人工(综合工日)	工日	2049.00	35.00	71715.00
2	土石屑	m³	292.94	65.00	19041.10
3	黄土	m³	160.97	18.00	2897.46
4	C10 素混凝土	m³	265.30	175.10	46454.03
5	C20 钢筋混凝土	m³	417.60	198.86	83043.94
6	M5 砂浆	m³	8.26	128.59	1062.15
7	红砖	块	18125.00	0.20	3625.00
8	脚手架材料费				0.00
9	蛙式打泵机	台班	84.02	29.28	2460.00
10	挖土机	台班	7.34	600.53	4407.89
11	推土机	台班	0.75	465.70	349.28
12	其他机械费				84300.00
13	其他材料费				21200.00
14	基础防潮层				296.00
15	挖土机运费				3500.00
16	推土机运费				3057.00
17	混凝土差价				57487.00
18	混凝土运费				42964.00
(一)	项目人、料、机费用小计	元			447859.95
(二)	项目定额人工费小计	元			111964.99
(三)	企业管理费[(一)×10%]	元			44786.00
(四)	利润[(一)+(三)]×5%	元			24632.30
(五)	规费[(二)×38%]	元			42546.70
(六)	税金[(一)+(三)+(四)+(五)]×11%	元			61580.74
(七)	造价总计[(一)+(三)+(四)+(五)+(六)]	元			621405.69

(1) 审核施工图预算的编制是否符合现行国家、行业、地方政府有关法律、法规和规定的要求。

(2) 审查工程量计算的准确性、工程量计算规则与计价规范或定额规则的一致性。

(3) 审查在施工图预算的编制过程中,各种计价依据使用是否恰当,各项费率计取是否正确;审查依据主要有施工图设计资料、有关定额、施工组织设计、有关造价文件规定和技术规范、规程等。

(4) 审查各种要素市场价格选用是否合理。

(5) 审查施工图预算是否超过设计概算并进行偏差分析。

2) 施工图预算审查的步骤

(1) 审查前准备工作

① 熟悉施工图纸。施工图纸是编制与审查预算的重要依据,必须全面熟悉了解。

② 根据预算编制说明,了解预算包括的工程范围。如配套设施、室外管线、道路以及会

审图纸后的设计变更等。

③ 弄清所用单位估价表的适用范围,搜集并熟悉相应的单价、定额资料。

(2) 选择审查方法、审查相应内容

工程规模、繁简程度不同,编制施工图预算的繁简和质量就不同,应选择适当的审查方法进行审查。

(3) 整理审查资料并调整方案

综合整理审查资料,同编制单位交换意见,定案后编制调整预算。经审查若发现差错,应与编制单位协商,统一意见后进行增加或核减的修正。

3) 施工图预算审查的方法

施工图预算的审查可采用全面审查法、标准预算审查法、分组计算审查法、对比审查法、筛选审查法、重点审查法、分解对比审查法等。

(1) 全面审查法

全面审查法又称逐项审查法,即按定额顺序或施工顺序,对各项工程细目逐项全面详细审查的一种方法,其优点是全面、细致、审查质量高、效果好。缺点是工程量大、时间较长。这种方法适合于一些工程量小、工艺比较简单的工程。

(2) 标准预算审查法

标准预算审查法就是对利用标准图纸或通用图纸施工的工程,先集中力量编制标准预算,以此为准来审查工程预算的一种方法。按标准设计图纸施工的工程,一般上部结构和做法相同,只是根据现场施工条件或地质情况不同,仅对基础部分做局部改变。凡这样的工程,以标准预算为准,对局部修改部分单独审查即可,不需逐一详细审查。该方法的优点是时间短、效果好、易定案。其缺点是适用范围小,仅适用于采用标准图纸的工程。

(3) 分组计算审查法

分组计算审查法就是把预算中有关项目按类别划分若干组,利用同组中的一组数据审查分项工程量的一种方法,这种方法首先将若干分部分项工程按相邻且有一定内在联系的项目进行编组,利用同组分项工程间具有相同或相近计算基数的关系,审查一个分项工程数据,由此判断同组中其他及各分项工程的准确程度。如一般的建筑工程中将底层建筑面积编制为一组,先计算底层建筑面积或楼(地)面面积,从而得知楼面找平层、天棚抹灰的工程量等,依次类推。该方法特点是审查速度快、工作量小。

(4) 对比审查法

对比审查法是当工程条件相同时,用已完工程的预算或未完但已经审查修正的工程预算对比审查拟建工程的同类工程预算的一种方法。采用该方法一般必须符合下列条件。

① 拟建工程与已完或在建工程预算采用同一施工图纸,但基础部分和现场施工条件不同,则相同部分可采用对比审查法。

② 工程设计相同,但建筑面积不同,两工程的建筑面积之比与两工程各分部分项工程量之比大体一致。此时可按分项工程量的比例,审查拟建工程各分部分项工程的工程量,或用两工程每平方米建筑面积造价、每平方米建筑面积的各分部分项工程量对比进行审查。

③ 两工程面积相同,但设计图纸不完全相同,则相同的部分,如厂房中的柱子、屋架、屋面、砖墙等,可进行工程量的对照审查。不能对比的分部分项工程可按图纸计算。

（5）筛选审查法

"筛选"是能较快发现问题的一种方法。建筑工程虽面积和高度不同,但其各分部分项工程的单位建筑面积指标变化不大。将这样的分部分项工程加以汇集、优选,找出其单位建筑面积工程量、单价、用工的基础数值,归纳为工程量、价格、用工三个单方基本指标,并标明基本指标的适用范围。这些基本指标用来筛选各分部分项工程,对不符合条件的应进行详细审查,若审查对象的预算标准与基本指标的标准不符,就应对其进行调整。

"筛选法"的优点是简单易懂,便于掌握,审查速度快,便于发现问题。但问题出现的原因尚需继续审查。该方法适用于审查住宅工程或不具备全面审查条件的工程。

（6）重点审查法

重点审查法就是抓住施工图预算中的重点进行审查的方法。审查的重点一般是工程量大或者造价较高的各种工程、补充定额、计取的各项费用(计费基础、取费标准)等。重点审查法的优点是突出重点,审查时间短、效果好。

（7）分解对比审查法

分解对比审查法就是先将一个单位工程按直接费与间接费进行分解,然后再把直接费按工种和分部工程进行分解,最后进行对比审查的方法。

第 **6** 章

工 程 计 量

6.1 工程量计算相关知识

6.1.1 工程量计算的依据

1. 工程量的含义

工程量(engineering quantity)是以物理计量单位(长度、面积、体积和质量等)或自然计量单位(个、条、樘、块、台、组等)所表示的建筑工程的各分项工程或结构构件的实体数量。工程量是确定建筑安装工程费用、编制施工计划、编制材料供应计划、进行工程统计和经济核算的重要依据。

2. 工程量计算的依据

工程量计算依据主要有:施工图纸及设计说明、相关图集、施工方案、设计变更、工程签证、图纸答疑、会审记录等;工程施工合同、招标文件的商务条款;工程量计算规则。

工程量计算规则分为清单工程量计算规则和定额工程量计算规则,详细规定了各分部分项工程量的计算方法。编制工程量清单需使用清单计算规则,投标报价组价算量需使用定额计算规则。

6.1.2 工程量计算的原则

(1)列项要正确,严格按照规范和有关定额规定的工程量计算规则计算工程量,避免错算。

(2)工程量计算单位必须与工程量计算规范和有关定额中规定的计量单位一致。

(3)计算口径要一致。根据施工图列出的工程量清单项目的口径必须与工程量计算规范中相应的清单项目的口径一致。

(4)按图纸结合建筑物的具体情况进行计算。结合施工图纸尽量做到结构按楼层,内装修按楼层分房间,外装修按施工层分立面计算或是按施工方案的要求分段计算,或按使用的材料不同分别进行计算。这样,在计算工程量时既可以避免漏项,又可以为安排施工进度和编制资源计划提供数据。

6.1.3 工程量计算的顺序

1. 单位工程计算顺序

单位工程一般按工程量计算规范清单列项顺序计算,即按照计价规范上的分章或分部分项工程顺序来计算工程量。

2．单个分部分项工程计算顺序

（1）按顺时针方向计算法。从图纸的左上方一点开始，从左至右逐项进行，环绕一周后又回到原开始点为止。这种方法一般适用于计算外墙、外墙基础、外墙挖地槽、地面、天棚等工程量。

（2）按先横后竖计算、先上后下、先左后右顺序计算法。该方法适用于计算内墙、内墙基础、内墙挖槽、内墙装饰等工程。

（3）按图纸分项编号顺序计算法。按图纸上所标注结构构件、配件的编号顺序进行计算。例如，混凝土构件、门窗、屋架等分部分项工程，均可按照此顺序计算。

6.1.4　用统筹法计算工程量

实践表明，每个分部分项工程量计算虽有各自的特点，但都离不开计算"线""面"之类的数据，运用统筹法计算工程量，就是分析工程量计算中各分部分项工程量之间的固有规律和相互之间的依赖关系——基数。根据这些特点，运用统筹法原理，对每个分部分项工程的工程量进行分析，然后依据计算过程的内在联系，按先主后次，统筹安排计算程序，可以简化烦琐的计算，形成统筹计算工程量的计算方法。运用统筹法计算工程量，就是分析工程量，计算各分部分项工程量之间的固有规律和相互之间的依赖关系，运用统筹法原理和统筹图来合理安排工程量的计算程序，以达到节约时间、简化计算、提高效率，为及时准确地编制工程量预算提供科学数据的目的。分部分项工程的统筹法计算工程量的基本要点如图 6-1 所示。

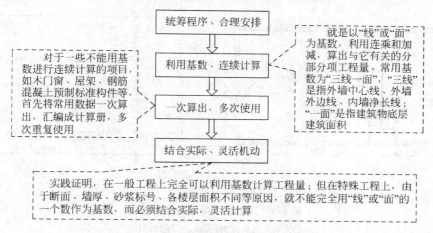

图 6-1　统筹法计算工程量的要点示意图

6.2　建筑面积计算规范

6.2.1　建筑面积概述

建筑面积（construction area）是指建筑物（包括墙体）所形成的楼地面面积。建筑物的建筑面积应按自然层外墙结构外围水平面积之和计算。

建筑面积由有效面积和结构面积组成。有效面积是指建筑物各层平面布置中的净面积之和,其中,可直接为生产或生活使用的净面积称使用面积,如住宅中的卧室、厨房等;而为辅助生产或生活使用所占的净面积称辅助面积,如楼梯间、电梯井等。结构面积是指建筑物各层平面布置中的墙、柱、垃圾道等结构所占的面积之和。

建筑面积是一项重要的技术经济指标。它不仅可以反映工程规模的大小,衡量工程造价的高低,同时也是计算各实体项目工程量的基础。

6.2.2 建筑面积的计算规则与方法

建筑面积的计算主要依据是《建筑工程建筑面积计算规范》(GB/T 50353—2013)。规范包括总则、术语、计算建筑面积的规定和条文说明四部分,规定了计算建筑全部面积、计算建筑部分面积和不计算建筑面积的情形及计算规则。规范适用于新建、扩建、改建的工业与民用建筑工程的建筑面积计算,包括工业厂房、仓库、公共建筑物、农业生产使用的房屋、粮种仓库、地铁车站等。

1. 应计算建筑面积的范围及规则

(1) 建筑物的建筑面积应按自然层外墙结构外围水平面积之和计算。结构层高在2.20m 及以上的,应计算全面积;结构层高在 2.20m 以下的,应计算 1/2 面积。

(2) 建筑物内设有局部楼层时,对于局部楼层的二层及以上楼层,有围护结构的应按其围护结构外围水平面积计算,无围护结构的应按其结构底板水平面积计算,且结构层高在2.20m 及以上的,应计算全面积,结构层高在 2.20m 以下的,应计算 1/2 面积。

【例 6-1】 计算如图 6-2 所示的建筑面积。

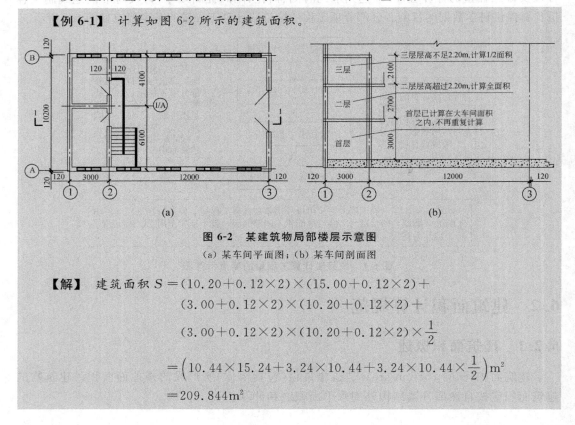

图 6-2 某建筑物局部楼层示意图

(a) 某车间平面图;(b) 某车间剖面图

【解】 建筑面积 $S = (10.20 + 0.12 \times 2) \times (15.00 + 0.12 \times 2) +$

$(3.00 + 0.12 \times 2) \times (10.20 + 0.12 \times 2) +$

$(3.00 + 0.12 \times 2) \times (10.20 + 0.12 \times 2) \times \dfrac{1}{2}$

$= \left(10.44 \times 15.24 + 3.24 \times 10.44 + 3.24 \times 10.44 \times \dfrac{1}{2}\right) \text{m}^2$

$= 209.844 \text{m}^2$

（3）形成建筑空间的坡屋顶，结构净高在 2.10m 及以上的部位应计算全面积；结构净高在 1.20m 及以上至 2.10m 以下的部位应计算 1/2 面积；结构净高在 1.20m 以下的部位不应计算建筑面积。

【例 6-2】　计算如图 6-3 所示的建筑面积。

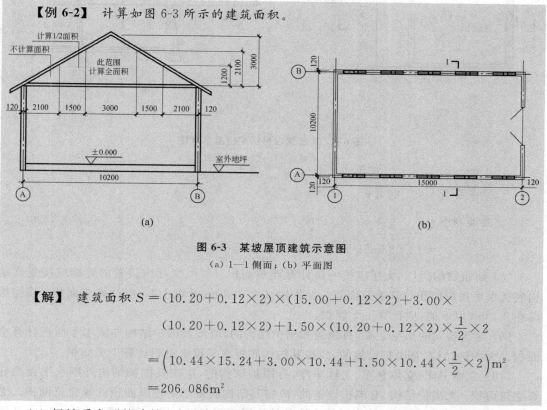

图 6-3　某坡屋顶建筑示意图

(a) 1—1 侧面；(b) 平面图

【解】　建筑面积 $S = (10.20 + 0.12 \times 2) \times (15.00 + 0.12 \times 2) + 3.00 \times$

$$(10.20 + 0.12 \times 2) + 1.50 \times (10.20 + 0.12 \times 2) \times \frac{1}{2} \times 2$$

$$= \left(10.44 \times 15.24 + 3.00 \times 10.44 + 1.50 \times 10.44 \times \frac{1}{2} \times 2\right) \text{m}^2$$

$$= 206.086 \text{m}^2$$

（4）场馆看台下的建筑空间，结构净高在 2.10m 及以上的部位应计算全面积；结构净高在 1.20m 及以上至 2.10m 以下的部位应计算 1/2 面积；结构净高在 1.20m 以下的部位不应计算建筑面积。室内单独设置的有围护设施的悬挑看台，应按看台结构底板水平投影面积计算建筑面积。有顶盖无围护结构的场馆看台应按其顶盖水平投影面积的 1/2 计算面积。

（5）地下室、半地下室应按其结构外围水平面积计算。结构层高在 2.20m 及以上的，应计算全面积；结构层高在 2.20m 以下的，应计算 1/2 面积。

（6）出入口外墙外侧坡道有顶盖的部位，应按其外墙结构外围水平面积的 1/2 计算面积。

（7）建筑物架空层及坡地建筑物吊脚架空层，应按其顶板水平投影计算建筑面积。结构层高在 2.20m 及以上的，应计算全面积；结构层高在 2.20m 以下的，应计算 1/2 面积。

【例 6-3】　计算图 6-4 中吊脚架空层的建筑面积。

【解】　（1）当层高 $h \geqslant 2.20$m 时：

建筑面积 $S = [(4.50 + 0.12) \times (4.20 + 0.12 \times 2) + 1.50 \times (4.20 + 0.120 \times 2)]\text{m}^2$

$$= 27.173 \text{m}^2$$

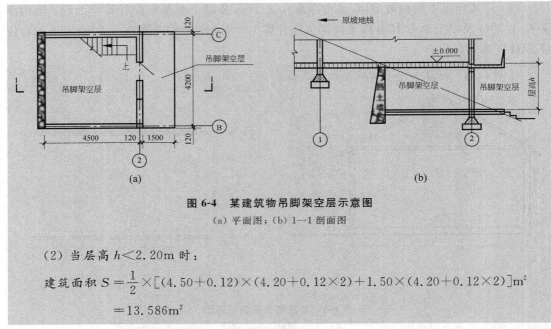

图 6-4　某建筑物吊脚架空层示意图

(a) 平面图；(b) 1—1 剖面图

(2) 当层高 $h < 2.20$m 时：

$$建筑面积 \ S = \frac{1}{2} \times [(4.50 + 0.12) \times (4.20 + 0.12 \times 2) + 1.50 \times (4.20 + 0.12 \times 2)] \ \text{m}^2$$

$$= 13.586 \text{m}^2$$

(8) 建筑物的门厅、大厅应按一层计算建筑面积，门厅、大厅内设置的走廊应按走廊结构底板水平投影面积计算建筑面积。结构层高在 2.20m 及以上的，应计算全面积；结构层高在 2.20m 以下的，应计算 1/2 面积。

(9) 建筑物间的架空走廊，有顶盖和围护结构的，应按其围护结构外围水平面积计算全面积。无围护结构、有围护设施的，应按其结构底板水平投影面积计算 1/2 面积。

(10) 立体书库、立体仓库、立体车库，有围护结构的，应按其围护结构外围水平面积计算建筑面积；无围护结构、有围护设施的，应按其结构底板水平投影面积计算建筑面积。无结构层的应按一层计算，有结构层的应按其结构层面积分别计算。结构层高在 2.20m 及以上的，应计算全面积；结构层高在 2.20m 以下的，应计算 1/2 面积。

(11) 有围护结构的舞台灯光控制室，应按其围护结构外围水平面积计算。结构层高在 2.20m 及以上的，应计算全面积；结构层高在 2.20m 以下的，应计算 1/2 面积。

(12) 附属在建筑物外墙的落地橱窗，应按其围护结构外围水平面积计算。结构层高在 2.20m 及以上的，应计算全面积；结构层高在 2.20m 以下的，应计算 1/2 面积。

(13) 窗台与室内楼地面高差在 0.45m 以下且结构净高在 2.10m 及以上的凸（飘）窗，应按其围护结构外围水平面积计算 1/2 面积。

(14) 有围护设施的室外走廊（挑廊），应按其结构底板水平投影面积计算 1/2 面积；有围护设施（或柱）的檐廊，应按其围护设施（或柱）外围水平面积计算 1/2 面积。

(15) 门斗应按其围护结构外围水平面积计算建筑面积，且结构层高在 2.20m 及以上的，应计算全面积；结构层高在 2.20m 以下的，应计算 1/2 面积。

(16) 门廊应按其顶板的水平投影面积的 1/2 计算建筑面积；有柱雨篷应按其结构板水平投影面积的 1/2 计算建筑面积；无柱雨篷的结构外边线至外墙结构外边线的宽度在 2.10m 及以上的，应按雨篷结构板的水平投影面积的 1/2 计算建筑面积。

(17) 设在建筑物顶部的、有围护结构的楼梯间、水箱间、电梯机房等，结构层高在

2.20m 及以上的应计算全面积；结构层高在 2.20m 以下的，应计算 1/2 面积。

（18）围护结构不垂直于水平面的楼层，应按其底板面的外墙外围水平面积计算。结构净高在 2.10m 及以上的部位，应计算全面积；结构净高在 1.20m 及以上至 2.10m 以下的部位，应计算 1/2 面积；结构净高在 1.20m 以下的部位，不应计算建筑面积。

（19）建筑物的室内楼梯、电梯井、提物井、管道井、通风排气竖井、烟道，应并入建筑物的自然层计算建筑面积。有顶盖的采光井应按一层计算面积，且结构净高在 2.10m 及以上的，应计算全面积；结构净高在 2.10m 以下的，应计算 1/2 面积。

（20）室外楼梯应并入所依附建筑物自然层，并应按其水平投影面积的 1/2 计算建筑面积。

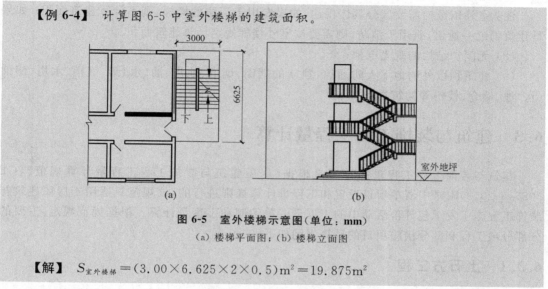

【例 6-4】　计算图 6-5 中室外楼梯的建筑面积。

图 6-5　室外楼梯示意图（单位：mm）

（a）楼梯平面图；（b）楼梯立面图

【解】　$S_{室外楼梯}=(3.00\times6.625\times2\times0.5)\text{m}^2=19.875\text{m}^2$

（21）在主体结构内的阳台，应按其结构外围水平面积计算全面积；在主体结构外的阳台，应按其结构底板水平投影面积的 1/2 计算建筑面积。

（22）有顶盖无围护结构的车棚、货棚、站台、加油站、收费站等，应按其顶盖水平投影面积的 1/2 计算建筑面积。

（23）以幕墙作为围护结构的建筑物，应按幕墙外边线计算建筑面积。

注：幕墙通常有两种，维护性幕墙和装饰性幕墙，维护性幕墙计算建筑面积，装饰性幕墙一般贴在墙外皮，其厚度不再计算建筑面积。

（24）建筑物的外墙外保温层，应按其保温材料的水平截面积计算建筑面积，并计入自然层建筑面积。

（25）与室内相通的变形缝，应按其自然层合并在建筑物建筑面积内计算。对于高低联跨的建筑物，当高低跨内部连通时，其变形缝应计算在低跨面积内。

（26）对于建筑物内的设备层、管道层、避难层等有结构层的楼层，结构层高在 2.20m 及以上的，应计算全面积；结构层高在 2.20m 以下的，应计算 1/2 面积。

2. 不计算建筑面积的范围

（1）与建筑物内不连通的建筑部件；

（2）骑楼、过街楼底层的开放公共空间和建筑物通道；

（3）舞台及后台悬挂幕布和布景的天桥、挑台等；

（4）露台、露天游泳池、花架、屋顶的水箱及装饰性结构构件；

（5）勒脚、附墙柱、垛、台阶、墙面抹灰、装饰面、镶贴块料面层、装饰性幕墙，主体结构外的空调室外机搁板（箱）、构件、配件，挑出宽度在 2.10m 以下的无柱雨篷和顶盖高度达到或超过两个楼层的无柱雨篷；

（6）窗台与室内地面高差在 0.45m 以下且结构净高在 2.10m 以下的凸（飘）窗，窗台与室内地面高差在 0.45m 及以上的凸（飘）窗；

（7）室外爬梯、室外专用消防钢楼梯；

注：室外钢楼梯需要区分具体用途，如果专用于消防的楼梯，则不计算建筑面积；如果是建筑物唯一通道，兼用于消防，则需要按室外楼梯规定计算建筑面积。

（8）无围护结构的观光电梯；

（9）建筑物以外的地下人防通道，独立的烟囱、烟道、地沟、油（水）罐、气柜、水塔、储油（水）池、储仓、栈桥等构筑物。

6.3　建筑与装饰工程工程量计算

建筑与装饰工程工程量的计算是根据《房屋建筑与装饰工程工程量计算规范》（GB 50854—2013）附录中清单项目设置和工程量计算规则进行的，该规范只适用于房屋建筑与装饰工程施工发承包计价活动中的工程量清单编制和工程量计算。根据规范规定，主要的分部分项工程和部分措施项目的计算规则如下。

6.3.1　土石方工程

1. 土方工程

1）平整场地

平整场地按设计图示尺寸以建筑物首层建筑面积计算，单位：m^2。平整场地清单项目适用于建筑场地厚度≤±300mm 的挖、填、运、找平。厚度＞±300mm 的竖向布置挖土或山坡切土按挖一般土方项目编码列项。

平整场地时若需要外运土方或回运土方，则应在项目特征中描述弃土运距或取土运距，以方便投标方报价。弃、取土运距也可以不描述，但应注明由投标人根据施工现场实际情况自行考虑，决定报价。

2）挖一般土方

挖一般土方按设计图示尺寸以体积计算，单位：m^3。挖土方平均厚度应按自然地面测量标高到设计地坪标高间的平均厚度确定。土方体积应按挖掘前的天然密实体积计算。非天然密实体积土方应按表 6-1 系数计算。挖土方如需截桩头时，应按桩基工程相关项目列项。桩间挖土不扣除桩的体积，并在项目特征中加以描述。

3）挖沟槽土方、挖基坑土方

挖沟槽土方、挖基坑土方按设计图示尺寸以基础垫层底面积乘以挖土深度计算，单位：m^3。

表 6-1　土方体积折算系数表

天然密实度体积	虚方体积	夯实后体积	松填体积
0.77	1.00	0.67	0.83
1.00	1.30	0.87	1.08
1.15	1.50	1.00	1.25
0.92	1.20	0.80	1.00

注：1. 虚方指未经碾压、堆积时间≤1年的土壤。
　　2. 设计密实度超过规定的，填方体积按工程设计要求执行；无设计要求的按各省、自治区、直辖市或行业建设主管部门规定的系数计算。

基础土方开挖深度应按基础垫层底表面标高至交付施工场地标高确定，无交付施工场地标高时，应按自然地面标高确定。

沟槽、基坑、一般土方的划分为：底宽≤7m且底长＞3倍底宽的挖土为沟槽；底长≤3倍底宽且底面积≤150m²的挖土为基坑；超出上述范围则为一般土方。

挖沟槽、基坑、一般土方因工作面和放坡增加的工程量（管沟工作面增加的工程量）是否并入土方工程量中，应按各省、自治区、直辖市或行业建设主管部门的规定实施，如并入土方工程量中，办理工程结算时，按经发包人认可的施工组织设计规定计算，编制工程量清单时，可按表6-2～表6-4规定计算。

表 6-2　基础施工所需工作面宽度计算表　　　　　　　mm

基 础 材 料	每边各增加工作面宽度
砖基础	200
浆砌毛石、条石基础	150
混凝土基础垫层支模板	300
混凝土基础支模板	300
基础垂直面做防水层	1000（防水层面）

表 6-3　放坡系数表

土 类 别	放坡起点/m	人工挖土	机 械 挖 土		
			在坑内作业	在坑上作业	顺沟槽在坑上作业
一、二类土	1.20	1：0.50	1：0.33	1：0.75	1：0.50
三类土	1.50	1：0.33	1：0.25	1：0.67	1：0.33
四类土	2.00	1：0.25	1：0.10	1：0.33	1：0.25

注：1. 沟槽、基坑中土类别不同时，分别按其放坡起点、放坡系数，依不同土类别厚度加权平均计算。
　　2. 计算放坡时，在交接处的重复工程量不予扣除，原槽、坑做基础垫层时，放坡自垫层上表面开始计算。

表 6-4　管沟施工每侧所需工作面宽度计算表　　　　　　　mm

管道结构宽度　　管沟材料	≤500	≤1000	≤2500	＞2500
混凝土及钢筋混凝土管道	400	500	600	700
其他材质管道	300	400	500	600

注：管道结构宽，有管座的按基础外缘计算，无管座的按管道外径计算。

【例 6-5】 某工程基础平面图及剖面图如图 6-6 所示。已知土壤类别为三类土,土方运距为 1km,试计算土方开挖的清单工程量。

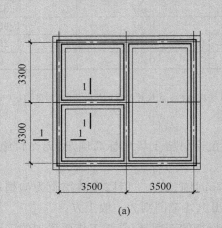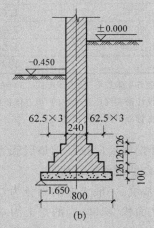

(a)   (b)

图 6-6 某工程基础平面图及剖面图(单位:mm)

(a) 平面图;(b) 基础 1—1 剖面图

【解】 情况 1:某省规定,挖沟槽、基坑的工程量不考虑因工作面、放坡增加的工作量。

由图 6-6 可以看出,挖土底宽=0.8m<7m,应按"挖沟槽土方"编列清单项目。挖土断面如图 6-7(a)所示,土方开挖断面的其余形式如图 6-7(b)、(c)所示,图中各字母含义如下。

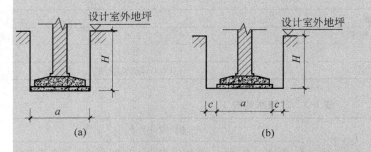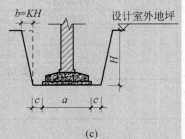

(a)   (b)   (c)

图 6-7 挖沟槽示意图

a—垫层宽度;c—工作面宽度,办理工程结算时,按经发包人认可的施工组织设计规定计算,编制工程量清单时,可按表 6-2 计算;K—放坡系数,办理工程结算时,按经发包人认可的施工组织设计规定计算,编制工程量清单时,可按表 6-3 计算;H—挖土深度,一律以自然地坪标高为准计算;L—挖土长度,外墙挖沟槽长度按图示中心线长度计算,内墙挖沟槽长度按图示基底间净长度计算

本工程设计为带形基础。由上述分析可知,

外墙垫层长度 = 外墙中心线长度 = $[(3.3\times2+3.5\times2)\times2]$m = 27.2m

内墙基础垫层净长度 = $[(6.6-0.4\times2)+(3.5-0.4\times2)]$m = 8.5m

挖沟槽工程量 = 基础垫层底面积 × 挖土深度

$$= 0.8\times(27.2+8.5)\times(1.65-0.45) = (28.56\times1.2)\text{m}^3$$

$$= 34.27\text{m}^3$$

情况 2：某省规定，挖沟槽、基坑的工程量考虑因工作面、放坡增加的工作量。

由图 6-11 可以看出，挖土深度 $=(1.65-0.45)\mathrm{m}=1.2\mathrm{m}<1.5\mathrm{m}$（表 6-3），则本例不需放坡，计算工程量时，只考虑工作面对挖土底宽的影响。如图 6-12(b)所示，挖土底宽 $=(0.8+2\times0.3)\mathrm{m}=1.4\mathrm{m}<7\mathrm{m}$，应按"挖沟槽土方"编列清单项目。

挖沟槽土方工程量 $=$ 沟槽断面 $\times$ 沟槽长度 $=(a+2c)HL$

外墙中心线长度 $=27.2\mathrm{m}$

内墙基底间净长度 $=\{[6.6-(0.4+0.3)\times2]+[3.5-(0.4+0.3)\times2]\}\mathrm{m}$
$$=7.3\mathrm{m}$$

外墙挖沟槽土方工程量 $=[(0.8+2\times0.3)\times1.2\times27.2]\mathrm{m}^3=45.7\mathrm{m}^3$

内墙挖沟槽土方工程量 $=[(0.8+2\times0.3)\times1.2\times7.3]\mathrm{m}^3=12.26\mathrm{m}^3$

挖沟槽土方工程量 $=$ 外墙挖沟槽土方工程量 $+$ 内墙挖沟槽土方工程量
$$=(45.7+12.26)\mathrm{m}^3=57.96\mathrm{m}^3$$

情况 3：假定垫层下表面标高为 $-2.0\mathrm{m}$，人工进行土方开挖，则挖土深度 $=(2.0-0.45)\mathrm{m}=1.55\mathrm{m}>1.5\mathrm{m}$（表 6-3），需放坡。计算工程量时，考虑工作面对挖土底宽的影响，挖土断面如图 6-7(c)所示。挖土底宽 $=(0.8+2\times0.3)\mathrm{m}=1.4\mathrm{m}<7\mathrm{m}$，应按"挖沟槽土方"编列清单项目。

挖沟槽土方工程量 $=(a+2c+KH)HL$
$$=[(0.8+2\times0.3+0.33\times1.55)\times1.55\times(27.2+7.3)]\mathrm{m}^3$$
$$=102.22\mathrm{m}^3$$

【例 6-6】　某工程设计采用平面形状为矩形的筏片基础，下设 100mm C15 混凝土垫层，垫层每边宽出基础 100mm。已知基础长 50.0m，基础宽 30.0m，挖土深度 2.0m，土壤类别为二类土，机械在坑边作业。试计算土方开挖的清单工程量。

【解】　情况 1：某省规定，挖沟槽、基坑的工程量中不考虑因工作面、放坡增加的工作量。

(1) 分析

由已知条件可知，挖土底长 $=(50.0+0.1\times2)\mathrm{m}=50.2\mathrm{m}<3$ 倍挖土底宽 $=[3\times(30.0+0.1\times2)]\mathrm{m}=90.6\mathrm{m}$，但底面积 $=(50.2\times30.2)\mathrm{m}^2=1516.04\mathrm{m}^2>150\mathrm{m}^2$，故应按"挖一般土方"编列清单项目。

(2) 工程量计算

挖一般土方工程量 $=$ 设计图示尺寸体积 $=(1516.04\times2)\mathrm{m}^3=3032.08\mathrm{m}^3$

情况 2：某省规定，挖沟槽、基坑的工程量中考虑因工作面、放坡增加的工作量。

(1) 分析

工作面 $c=300\mathrm{mm}$，放坡系数 $K=0.75$，则

挖土底长 $=(50.0+0.1\times2+2\times0.3)\mathrm{m}=50.8\mathrm{m}<3$ 倍挖土底宽 $=[3\times(30.0+0.1\times2+2\times0.3)]\mathrm{m}=92.4\mathrm{m}$，但底面积 $=(50.8\times30.8)\mathrm{m}^2=1564.64\mathrm{m}^2>150\mathrm{m}^2$，故应按"挖一般土方"编列清单项目。

（2）工程量计算

$$挖一般土方工程量＝设计图示尺寸体积$$

$$=(a+2c+KH)(b+2c+KH)H+\frac{1}{3}K^2H^3$$

$$=(50.0+0.1\times2+2\times0.3+0.75\times2.0)\times$$

$$(30.0+0.1\times2+2\times0.3+0.75\times2.0)\times$$

$$2.0+\frac{1}{3}\times0.75^2\times2.0^3$$

$$=(52.3\times32.3\times2.0+1.5)m^3=3380.08m^3$$

4）冻土开挖

冻土开挖按设计图示尺寸开挖面积乘以厚度以体积计算，单位：m^3。

5）挖淤泥、流砂

按设计图示位置、界限以体积计算，单位：m^3。挖方出现流砂、淤泥时如设计未明确，在编制工程量清单时的工程数量可为暂估量，结算时应根据实际情况由发包人与承包人双方现场签证确认工程量。

6）管沟土方

管沟土方按设计图示以管道中心线长度计算，单位：m；按设计图示管底垫层面积乘以挖土深度计算，单位：m^3。无管底垫层按管外径的水平投影面积乘以挖土深度计算。不扣除各类井的长度，井的土方并入计算结果。

管沟土方清单项目适用于管道（给排水、工业、电力、通信）、光（电）缆沟（包括：人（手）孔、接口坑）及连接井（检查井）等。有管沟设计时，平均深度以沟的垫层底面标高至交付施工场地标高计算；无管沟设计时，直埋管深度应按管底外表面标高至交付施工场地标高的平均高度计算。

2. 回填工程

1）回填土方。按设计图示尺寸以体积计算，单位：m^3。

回填土方清单项目适用于场地回填、室内回填和基础回填，并包括指定范围内的土方运输以及借土回填的土方开挖。

（1）场地回填。回填面积乘以平均回填厚度。

（2）室内回填。主墙间面积乘以回填厚度，不扣除间壁墙所占体积。

（3）基础回填。挖方清单项目工程量减去自然地坪以下埋设的基础体积（包括基础垫层及其他构筑物）。

回填土方项目特征包括密实度的要求、填方材料品种、填方粒径要求、填方来源、运距。

2）余方弃置。按挖方清单项目工程量减利用回填土方体积（正数）计算。

【例6-7】 某工程挖沟槽土方清单量为 $42.62m^3$。已知自然地坪以下埋设的基础及垫层体积共为 $18.40m^3$，试完成：

（1）计算基础回填土方工程量；

（2）挖出土方全部堆放于现场或全部外运，是否会影响工程量清单的编制及投标方基础回填土方的报价？

【解】　(1) 基础回填土方工程量

基础回填土方工程量 ＝ 挖方清单项目工程量 － 自然地坪以下埋设的基础体积
$$= 42.62\text{m}^3 - 18.40\text{m}^3 = 24.22\text{m}^3$$

(2) 情况1: 挖出土方全部堆放于现场

挖出土方全部堆放于现场时,利用现场土方回填后可能会有余土,编制工程量清单时应列出余土弃置清单项目。

余土弃置工程量 ＝ 挖方清单项目工程量 － 利用回填土方体积
$$= 42.62\text{m}^3 - 24.22\text{m}^3 = 18.40\text{m}^3$$

情况2: 挖出土方全部外运

若挖出土方全部外运,边挖边运的费用应包含在挖土方相应的清单项目报价中,编制工程量清单时不列出余土弃置清单项目。此时基础回填所需土方应回运,回运、购土(或挖土)的费用均应包含在基础回填的报价中。

6.3.2　地基处理与边坡支护工程

地基处理与边坡支护工程适用于地基与边坡的处理、加固,包括地基处理、基坑与边坡支护。

1. 地基处理

1) 换填垫层、预压地基、强夯地基

换填垫层按设计图示尺寸以体积计算,单位: m^3;铺设土工合成材料按设计图示尺寸以面积计算,单位: m^2;预压地基、强夯地基、振冲密实(不填料)按设计图示处理范围以面积计算,单位: m^2。

2) 振冲桩(填料)

振冲桩(填料)按设计图示尺寸以桩长(包括桩尖)计算,单位: m;或按设计桩截面乘以桩长(包括桩尖)以体积计算,单位: m^3。

3) 水泥粉煤灰碎石桩

水泥粉煤灰碎石桩按设计图示尺寸以桩长(包括桩尖)计算,单位: m;夯实水泥土桩、石灰桩、灰土(土)挤密桩等工程量计算规则与此项目相同。

4) 深层搅拌桩

深层搅拌桩按设计图示尺寸以桩长计算,单位: m。粉喷桩、柱锤冲扩桩与此项目相同。

5) 注浆地基

注浆地基按设计图示尺寸以钻孔深度计算,单位: m;或按设计图示尺寸以加固体积计算,单位: m^3。地基采用高压喷射法注浆。高压喷射注浆类型包括旋喷、摆喷、定喷;高压喷射注浆方法包括单管法、双重管法、三重管法。

6) 褥垫层

褥垫层按设计图示尺寸以铺设面积计算,单位: m^2;或按设计图示尺寸以体积计算,单位: m^3。

2．基坑与边坡支护

1）地下连续墙

地下连续墙按设计图示墙中心线长乘以厚度乘以槽深以体积计算，单位：m³。地下连续墙和喷射混凝土（砂浆）的钢筋网、咬合灌注桩的钢筋混凝土支撑的钢筋制作、安装、混凝土挡土墙按混凝土与钢筋混凝土工程中相关项目列项。

地下连续墙清单项目适用于构成建筑物、构筑物地下结构部分的永久性的复合型地下连续墙工程。若作为深基础的支护结构，则应列入措施项目清单中。

2）咬合灌注桩

咬合灌注桩按设计图示尺寸以桩长计算，单位：m；或按设计图示数量计算，单位：根。

3）圆木桩、预制钢筋混凝土板桩

圆木桩、预制钢筋混凝土板桩按设计图示尺寸以桩长（包括桩尖）计算，单位：m；或按设计图示数量计算，单位：根。

4）型钢桩

型钢桩按设计图示尺寸以质量计算，单位：t；或按设计图示数量计算，单位：根。

5）钢板桩

钢板桩按设计图示尺寸以质量计算，单位：t；或按设计图示墙中心线乘以桩长以面积计算，单位：m²。

6）锚杆（锚索）、土钉

"锚杆"项目是指在需要加固的土体中设置锚杆（钢管或粗钢筋、钢丝束、钢绞线）并灌浆，之后进行锚杆张拉并固定后所形成的支护。

"土钉"项目是指在需要加固的土体中设置一排土钉（变形钢筋或钢管、角钢等）并灌浆，在加固的土体面层上固定钢丝网后，喷射混凝土面层后形成的支护。

锚杆（锚索）、土钉工程量均按设计图示尺寸以钻孔深度计算，单位：m；或按设计图示数量计算，单位：根。

7）喷射混凝土、水泥砂浆

喷射混凝土、水泥砂浆按设计图示尺寸以面积计算，单位：m²。

8）钢筋混凝土支撑

钢筋混凝土支撑按设计图示尺寸以体积计算，单位：m³。

9）钢支撑

钢支撑按设计图示尺寸以质量计算，单位：t。不扣除孔眼质量，焊条、铆钉、螺栓等不另增加质量。

6.3.3 桩基工程

桩基工程包括打桩、灌注桩。项目特征中涉及"地层情况"和"桩长"的，地层情况和桩长描述与"地基处理与边坡支护工程"一致；项目特征中涉及"桩截面、混凝土强度等级、桩类型等"可直接用标准图代号或设计桩型进行描述。

1. 打桩

1）预制钢筋混凝土方桩、管桩

预制钢筋混凝土方桩、管桩工程量按设计图示尺寸以桩长（包括桩尖）计算单位：m；或按设计图示截面积乘以桩长（包括桩尖）以实体积计算，单位 m³；或按设计图示数量计算，单位：根。

预制钢筋混凝土方桩、管桩项目是以成品桩考虑,应包括成品桩的购置费,如果用现场预制,应包括现场预制桩的所有费用。打试验桩和打斜桩应按相应项目单独列项,并应在项目特征中注明试验桩或斜桩（斜率）。

2）钢管桩

钢管桩按设计图示尺寸以质量计算,单位：t；或按设计图示数量计量,单位：根。

3）截（凿）桩头

截（凿）桩头按设计桩截面乘以桩头长度以体积计算,单位：m³；或按设计图示数量计算,单位：根。截（凿）桩头项目适用于地基处理与边坡支护工程、桩基工程所列桩的桩头截（凿）。

2. 灌注桩

1）泥浆护壁成孔灌注桩、沉管灌注桩、干作业成孔灌注桩

泥浆护壁成孔灌注桩、沉管灌注桩、干作业成孔灌注桩工程量按设计图示尺寸以桩长（包括桩尖）计算,单位：m；或按不同截面在桩上范围内以体积计算,单位：m³；或按设计图示数量计算,单位：根。

2）挖孔桩土（石）方

挖孔桩土（石）方工程量按设计图示尺寸（含护壁）截面积乘以挖孔深度以体积计算,单位：m³。混凝土灌注桩的钢筋笼制作、安装,按混凝土与钢筋混凝土工程中相关项目编码列项。

3）人工挖孔灌注桩

人工挖孔灌注桩按桩芯混凝土以体积计算,单位：m³；或按设计图示数量计算,单位：根。

4）钻孔压浆桩

钻孔压浆桩按设计图示尺寸以桩长计算,单位：m³；或按设计图示数量计算,单位：根。

5）灌注桩后压浆

灌注桩后注浆是指灌注桩成桩后一定时间,通过预设在桩身内的注浆导管及与之相连的桩端、桩侧注浆阀注入水泥浆,使桩端、桩侧土体（包括沉渣和泥皮）得到加固,从而提高单桩承载力,减少沉降。灌注桩后压浆按设计图示以注浆孔数计算,单位：根。

6.3.4　砌筑工程

砌筑工程适用于建筑物、构筑物的砌筑工程,包含砖砌体、砌块砌体、石砌体、垫层。在砌筑工程中若施工图设计标注做法见标准图集时,在项目特征描述中采用注明标注图集的编码、页码及节点大样的方式。

1. 砖砌体

1）砖基础

（1）基础与墙身的划分

基础与墙身按表 6-5 划分。

表 6-5　基础与墙身的划分

砖	基础与墙身	基础与墙（柱）身使用同一种材料	设计室内地坪为界（有地下室的按地下室室内设计地坪为界），以下为基础，以上为墙（柱）身
		基础与墙身使用不同材料	材料分界线位于设计室内地面高度≤±300mm 时，以不同材料为分界线；高度＞±300mm 时，以设计室内地面为分界线，以下为基础，以上为墙身
		基础与围墙	设计室外地坪为界，以下为基础，以上为墙身
石		基础与勒脚	设计室外地坪为界，以下为基础，以上为勒脚
		勒脚与墙身	设计室内地坪为界，以下为勒脚，以上为墙身
		基础与围墙	围墙内外地坪标高不同时，应以较低地坪标高为界，以下为基础；围墙内外标高之差为挡土墙时，挡土墙以上为墙身

（2）工程量计算

砖基础清单项目适用于各种类型砖基础，包括柱基础、墙基础、烟囱基础、水塔基础、管道基础。其工程量按设计图示尺寸以体积计算。包括附墙垛基础宽出部分体积，扣除地梁（圈梁）、构造柱所占体积，不扣除基础大放脚 T 形接头处的重叠部分及嵌入基础内的钢筋、铁件、管道、基础砂浆防潮层和单个面积≤0.3m² 的孔洞所占体积，靠墙暖气沟的挑檐不增加。

2）实心砖墙、多孔砖墙、空心砖墙

按设计图示尺寸以体积计算，扣除门窗洞口、过人洞、空圈、嵌入墙内的钢筋混凝土柱、梁、圈梁、挑梁、过梁及凹进墙内的壁龛、管槽、暖气槽、消火栓箱所占体积，不扣除梁头、板头、檩头、垫木、木楞头、沿椽木、木砖、门窗走头、砖墙内加固钢筋、木筋、铁件、钢管及单个面积不大于 0.3m² 的孔洞所占的体积。凸出墙面的腰线、挑檐、压顶、窗台线、虎头砖、门窗套的体积亦不增加。凸出墙面的砖垛并入墙体体积内计算。

（1）墙长度：外墙按中心线、内墙按净长计算。

（2）墙高度

① 外墙：斜（坡）屋面无檐口天棚者算至屋面板底；有屋架且室内外均有天棚者算至屋架下弦底另加 200mm；无天棚者算至屋架下弦底另加 300mm，出檐宽度超过 600mm 时按实砌高度计算；与钢筋混凝土楼板隔层者算至板顶。平屋顶算至钢筋混凝土板底。

② 内墙：位于屋架下弦者，算至屋架下弦底；无屋架者算至天棚底另加 100mm；有钢筋混凝土楼板隔层者算至楼板顶；有框架梁时算至梁底。

③ 女儿墙：从屋面板上表面算至女儿墙顶面（如有混凝土压顶时算至压顶下表面）。

④ 内、外山墙：按其平均高度计算。

（3）框架间墙：不分内外墙按墙体净尺寸以体积计算。

（4）围墙：高度算至压顶上表面（如有混凝土压顶时算至压顶下表面），围墙柱并入围墙体积内。

【例 6-8】　某单层建筑物平面图如图 6-8 所示。已知设计采用 M5 混合砂浆, MU10 红砖砌筑墙体, 原浆勾缝。内、外墙计算高度均为 3.3m, 门窗洞口尺寸见表 6-6, 墙体钢筋混凝土埋件体积见表 6-7。试计算实心砖墙清单工程量。

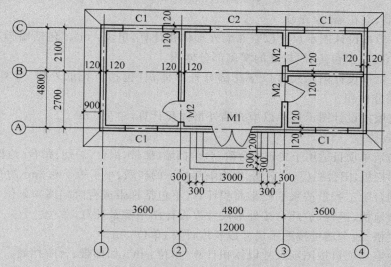

图 6-8　某单层建筑物平面图(单位: mm)

表 6-6　门窗尺寸表

门窗名称	洞口尺寸 (宽×高)/(mm×mm)	数量
C1	1500×1800	4
C2	2100×1800	4
M1	1800×2400	1
M2	1000×2400	3

表 6-7　墙体钢筋混凝土埋件体积表

构件名称	构件所在部位体积/m³	
	外墙	内墙
构造柱	0.76	—
过梁	0.5	0.26
圈梁	1.57	0.63
合计	2.83	0.89

【解】　(1) 分析

由图 6-8 可以看出, 本例采用 MU10 红砖砌墙, 设有内、外墙体, 故应计算清单项目为: 实心砖(外)墙、实心砖(内)墙。

(2) 工程量计算

外墙中心线长 = [(3.6×2+4.8+4.8)×2]m = 33.6m

内墙净长线长 = [(4.8−0.24)×2+(3.6−0.24)]m = 12.48m

外墙门窗洞口占用面积 = (1.5×1.8×4+2.1×1.8+1.8×2.4)m² = 18.90m²

内墙门窗洞口占用面积 = (1.0×2.4×3)m² = 7.2m²

实心砖(外)墙工程量 = (墙长度×墙高度−外墙上门窗洞口)×

墙厚度−钢筋混凝土埋件所占体积

$$= [(33.6×3.3−18.90)×0.24−2.83]m³ = 19.25m³$$

> 实心砖(内)墙工程量=(墙长度×墙高度−外墙上门窗洞口)×
> 墙厚度−钢筋混凝土埋件所占体积
> $$=[(12.48×3.3−7.2)×0.24−0.89]m^3=7.27m^3$$

3) 空斗墙、空花墙、填充墙

（1）空斗墙按设计图示尺寸以空斗墙外形体积计算，单位：m^3。包括墙脚、内外墙交接处、门窗洞口立边、窗台砖、屋檐处的实砌部分体积。

（2）空花墙按设计图示尺寸以空花部分外形体积(包括空花的外框)计算，单位：m^3。不扣除空洞部分体积。

（3）填充墙按设计图示尺寸以填充墙外形体积计算，单位：m^3。

4) 零星砌砖

零星砌砖清单项目适用于砖砌的台阶、台阶挡墙、梯带、锅台、炉灶、蹲台、池槽、池槽腿、花台、花池、楼梯栏板、阳台栏板、地垄墙、屋面隔热板下的砖墩、小于等于 $0.3m^2$ 的孔洞填塞等。

（1）砖砌台阶工程量按水平投影面积计算(不包括梯带或台阶挡墙)，单位：m^2。

（2）小型池槽、锅台、炉灶可按外形尺寸以设计图示数量计算，单位：个。

（3）小便槽、地垄墙可按图示尺寸以长度计算，单位：m。

（4）其他零星项目按图示尺寸以体积计算，单位：m^3，如梯带、台阶挡墙。

2. 砌块砌体

1) 砌块墙

砌块墙按设计图示尺寸以体积计算，单位：m^3。该清单项目适用于砌块砌筑的各种类型的墙体，其项目特征、工程内容、工程量计算方法均与实心砖墙清单项目相同。其中，墙厚按设计尺寸计算；嵌入空心砖墙、砌块墙中的实心砖体积不扣除。

2) 砌块柱

砌块柱按设计图示尺寸以体积计算，单位：m^3。扣除混凝土及钢筋混凝土梁垫、梁头、板头所占的体积。

3. 石砌体

1) 石基础

石基础清单项目适用于各种规格(条石、块石等)、各种材质(砂石、青石等)和各种类型(柱基、墙基、直形、弧形等)基础。其工程量按设计图示尺寸以体积计算，单位：m^3。包括附墙垛基础宽出部分的体积，不扣除基础砂浆防潮层及单个面积 $≤0.3m^2$ 的孔洞所占体积，靠墙暖气沟的挑檐不增加体积。基础长度以外墙按中心线长，内墙按净长计算。

2) 石勒脚、石墙

石勒脚、石墙清单项目适用于各种规格(条石、块石等)、各种材质(砂石、青石、大理石、花岗石等)和各种类型(直形、弧形等)的勒脚和墙体。石勒脚工程量按设计图示尺寸以体积计算，扣除单个面积 $>0.3m^2$ 的孔洞所占的体积，单位：m^3。

石墙工程量计算同实心砖墙清单项目。

3) 石地沟、明沟

石地沟、明沟按设计图示以中心线长度计算，单位：m。从工程内容中可以看出，砖地沟、明沟清单项目中除包含砖地沟、明沟本身的施工外,还包含土方开挖、运输、回填及沟下垫层、沟内抹灰等,计价时应注意。

4）垫层

除混凝土垫层项目按混凝土及钢筋混凝土工程相关项目编码列项外,没有包括垫层要求的清单项目应按本垫层项目编码列项,如楼地面工程中的 3：7 灰土垫层。

垫层按设计图示以立方米计算,单位：m^3。计算方法同混凝土垫层。

6.3.5 混凝土及钢筋混凝土工程

混凝土及钢筋混凝土工程适用于建筑物和构筑物的混凝土工程,包括各种现浇混凝土构件、预制混凝土构件及钢筋工程、螺栓铁件等项目。

项目特征包括混凝土种类、混凝土的强度等级,其中混凝土的种类指清水混凝土、彩色混凝土等,如在同一地区既使用预拌（商品）混凝土又允许现场搅拌混凝土时,也应注明。

模板及支架费用是否包含在混凝土构件的报价中按以下两种情况考虑：第一种情况,当招标人在措施项目清单中未编列现浇混凝土模板清单项目,模板及支架工程不再单列,按混凝土及钢筋混凝土实体项目执行,综合单价中应包含模板及支架等相关费用；第二种情况,当招标人在措施项目清单中单独编列现浇混凝土模板清单项目,模板及支架工程费用单独计算,混凝土及钢筋混凝土实体项目的综合单价中不包含模板及支架费用。

1. 现浇混凝土基础

现浇混凝土基础包括垫层、带形基础、独立基础、满堂基础、桩承台基础、设备基础等清单项目。按设计图示尺寸以体积计算,单位：m^3。不扣除构件内钢筋、预埋铁件和伸入承台基础的桩头所占体积。

箱式基础是由底板、柱、梁、隔板和顶板构成的基础,编制工程量清单时,可按满堂基础、柱、梁、墙、板分别编码列项,计算工程量。框架式设备基础可按设备基础、柱、梁、墙、板分别编码列项计算工程量。

2. 现浇混凝土柱

现浇混凝土柱包括矩形柱、构造柱、异形柱清单项目,适用于各种结构形式下的柱。按设计图示尺寸以体积计算,单位：m^3。不扣除构件内的钢筋、预埋铁件所占的体积。其中,柱高可按表 6-8 规定取值。

表 6-8 柱高取值

名 称	柱 高 取 值
有梁板柱高	自柱基上表面（或楼板上表面）至上一层楼板上表面之间的高度
无梁板柱高	自柱基上表面（或楼板上表面）至柱帽下表面之间的高度
框架柱高	自柱基上表面至柱顶高度
构造柱高	全高

3. 现浇混凝土梁

现浇混凝土梁包括基础梁、矩形梁、异形梁、圈梁、过梁及弧形梁、拱形梁等清单项目。

按设计图示尺寸以体积计算,单位:m³。伸入墙内的梁头、梁垫并入梁体积内。其中,梁长可按表 6-9 规定取值。

表 6-9　梁长取值

名　　称	梁　长　取　值
梁与柱连接	算至柱侧面
主梁与次梁连接	次梁算至主梁侧面(即截面小的梁长算至截面大的梁侧面)
圈梁	外墙圈梁长取外墙中心线长(当圈梁截面宽同外墙宽时);内墙圈梁长取内墙净长线长

4.现浇混凝土墙

现浇混凝土墙包括直形墙、弧形墙、短支剪力墙、挡土墙。按设计图示尺寸以体积计算,单位:m³。扣除门窗洞口及单个面积>0.3m² 的孔洞所占体积,墙垛及突出墙面部分并入墙体体积内。

5.现浇混凝土板

(1)现浇混凝土板分为有梁板、无梁板、平板、拱板、薄壳板、栏板、挑檐板、阳台板等清单项目。按设计图示尺寸以体积计算,不扣除构件内钢筋、预埋铁件及单个面积不大于0.3m² 的柱、垛以及孔洞所占体积。压形钢板混凝土楼板扣除构件内压形钢板所占体积。有梁板(包括主、次梁与板)按梁、板体积之和计算,无梁板按板和柱帽体积之和计算,各类板伸入墙内的板头并入板体积内,薄壳板的肋、基梁并入薄壳体积内计算。

(2)天沟(檐沟)、挑檐板。按设计图示尺寸以体积计算,单位:m³。当天沟、挑檐板与板(屋面板)连接时,以外墙外边线为界;与圈梁(包括其他梁)连接时,以梁外边线为界。外边线以外为天沟、挑檐。

(3)雨篷、悬挑板、阳台板。按设计图示尺寸以墙外部分体积计算(包括伸出墙外的牛腿和雨篷反挑檐的体积),单位:m³。雨篷、阳台与板(楼板、屋面板)连接时,以外墙外边线为界,与圈梁(包括其他梁)连接时,以梁外边线为界,外边线以外为雨篷、阳台。

(4)空心板。按设计图示尺寸以体积计算,单位:m³。空心板(GBF 高强薄壁蜂巢芯板等)应扣除空心部分的体积。

(5)其他板。项目适用于除了以上各种板外的其他板,按设计图示尺寸以体积计算,单位:m³。

注意:采用轻质材料浇筑在有梁板内时,轻质材料应包括在内。压型钢板混凝土楼板扣除构件内压型钢板所占体积。

【例 6-9】　某房屋二层结构平面图如图 6-9 所示。已知一层板顶标高为 3.0m。二层板顶标高为 6.0m,现浇板厚 100mm,各构件混凝土强度等级为 C25,断面尺寸见表 6-10。试计算二层各钢筋混凝土构件工程量。

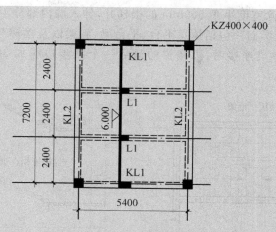

图 6-9　二层结构平面图(单位：mm)

表 6-10　构件尺寸

构件名称	KZ	KL1	KL2	L1
构件尺寸/(mm×mm)	400×400	250×500(宽×高)	300×650(宽×高)	250×400(宽×高)

【解】　(1) 矩形柱(KZ)

矩形柱工程量＝柱断面面积×柱高×根数＝[0.4×0.4×(6−3)×4]m³

＝1.92m³

(2) 矩形梁(KL1,KL2,L1)

矩形梁工程量＝梁断面面积×梁长×根数

KL1 工程量＝[0.25×0.5×(5.4−0.2×2)×2]m³＝1.25m³

KL2 工程量＝[0.3×0.65×(7.2−0.2×2)×2]m³＝2.65m³

L1 工程量＝[0.25×0.4×(5.4+0.2×2−0.3×2)×2]m³＝1.04m³

矩形梁工程量＝KL1,KL2,L1 工程量之和＝(1.25+2.65+1.04)m³

＝4.94m³

(3) 平板

平板工程量＝板长×板宽×板厚−梁所占体积

＝[(7.2+0.2×2)×(5.4+0.2×2)×0.1−

(7.2−0.2×2)×2×0.3×0.1−

(5.4−0.2×2)×2×0.25×0.1−

(5.4+0.2×2−0.3×2)×2×0.25×0.1]m³

＝3.49m³

6. 现浇混凝土楼梯

现浇混凝土楼梯包括直形楼梯和弧形楼梯清单项目,按设计图示尺寸以水平投影面积计算,单位:m²。不扣除宽度小于500mm的楼梯井,伸入墙内部分不计算。

注意:楼梯水平投影面积包括休息平台、平台梁、斜梁以及楼梯与楼板连接的梁。当整体楼梯与现浇楼板无梯梁连接时,以楼梯的最后一个踏步边缘加300mm为界,如图6-10所示。

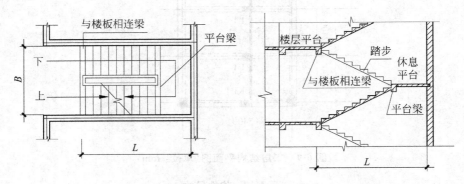

图6-10 楼梯示意图

7. 现浇混凝土其他构件

现浇混凝土其他构件包括散水、坡道、室外地坪、电缆沟、地沟、台阶、扶手、压顶、化粪池、检查井和其他构件。

(1)散水、坡道、室外地坪:按设计图示尺寸以面积计算,单位:m²。不扣除单个面积≤0.3m²的孔洞所占面积。

(2)电缆沟、地沟:按设计图示尺寸以中心线长度计算,单位:m。如需抹灰时,其费用应包含在报价内。

(3)台阶:按设计图示尺寸水平投影面积计算,单位:m²;或按设计图示尺寸以体积计算,单位:m³。架空式混凝土台阶按现浇楼梯计算。台阶与平台连接时,其分界线以最上层踏步外沿加300mm计算。

(4)扶手、压顶:按设计图示的中心线延长米计算,单位:m;或按设计图示尺寸以体积计算,单位:m³。

(5)其他构件:按设计图示尺寸以体积计算,单位:m³,不扣除构件内钢筋、预埋铁件等所占体积;或按设计图示数量计算,单位:座。

8. 后浇带

后浇带按设计图示尺寸以体积计算,单位:m³,后浇带清单项目适用于基础(满堂式)、梁、墙、板的后浇带。

9. 预制混凝土构件

预制混凝土构件项目特征包括图代号、单件体积、安装高度、混凝土强度等级、砂浆(细石混凝土)强度等级及配合比。若引用标准图集可以直接用图代号的方式描述,若工程量按数量以单位"根""块""榀""套""段"计量,必须描述单件体积。

预制混凝土及钢筋混凝土构件是按现场制作编制的项目,工作内容中均包括了模板的制作、安装、拆除等,编制工程量清单时不再单列。钢筋按预制构件钢筋项目编码列项。若是成品构件,钢筋和模板工程均不再单独列项,构件的综合单价中应包含钢筋和模板的费用,下同。

1) 预制混凝土柱、梁

预制混凝土柱、梁包括矩形柱、异形柱;制混凝土梁分为矩形梁、异形梁、过梁、拱形梁、鱼腹式吊车梁等。均按设计图示尺寸以体积计算,单位:m³,不扣除构件内钢筋、螺栓、预埋铁件、张拉孔道所占体积,但应扣除劲性骨架的型钢所占体积;或按设计图示尺寸以数量计算,单位:根。

2) 预制混凝土屋架

预制混凝土屋架包括折线型屋架、组合式屋架、薄腹型屋架、门式钢屋架、天窗架屋架,均按设计图示尺寸以体积计算,单位:m³;或按设计图示尺寸以数量计算,单位:榀。三角形屋架按折线型屋架项目编码列项。

3) 预制混凝土板

(1) 平板、空心板、槽形板、网架板、折线板、带肋板、大型板,均按设计图示尺寸以体积计算,单位:m³。不扣除单个面积≤300mm×300mm 的孔洞所占体积,扣除空心板空洞体积。或按设计图示尺寸以数量计算,单位:块。

不带肋的预制遮阳板、雨篷板、挑檐板、栏板等,应按平板清单项目编码列项。预制 F 形板、双 T 形板、单肋板和带反挑檐的雨篷板、挑檐板、遮阳板等,应按带肋板清单项目编码列项。预制大型墙板、大型楼板、大型屋面板等,应按大型板清单项目编码列项。

(2) 沟盖板、井盖板、井圈,均按设计图示尺寸以体积计算,单位:m³;或按设计图示尺寸以数量计算,单位:块。

4) 预制混凝土楼梯

预制混凝土楼梯按设计图示尺寸以体积计算,单位:m³,扣除空心踏步板空洞体积;或按设计图示数量计算,单位:段。

5) 其他预制构件

其他预制构件包括烟道、垃圾道、通风道及其他构件。其中,其他构件指的是预制小型池槽、压顶、扶手、垫块、隔热板、花格等构件。

其他预制构件按设计图示尺寸以体积计算,单位:m³,不扣除单个面积≤300mm×300mm 的孔洞所占体积,扣除烟道、垃圾道、通风道的孔洞所占体积;或按设计图示尺寸以面积计算,单位:m²,不扣除单个面积≤300mm×300mm 的孔洞所占面积;或按设计图示尺寸以数量计算,单位:根。

10. 钢筋工程

1) 现浇构件钢筋、预制构件钢筋、钢筋网片、钢筋笼,均按设计图示钢筋(网)长度(面积)乘以单位理论质量计算,单位:t。

现浇构件中伸出构件的锚固钢筋应并入钢筋工程内。除设计(包括规范规定)标明的搭接外,其他施工搭接不计算工程量,在综合单价中综合考虑。

现浇构件中固定位置的支撑钢筋,双层钢筋用的"铁马"在编制工程量清单时,如果设计未明确,其工程数量可为暂估量,结算时按现场签证数量计算。

2) 钢筋的工程量按以下方法计算:

$$\text{钢筋工程量} = \text{图示钢筋长度} \times \text{单位理论质量} \tag{6-1}$$

$$\text{图示钢筋长度} = \text{构件尺寸} - \text{保护层厚度} + \text{弯起钢筋增加长度} +$$

$$\text{两端弯钩长度} + \text{图纸注明(或规范规定)的搭接长度} \tag{6-2}$$

有关计算参数确定如下:

(1) 钢筋的单位质量。钢筋每米长质量如表 6-11 所示,也可按下式计算:

$$\text{钢筋每米长质量} = 0.006165d^2 \tag{6-3}$$

式中,d——钢筋直径,mm。

表 6-11　每米钢筋质量表

直径/mm	断面面积/cm²	每米质量/kg	直径/mm	断面面积/cm²	每米质量/kg
4	0.126	0.099	18	2.545	2.00
5	0.196	0.154	19	2.835	2.23
6	0.283	0.222	20	3.142	2.47
8	0.503	0.395	22	3.801	2.98
9	0.636	0.499	25	4.909	3.85
10	0.785	0.617	28	6.158	4.83
12	1.131	0.888	30	7.069	5.55
14	1.539	1.210	32	8.042	6.31
16	2.011	1.580			

(2) 钢筋的混凝土保护层厚度见表 6-12。

表 6-12　混凝土保护层的最小厚度　　　　　　　　　　　　　　　mm

环境类别	板、墙	梁、柱
一	15	20
二 a	20	25
二 b	25	35
三 a	30	40
三 b	40	50

(3) 弯起钢筋增加长度。图 6-11 中弯起钢筋增加的长度为 $(S-L)$。不同角度的 $(S-L)$ 值计算见表 6-13。

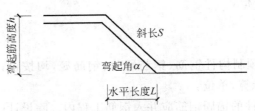

图 6-11　弯起钢筋增加的长度示意图

表6-13 弯起钢筋增加的长度计算表

弯起角度	S	L	$S-L$
30°	$2.000h$	$1.732h$	$0.268h$
45°	$1.414h$	$1.000h$	$0.414h$
60°	$1.15h$	$0.577h$	$0.573h$

注：弯起钢筋高度 $h=$ 构件高度—保护层厚度。

（4）两端弯钩长度。采用Ⅰ级钢筋做受力筋时，两端需设弯钩，弯钩形式有180°、90°、135°三种。如图6-12所示，d 为钢筋的直径，三种形式的弯钩增加长度分别为 $6.25d$、$3.5d$、$4.9d$。

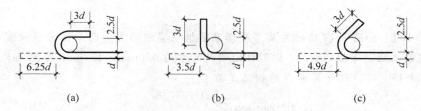

图6-12 钢筋弯钩示意图
(a) 180°平面弯钩；(b) 90°直弯钩；(c) 135°斜弯钩

（5）钢筋的锚固及搭接长度。纵向受拉钢筋基本锚固长度为 l_{ab}，抗震设计时受拉钢筋基本锚固长度为 l_{abE}，纵向受拉钢筋锚固长度为 l_a，受拉钢筋锚固长度可按钢筋基本锚固长度乘以锚固长度修正系数确定。受拉钢筋抗震锚固长度为 l_{aE}，纵向受拉钢筋搭接长度为 l_l，纵向受拉钢筋抗震搭接长度为 l_{lE}，详见《混凝土结构施工图平面整体表示方法制图规则和构造详图》16G101相关图集。

（6）箍筋长度计算。计算箍筋长度时要考虑混凝土保护层厚度、箍筋的形式、箍筋的根数和箍筋单根长度，以双肢箍筋为例说明箍筋长度的计算。

① 每根箍筋长度

$$双肢箍筋单根长度 = 构件截面周长 - 8 \times 混凝土保护层厚度 -$$
$$4 \times 箍筋直径 + 2 \times 箍筋弯钩增加长度 \qquad (6-4)$$

箍筋弯钩增加长度见表6-14。

表6-14 箍筋每个弯钩增加长度计算表

弯钩形式		180°	90°	135°
弯钩增加值	一般结构	$8.25d$	$5.5d$	$6.87d$
	有抗震等要求结构	—	—	$11.87d$

② 箍筋根数。框架梁中箍筋配置有加密区和非加密区，且端部箍筋的设置起点应距支座50mm。

$$箍筋根数 = \frac{箍筋分布范围长度}{箍筋间距} + 1 \qquad (6-5)$$

计算结果应取整数。

11. 螺栓、铁件

螺栓、预埋铁件按设计图示尺寸以质量（吨）计算，单位：t；机械连接按数量计算，单位：个。编制工程量清单时，如果设计未明确，其工程数量可为暂估价，实际工程量按现场签证数量计算。

12. 平法钢筋工程量计算

平法钢筋工程量计算时，除了要依据平法施工图外，还应参考平法图集中的标准构造详图，方能正确计算钢筋图示长度，然后再确定其质量。平法施工图基本原理、画图原则、构造要求详见《混凝土结构施工图平面整体表示方法制图规则和构造详图》16G101相关图集。

【例 6-10】 如图 6-13 所示为某房屋标准层框架梁配筋图。已知该房屋抗震等级为二级，梁的混凝土强度等级为 C30；框架柱的断面尺寸为 $450mm \times 450mm$，其配筋为 $12\phi20$，在一类环境下使用。试计算梁内的钢筋工程量。

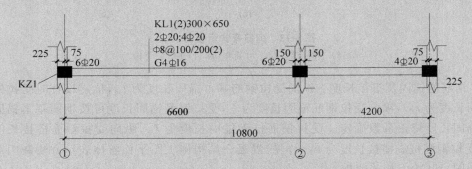

图 6-13　某标准层框架梁配筋图（单位：mm）

【解】 （1）以上各种钢筋的配置情况如图 6-14 所示。

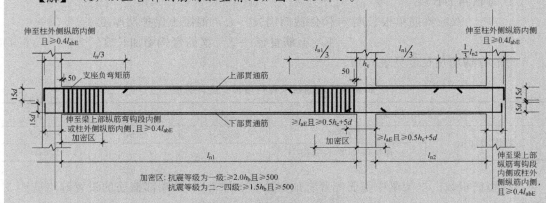

图 6-14　楼层框架梁配筋示意图

l_n—相邻两跨的最大值；h_b—梁的高度；h_c—柱的宽度（或直径）

（2）钢筋长度计算见表 6-15 和表 6-16。

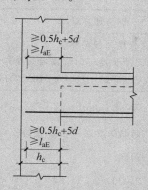

图 6-15　纵筋在端支座直锚构造

表 6-15　KL1 支座与基础数据

直锚与弯锚的判断	由图 6-14 和图 6-15 可知： 支座宽 $h_c=0.45$m，$(h_c-c-d)=[0.45-(0.020+0.008)-0.02]m=0.40$m 由《16G101-1 图集》57,58 页可知锚固长度 $l_{abE}=l_{aE}=33d=(33\times0.02)m=0.66$m $0.4l_{abE}=(0.4\times0.66)m=0.264$m $0.5h_c+5d=(0.5\times0.45+5\times0.02)m=0.325$m 因为 $h_c=0.45$m$<l_{aE}=0.66$m，所以不能采用直锚只能采用弯锚
深入支座锚固长度确定	第一排水平长度：$(h_c-c-d)=[0.45-(0.020+0.008)-0.02]m=0.40$m 锚固长度：$(h_c-c-d)+15d=(0.40+15\times0.02)m=0.70$m
各跨净长计算	第一跨：$(6.60-0.45)$m$=6.15$m；第二跨：$(4.2-0.45)$m$=3.75$m
箍筋加密区长	$\max[1.5h_b,500]=\max[1.5\times650,500]=975mm=0.975$m

表 6-16　钢筋计算过程

	钢筋计算过程	根数
上下部通常筋	上部贯通筋的长度＝两端柱间净长度＋两端弯锚长度 $\qquad=[(10.8-0.225\times2)+0.70\times2]m=11.75$m 连接个数：$\dfrac{11.75}{8}$个$\approx1$个	6
支座负筋	支座处负弯矩筋（Φ20）长度$=\dfrac{l_{n1}}{3}+$锚固长度（同上部贯通筋） $\qquad=\left(\dfrac{1}{3}\times6.15+0.70\right)m=2.75$m	4
	轴支座处负弯矩筋（Φ20）总长$=\left(\dfrac{l_n}{3}\times2+$支座宽度$\right)$ $\qquad=\dfrac{1}{3}\times6.15\times2+0.45=(2.05\times2+0.45)$m $\qquad=4.55$m	4
	轴支座处负弯矩筋（Φ20）总长$=\dfrac{l_{n2}}{3}+$锚固长度 $\qquad=\dfrac{1}{3}\times(4.2-0.225\times2)+0.70$ $\qquad=(1.25+0.70)$m$=1.95$m	2

续表

钢筋计算过程		根数
构造钢筋	Φ16 腰筋长度＝腰筋每根长度×腰筋根数 ＝(两端柱间净长度＋两端锚固长度)×腰筋根数 ＝(10.8−0.225×2＋15×0.016×2)m＝10.83m	4
拉筋	拉筋(Φ6)长度＝拉筋每根长度×拉筋根数 ＝(梁宽−两端保护层＋两个弯钩长)×$\left(\dfrac{\text{腰筋长度}}{\text{拉筋间距}}+1\right)$× 设置拉筋排数 ＝(0.35−0.020×2＋11.87×0.006×2)×$\left(\dfrac{10.83}{0.4}+1\right)$×2 ≈(0.45×28×2)m＝25.20m 注：根据平法图集,拉筋间距为非加密区箍筋间距的2倍,拉筋直径取Φ8(梁宽＞350mm)或Φ6(梁宽≤350mm)	
箍筋长度 与根数	每根箍筋长度＝梁周长−8×混凝土保护层厚度−4×箍筋直径＋箍筋弯钩增加长度 ＝[(0.3＋0.65)×2−8×0.020−4×0.008＋11.87×0.008×2]m ＝1.90m 第一跨箍筋根数＝$\dfrac{\text{箍筋设置区域长}}{\text{箍筋间距}}$＋1 ＝$\dfrac{0.975−0.05}{0.1}$×2＋$\dfrac{6.6−0.225×2−0.975×2}{0.2}$＋1 ≈(9×2＋21＋1)根＝40根 第二跨箍筋根数＝$\dfrac{0.975−0.05}{0.1}$×2＋$\dfrac{4.2−0.225×2−0.975×2}{0.2}$＋1 ≈(9×2＋9＋1)根＝28根	
钢筋汇总	Φ20钢筋工程量 ＝(11.75×6＋2.75×4＋4.55×4＋1.95×2)×2.47 ＝(103.60×2.47)kg＝255.89kg Φ6钢筋工程量＝(10.83×4×1.58)kg＝68.45kg Φ8钢筋工程量＝(1.90×68×0.395)kg＝51.03kg Φ6钢筋工程量＝(25.20×0.222)kg＝5.59kg 机械接头：(1×6)个＝6个	

目前依据平法节点图中的数据计算钢筋工程量,但这些数据依据往往不是具体的数值,而是表示大于或等于多少倍锚固值,或大于等于多少倍构件高。在计算中往往取的是"＝",但实际施工中会以最小值下料吗? 这是需要待探讨的问题。

6.3.6 金属结构工程

金属结构工程适用于建筑物和构筑物的钢结构工程,包括钢网架、钢屋架、钢托架、钢桁架、钢架桥、钢柱、钢梁、钢板楼板、墙板、钢构件、金属制品。

1．钢网架

钢网架工程量按设计图示尺寸以质量计算,单位:t。不扣除孔眼的质量,焊条、铆钉等不另增加质量。

2．钢屋架、钢托架、钢桁架、钢架桥

(1)钢屋架以"榀"计量,按设计图示数量计算;或以"t"计量,按设计图示尺寸以质量计算。不扣除孔眼的质量,焊条、铆钉、螺栓等不另增加质量。

(2)钢托架、钢桁架、钢架桥按设计图示尺寸以质量计算,单位:t。不扣除孔眼的质量,焊条、铆钉、螺栓等不另增加质量;不规则及多边形钢板按设计图示实际面积乘以厚度以单位理论质量计算。金属构件的切边、切肢、不规则及多边形钢板发生的损耗不计入工程量,在综合单价中考虑。

3．钢柱

钢柱包含实腹钢柱、空腹钢柱及钢管柱。工程量按设计图示尺寸以质量计算,单位:t。不扣除孔眼的质量,焊条、铆钉、螺栓等不另增加质量。依附在钢柱上的牛腿及悬臂梁等并入钢柱工程量内;钢管柱上的节点板、加强环、内衬管、牛腿等并入钢管柱工程量内。

型钢混凝土柱的混凝土和钢筋应按混凝土及钢筋混凝土工程中相关项目编码列项。

4．钢梁

钢梁包含钢梁、钢吊车梁清单项目,按设计图示尺寸以质量计算,单位:t。不扣除孔眼的质量,焊条、铆钉、螺栓等不另增加质量,制动梁、制动板、制动桁架、车挡并入钢吊车梁工程量内。

型钢混凝土梁的混凝土和钢筋应按混凝土及钢筋混凝土工程中相关项目编码列项。

5．钢板楼板、钢板墙板

钢板楼板项目适用于现浇混凝土楼板,使用压型钢板作永久性模板,并与混凝土叠合后组成共同受力的构件。压型钢板是指采用镀锌或经防腐处理的薄钢板,压型钢板楼板按钢板楼板项目编码列项。

1)钢板楼板

钢板楼板按设计图示尺寸以铺设水平投影面积计算,单位:m²。不扣除单个面积≤0.3m²的柱、垛及孔洞所占面积。

2)钢板墙板

钢板墙板工程量按设计图示尺寸以铺挂展开面积计算,单位:m²。不扣除单个面积≤0.3m²的梁、孔洞所占面积,包角、包边、窗台泛水等不另增加面积。

压型钢板楼板上浇筑钢筋混凝土,其混凝土和钢筋应按混凝土及钢筋混凝土工程有关项目编码列项。

6．钢构件

钢构件中包含钢支撑、钢拉条、钢檩条、钢天窗架、钢挡风架、钢墙架、钢梯、钢护栏等 9

个清单项目。钢檩条类型是指型钢式、格构式。按设计图示尺寸以质量计算,单位:t。不扣除孔眼的质量,焊条、铆钉、螺栓等不另增加质量。

7. 金属制品

(1)金属制品中包含成品空调金属百叶护栏、成品栅栏、成品雨篷、金属网栏、砌块墙钢丝网加固、后浇带金属网等项目。

(2)成品空调金属百叶护栏、成品栅栏、金属网栏,按设计图示尺寸以框外围展开面积计算,单位:m^2。

(3)成品雨篷按设计图示接触边以长度计算,单位:m;或按设计图示尺寸以展开面积计算,单位:m。

(4)砌块墙钢丝网加固、后浇带金属网按设计图示尺寸以面积计算,单位:m^2。

6.3.7 木结构工程

1. 木屋架

木屋架包括木屋架、钢木屋架。其中,木屋架清单项目适用于各种方木、圆木屋架;钢木屋架清单项目适用于各种方木、圆木的钢木组合屋架。屋架的跨度应以上、下弦中心线两交点之间的距离计算。当木屋架工程量以榀为单位计量时,按标准图设计的应注明标准图代号;按非标准图设计的项目特征需描述跨度、材料品种、规格、刨光要求、拉杆及夹板种类、防护材料种类。

(1)木屋架按设计图示数量计算,单位:榀;或按设计图示的规格尺寸以体积计算,单位:m^3。带气楼的屋架、马尾、折角以及正交部分的半屋架,应按相关屋架项目编码列项。

(2)钢木屋架按设计图示数量计算,单位:榀。钢拉杆(下弦拉杆)、受拉腹杆、钢夹板、连接螺栓应包括在钢木屋架报价内。

2. 木构件

木构件包括木柱、木梁、木檩、木楼梯、其他木构件。其中,木柱、木梁清单项目适用于建筑物各部位的柱、梁;其他木构件清单项目适用于斜撑,如传统民居的垂花、花芽子、封檐板、博风板等构件。

(1)木柱、木梁按设计图示尺寸以体积计算,单位:m^3。

(2)木檩按设计图示尺寸以体积计算,单位:m^3;或按设计图示尺寸以长度计算,单位:m。

(3)木楼梯按设计图示尺寸以水平投影面积计算,单位:m^2。不扣除宽度小于300mm的楼梯井,伸入墙内部分不计算。木楼梯的栏杆(栏板)、扶手,应按其他装饰工程中的相关项目编码列项。

(4)其他木构件按设计图示尺寸以体积或长度计算,单位:m^3 或 m。

3. 屋面木基层

屋面木基层按设计图示尺寸以斜面积计算,单位:m^2。不扣除房顶上的烟囱、风帽底座、风道、小气窗、斜沟等所占面积,小气窗的出檐部分不增加面积。

6.3.8 门窗工程

门窗工程包括木门、金属门、金卷帘(闸)门、厂库房大门、特种门、其他门、木窗、金属窗、门窗套、窗帘、窗帘盒、窗帘轨、窗台板。

1．木门

(1) 木质门、木质门带套、木质连窗门、木质防火门,工程量按设计图示数量计算,单位:樘;或按设计图示洞口尺寸以面积计算,单位:m²。

木门五金包括折页、插锁、门碰珠、弓背拉手、搭机、弹簧折页(自动门)、管子拉手(自由门、地弹门)、地弹簧(地弹门)、门轧头(自由门、地弹门)、角铁、木螺丝等。木质门带套计量时,按洞口尺寸以面积计算,不包括门套的面积,但门套应计算在综合单价中。

(2) 木门框按设计图示数量计算,单位:樘;或按设计图示框的中心线以延长米计算,单位:m。木门框项目特征除了描述门代号及洞口尺寸、防护材料种类外,还需描述框界面尺寸。

(3) 门锁安装按设计图示数量计算,单位:个或套。

2．金属门

金属门包括金属(塑钢)门、彩板门、钢质防火门、防盗门。工程量按设计图示数量计算,单位:樘;或按设计图示洞口尺寸以面积计算(当无设计洞口尺寸时,按门框、扇外围以面积计算),单位:m²。当以樘计量时,项目特征必须描述洞口尺寸,没有洞口尺寸必须描述门框或扇外围尺寸;以平方米计量时,可不描述洞口尺寸及门框或扇外围尺寸。

金属门应区分金属平开门、金属推拉门、金属地弹门、全玻门(带金属扇框)、金属半玻门(带扇框)等项目,分别编码列项。

3．金属卷帘(闸)门

金属卷帘(闸)门包括金属卷帘(闸)门、防火卷帘(闸)门 2 个清单项目。工程量按设计图示数量计算,单位:樘;或按设计图示洞口尺寸以面积计算,单位:m²。当以樘计量时,项目特征描必须描述洞口尺寸,以平方米计量时,可不描述洞口尺寸。

4．厂库房大门、特种门

厂库房大门、特种门中包含木板大门、钢木大门、全钢板大门、特种门、围墙铁丝门等清单项目。工程量按设计图示数量计算,单位:樘;或按设计图示洞口尺寸以面积计算,单位:m²。当无设计洞口尺寸时,按门框、扇外围以面积计算。项目特征必须描述洞口尺寸,没有洞口尺寸必须描述门框或扇外围尺寸;以平方米计量时,可不描述洞口尺寸及门框或扇外围尺寸。

5．其他门

其他门包括电子感应门、旋转门、电子对讲门、电动伸缩门等清单项目。工程量按设计图示数量计算,单位:樘;或按设计图示洞口尺寸以面积计算,单位:m²。当无设计洞口尺寸时,按门框、扇外围以面积计算,单位:m²。

以樘计量时,项目特征必须描述洞口尺寸,没有洞口尺寸必须描述门框或扇外围尺寸;以平方米计量时,可不描述洞口尺寸及门框或扇外围尺寸。

6. 木窗

木窗包括木质窗、木飘(凸)窗、木橱窗、木纱窗。工程量按设计图示数量计算,单位:樘。或以平方米计量,单位:m²,木质窗按设计图示洞口尺寸以面积计算,当无设计洞口尺寸时,按门框、扇外围以面积计算;木飘(凸)窗、木橱窗按设计图示尺寸以框外围展开面积计算;木纱窗按框的外围尺寸以面积计算。

7. 金属窗

金属窗包括金属推拉窗、金属平开窗、金属固定窗等,金属窗根据开启方式、材质、功能等清单项目。

工程量按设计图示数量计算,单位:樘。或以平方米计量,单位:m²,金属百叶窗、金属格栅窗按设计图示洞口尺寸以面积计算;金属纱窗按门框的外围以面积计算;金属(塑钢、断桥)橱窗按设计图示尺寸以框外围展开面积计算;彩板窗、复合材料窗按设计图示洞口尺寸或框外围以面积计算。

8. 门窗套

门窗套包括木门窗套、金属门窗套、石材门窗套、门窗木贴脸、木筒子板、饰面夹板筒子板、成品木门窗套等清单项目。木门窗套项目适用于单独门窗套的制作、安装。以樘计量时,项目特征必须描述洞口尺寸,门窗套展开宽度;以平方米计量时,可不描述洞口尺寸及门框或扇外围尺寸;当以米计量时,项目特征必须描述门窗套展开宽度、筒子板及贴脸宽度。

(1)木门窗套、木筒子板、饰面夹板筒子板、金属门窗套、石材门窗套、成品木门窗套工程量按设计图示数量计算,单位:樘;或按设计图示洞口尺寸以展开面积计算,单位:m²;或按设计图示中心以延长米计算,单位:m。

(2)门窗木贴脸工程量按设计图式数量计量,单位:樘;或按设计图示尺寸以延长米计量,单位:m。

9. 窗台板

窗台板包括木窗台板、铝塑窗台板、石材窗台板、金属窗台板。按设计图示尺寸以展开面积计算,单位:m²。

10. 窗帘、窗帘盒、窗帘轨

在项目特征描述中,当窗帘为双层时,必须描述每层材质;当窗帘以米计量,项目特征必须描述窗帘高度和宽度。

(1)窗帘工程量按设计图示尺寸以成活后长度计算,单位:m;或按设计图示尺寸以成活后展开面积计算,单位:m²。

（2）各种材质的窗帘盒及窗帘轨其工程量均按设计图示尺寸以长度计算,单位:m。如窗帘盒为弧形时,其长度以中心线计算。

6.3.9 屋面及防水工程

屋面及防水工程适用于建筑物屋面工程及屋面以外的防水工程,包括瓦、型材屋面;屋面防水及其他;墙地面防水、防潮;楼(地)面防水、防潮等项目。

1. 瓦、型材屋面

"瓦屋面"项目适用于小青瓦、平瓦、筒瓦、石棉水泥瓦、玻璃钢波形瓦等材料做的屋面。

（1）瓦屋面、型材屋面,按设计图示尺寸以斜面积计算,单位:m²。不扣除房上烟囱、风帽底座、风道、小气窗、斜沟等所占面积,小气窗出檐部分不增加面积。

（2）阳光板屋面、玻璃钢屋面,按设计图示尺寸以斜面积计算,单位:m²。不扣除屋面面积≤0.3m²孔洞所占面积。阳光板屋面、玻璃钢屋面中的柱、梁、屋架按金属结构工程、木结构工程中相关项目编码列项。

（3）膜结构屋面,按设计图示尺寸以需要覆盖的水平投影面积计算,单位:m²。

2. 屋面卷材防水

（1）屋面卷材防水、屋面涂膜防水,按设计图示尺寸以面积计算,单位:m²。其中斜屋顶(不包括平屋顶找坡)按斜面积计算,平屋顶按水平投影面积计算。不扣除房上烟囱、风帽底座、风道、屋面小气窗和斜沟所占面积;屋面的女儿墙、伸缩缝和天窗等处的弯起部分,并入屋面工程量内。

屋面找平层按楼地面装饰工程中相关项目编码列项。屋面防水搭接及附加层用量不另行计算,在综合单价中考虑。

（2）屋面刚性层,按设计图示尺寸以面积计算,单位:m²。不扣除房上烟囱、风帽底座、风道等所占面积。

（3）屋面排水管,按设计图示尺寸以长度计算,单位:m。如设计未标注尺寸,以檐口至设计室外散水上表面垂直距离计算。雨水口、水斗、算子板、安装排水管的卡箍及刷漆等都应包括在排水管项目内。

（4）屋面排气管、屋面变形缝,按设计图示以长度计算,单位:m。

（5）屋面(廊、阳台)泄(吐)水管,按设计图示数量计算,单位:根或个。

（6）屋面天沟、檐沟,按设计图示尺寸展开面积计算,单位:m²。

（7）屋面变形缝,按设计图示尺寸以长度计算,单位:m。

【例 6-11】 已知某工程女儿墙厚 240mm,屋面卷材在女儿墙处卷起 250mm,图 6-16所示为其屋顶平面图,屋面做法为:①4mm 厚高聚物改性沥青卷材防水层一道;②20mm厚 1:3 水泥砂浆找平层;③1:6 水泥焦渣找 2‰坡,最薄处 30mm 厚;④60mm 厚聚苯乙烯泡沫塑料板保温层;⑤现浇钢筋混凝土板。试计算屋面卷材防水层工程工程量。

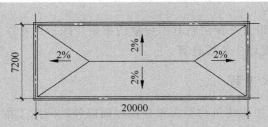

图 6-16 屋顶平面图（单位：mm）

【解】　屋面面积＝屋面净长×屋面净宽

$$= (20 - 0.12 \times 2)\text{m} \times (7.2 - 0.12 \times 2)\text{m} = 137.53\text{m}^2$$

女儿墙弯起部分面积＝女儿墙内周长×卷材弯起高度

$$= (20 - 0.12 \times 2 + 7.2 - 0.12 \times 2) \times 2 \times 0.25$$

$$= 53.44\text{m} \times 0.25\text{m} = 13.36\text{m}^2$$

屋面卷材防水层工程量＝屋面面积＋在女儿墙处弯起部分面积

$$= 137.53\text{m}^2 + 13.36\text{m}^2 = 150.89\text{m}^2$$

3．墙面防水、防潮

墙面卷材防水、涂膜防水项目适用于基础、墙面等部位的防水。墙面砂浆防水（潮）项目适用于地下、基础、墙面等部位的防水防潮。墙面变形缝项目适用于墙体部位的抗震缝、温度缝、沉降缝的处理。

（1）墙面卷材防水、涂膜防水、墙面砂浆防水（潮），按设计图示尺寸以面积计算，单位：m²。

（2）墙面变形缝，按设计图示尺寸以长度计算，单位：m。

【例 6-12】　某房屋形状为矩形，地下室墙身外侧做防水层，如图 6-17 所示。已知外墙外边线长 50m，其工程做法为

（1）20mm 厚 1：2.5 水泥砂浆找平层；

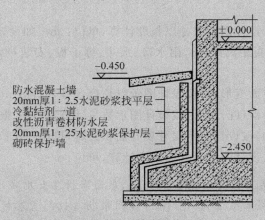

防水混凝土墙
20mm厚1：2.5水泥砂浆找平层
冷黏结剂一道
改性沥青卷材防水层
20mm厚1：25水泥砂浆保护层
砌砖保护墙

图 6-17 地下室墙身防水示意图

（2）冷黏结剂一道；

（3）4mm 厚改性沥青卷材防水层；

（4）20mm 厚 1：2.5 水泥砂浆保护层；

（5）砌砖保护墙（厚度 115mm）。

试计算墙身防水层工程量。

【解】　墙面卷材防水层工程量＝防水层长×防水层高＝50m×(2.45−0.45)m

$$= 100 \text{m}^2$$

4．楼（地）面卷材防水、防潮

（1）楼（地）面卷材防水、涂膜防水、砂浆防水（防潮），按设计图示尺寸以面积计算，单位：m²。楼（地）面防水搭接及附加层用量不另行计算，在综合单价中考虑。

① 楼（地）面防水按主墙间净空面积计算，扣除凸出地面的构筑物、设备基础等所占面积；不扣除间壁墙及单个面积≤0.3m² 的柱、垛、烟囱和孔洞所占面积。

② 楼（地）面防水反边高度≤300mm 算做地面防水，反边高度＞300mm 按墙面防水计算。

计算式如下：

地面防水层工程量 ＝主墙间净空面积－凸出地面的构筑物、设备基础等所占面积＋

防水反边面积（高度 ≤300mm）

（2）楼（地）面变形缝，按设计图示尺寸以长度计算，单位：m。

6.3.10　保温、隔热、防腐工程

1．保温、隔热

（1）保温隔热屋面，按设计图示尺寸以面积计算，单位：m²。扣除面积＞0.3m² 的孔洞及占位面积。

（2）保温隔热天棚，按设计图示尺寸以面积计算，单位：m²。扣除面积＞0.3m² 的上柱、垛、孔洞所占面积，与天棚相连的梁按展开面积计算，并入天棚工程量内。

（3）保温隔热墙面，按设计图示尺寸以面积计算，单位：m²。扣除门窗洞口及面积＞0.3m² 的梁、孔洞所占面积；门窗洞口侧壁以及与墙相连的柱需做保温，并入保温墙体工程量内。

（4）保温柱、梁，按设计图示尺寸以面积计算，单位：m²。

① 柱按设计图示柱断面保温层中心线展开长度乘以保温层高度以面积计算，扣除面积＞0.3m² 的梁所占面积。

② 梁按设计图示梁断面保温层中心线展开长度乘以保温层长度以面积计算，保温柱、梁适用于不与墙、天棚相连的独立柱、梁。

（5）保温隔热楼地面，按设计图示尺寸以面积计算，单位：m²。扣除门窗洞口及面积＞0.3m² 的柱、垛、孔洞等所占面积。门洞、空圈、暖气包槽、壁龛的开口部分不增加面积。

2．防腐面层

（1）防腐混凝土面层、防腐砂浆面层、防腐胶泥面层、玻璃钢防腐面层、聚氯乙烯板面

层、块料防腐面层,按设计图示尺寸以面积计算,单位:m²。

① 平面防腐时,应扣除凸出地面的构筑物、设备基础等,以及面积>0.3m² 的孔洞、柱、垛等所占面积,门洞、空圈、暖气包槽、壁龛的开口部分不增加面积。

② 立面防腐时,扣除门、窗、洞口以及面积>0.3m² 的孔洞、梁所占面积,门、窗、洞口侧壁、垛突出部分按展开面积并入墙面积内。

(2) 池、槽块料防腐面层,按设计图示尺寸以展开面积计算,单位:m²。

(3) 防腐踢脚线,应按楼地面装饰工程"踢脚线"项目编码列项。

6.3.11 楼地面装饰工程

楼地面装饰工程适用于楼地面、楼梯、台阶等装饰工程,包括整体面层及找平层、块料面层、橡塑面层、其他材料面层、踢脚线、楼梯面层、台阶装饰、零星装饰等项目。

1. 整体面层及找平层

整体面层项目包括水泥砂浆、现浇水磨石、细石混凝土、菱苦土楼地面、自流平楼地面,适用楼面、地面所做的整体面层工程。

(1) 整体面层,按设计图示尺寸以面积计算,单位:m²。扣除凸出地面构筑物、设备基础、室内铁道、地沟等所占面积;不扣除间壁墙及面积≤0.3m² 的柱、垛、附墙烟囱及孔洞所占面积。门洞、空圈、暖气包槽、壁龛的开口部分不增加面积。其中,间壁墙是指墙厚≤120mm 的墙。

(2) 平面砂浆找平层,按设计图示尺寸以面积计算,单位:m²。平面砂浆找平层项目适用于仅做找平层的平面抹灰。

注:整体面层项目中包含面层、找平层,但未包含垫层、防水层。计价时,垫层应按砌筑工程或混凝土及钢筋混凝土中相关项目编码列项,防水层应按屋面及防水工程中相关项目编码列项。

> 【例 6-13】 如图 6-18 所示的某建筑平面图,地面构造做法为:(1)20mm 厚 1∶2 水泥砂浆抹面压实抹光(面层);(2)刷素水泥浆结合层一道(结合层);(3)45mm 厚 C20 细石混凝土找平层最薄处 30mm 厚;(4)聚氨酯涂膜防水层 1.5~1.8mm 厚,防水层周边卷起 150;(5)40mm 厚 C20 细石混凝土随打随抹平;(6)150mm 厚 3∶7 灰土垫层;(7)素土夯实。试对此地面列项并计算相应项目清单工程量。

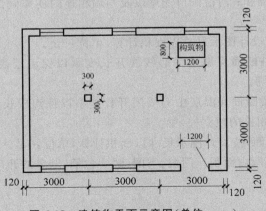

图 6-18 建筑物平面示意图(单位:mm)

【解】　根据《计价规范》水泥砂浆楼地面清单项目结合工程做法,本例需列清单内容包括:水泥砂浆楼地面、45mm 厚 C20 细石混凝土找平层、聚氨酯涂膜防水层、40mm 厚 C20 细石混凝土找平层、3:7 灰土垫层 5 项。

(1) 水泥砂浆地面工程量:

$$S = [(3 \times 3 - 0.12 \times 2) \times (3 \times 2 - 0.12 \times 2) - 1.2 \times 0.8] \text{m}^2 = 49.50 \text{m}^2$$

(2) 45mm 厚 C20 细石混凝土找平层工程量:

同水泥砂浆地面工程量为 49.50m²。

(3) 聚氨酯涂膜防水层工程量(假设孔洞四周及构筑物四周需做防水,同地面防水做法):

$$S = \text{水平面防水} + \text{立面反起}$$
$$= 49.50 + [(3 \times 3 - 0.12 \times 2) + (3 \times 2 - 0.12 \times 2)] \times$$
$$2 \times 0.15 - 1.2 \times 0.15 + [0.3 \times 4 \times 2 + (1.2 + 0.8) \times 2] \times 0.15$$
$$= 49.5 \text{m}^2 + 5.14 \text{m}^2 = 54.64 \text{m}^2$$

(4) 40mm 厚 C20 细石混凝土找平层工程量:

同水泥砂浆地面工程量为 49.50m²。

(5) 3:7 灰土垫层工程量:

$$V = \text{铺设面积} \times \text{厚度} = 49.50 \text{m}^2 \times 0.15 \text{m} = 7.43 \text{m}^3$$

2. 块料面层

块料面层包括石材楼地面、碎石楼地面、块料楼地面 3 个清单项目。适用于楼面、地面所做的块料面层工程。按设计图示尺寸以面积计算,单位:m²。门洞、空圈、暖气包槽、壁龛的开口部分并入相应的工程量内。

项目特征需描述找平层厚度、砂浆配合比;结合层厚度、砂浆配合比;面层材料品种、规格、颜色;嵌缝材料种类;防护层材料种类;酸洗、打蜡要求。

在描述碎石材面层材料时可不描述规格、颜色;石材、块料与黏结材料的结合面刷防渗漏材料的种类在防护层材料种类中描述。

【例 6-14】　如图 6-18 所示的某建筑平面图,计算大理石楼面工程量,工程做法为:(1)20mm 厚磨光大理石楼面,白水泥浆擦缝;(2)撒素水泥面;(3)30mm 厚 1:4 干硬性水泥砂浆结合层;(4)20mm 厚 1:3 水泥砂浆找平层;(5)现浇钢筋混凝土楼板。试计算大理石楼面清单工程量(假设门洞开口部分楼地面做法同上)。

【解】　$S = [(3 \times 3 - 0.12 \times 2) \times (3 \times 2 - 0.12 \times 2) - 0.3 \times 0.3 \times 2 - 1.2 \times 0.8 + 1.2 \times 0.24] \text{m}^2$
　　　$= 49.61 \text{m}^2$

3. 橡塑面层

橡塑面层包括橡胶板、橡胶板卷材、塑料板、塑料卷材楼地面 4 个清单项目。橡塑面层各清单项目适用于用黏结剂(如 CX401 胶等)粘贴橡塑楼面、地面面层工程。按设计图示尺寸以面积计算,单位:m²。门洞、空圈、暖气包槽、壁龛的开口部分并入相应的工程量内。

4．其他材料面层

其他材料面层包括地毯楼地面、竹木（复合）地板、防静电活动地板、金属复合地板。按设计图示尺寸以面积计算，单位：m²。门洞、空圈、暖气包槽、壁龛的开口部分并入相应的工程量内。

5．踢脚线

踢脚线包括水泥砂浆踢脚线、石材踢脚线、块料踢脚线、塑料板踢脚线、木质踢脚线、金属踢脚线、防静电踢脚线。按设计图示长度乘以高度以面积计算，单位：m²；或按延长米计算，单位：m。

【例6-15】 如图6-18所示的某建筑平面图，室内为水泥砂浆地面，踢脚线做法为1：2水泥砂浆踢脚线，厚度20mm，高度150mm。试计算踢脚线清单工程量。

【解】 工程量以平方米计量：

$$L = [(3 \times 3 - 0.12 \times 2) \times 2 + (3 \times 2 - 0.12 \times 2) \times 2 - 1.2] \text{m} = 27.84 \text{m}$$
$$S = 27.84 \text{m} \times 0.15 \text{m} = 4.18 \text{m}^2$$

6．楼梯面层

楼梯面层包括石材楼梯面层、块料楼梯面层、拼碎块料面层、水泥砂浆楼梯面层、现浇水磨石楼梯面层、地毯楼梯面层、木板楼梯面层等清单项目。按设计图示尺寸以楼梯（包括踏步、休息平台及≤500mm的楼梯井）水平投影面积计算，单位：m²。楼梯与楼地面相连时，算至梯口梁内侧边沿；无梯口梁者，算至最上一层踏步边沿加300mm。

【例6-16】 如图6-19所示楼梯贴花岗岩面层，工程做法为：（1）20mm厚灰麻花岗岩（600×600）铺面，撒素水泥面（洒适量水）；（2）30mm厚1：4干硬性水泥砂浆结合层；（3）刷素水泥浆一道。试计算楼梯面层清单工程量。

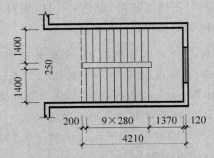

图6-19　楼梯平面示意图（单位：mm）

【解】 楼梯井宽度为250mm，小于500mm，所以楼梯贴花岗岩面层的工程量为

$$S = (1.4 \times 2 + 0.25) \text{m} \times (0.2 + 9 \times 0.28 + 1.37) \text{m} = 12.47 \text{m}^2$$

7．台阶装饰

台阶装饰项目包括石材、块料、拼碎块料、水泥砂浆、现浇水磨石、剁假石台阶面6个清

单项目。工程量按设计图示尺寸以台阶（包括最上一层踏步边沿加 300mm）水平投影面积计算，单位：m²。

【例 6-17】　如图 6-20 所示台阶贴花岗岩面层，工程做法为：30mm 厚芝麻白机刨花岗岩（600mm×600mm）铺面，稀水泥擦缝；撒素水泥面（洒适量水）；30mm 厚 1：4 干硬性水泥砂浆结合层，向外坡 1%；刷素水泥浆结合层一道；60mm 厚 C15 混凝土；150mm 厚 3：7 灰土垫层；素土夯实。试计算花岗岩台阶清单工程量。

【解】　$S=4.5\text{m}\times(0.3\times6+0.3)\text{m}=9.45\text{m}^2$

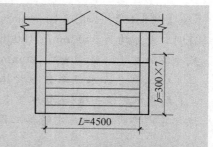

图 6-20　台阶平面示图（单位：mm）

8. 零星装饰项目

零星装饰项目包括石材零星项目、碎拼石材零星项目、块料零星项目、水泥砂浆零星项目。按设计图示尺寸以面积计算，单位：m²。楼梯牵边和侧面镶贴块料面层，不大于 0.5m² 的少量分散的楼地面块料面层应按楼地面装饰工程中"零星装饰项目"编码列项。

6.3.12　墙、柱面装饰与隔断、幕墙工程

墙、柱面装饰与隔断、幕墙工程适用于一般抹灰、装饰抹灰工程。包括墙面抹灰、柱（梁）面抹灰、零星抹灰、墙面块料、柱（梁）面镶贴块料、镶贴零星块料、墙饰面、柱（梁）饰面、隔断、幕墙等工程。

1. 墙面抹灰

墙面抹灰包括墙面一般抹灰、墙面装饰抹灰、墙面勾缝、立面砂浆找平层。立面砂浆找平层项目适用于仅做找平层的立面抹灰。

墙面抹灰按设计图示尺寸以面积计算，单位：m²。扣除墙裙（指墙面抹灰）、门窗洞口及单个面积＞0.3m² 的孔洞面积；不扣除踢脚线、挂镜线和墙与构件交接处（指墙与梁的交接处所占面积，不包括墙与楼板的交接）的面积；门窗洞口和孔洞的侧壁及顶面不增加面积；附墙柱、梁、垛、烟囱侧壁并入相应的墙面面积内；飘窗凸出外墙面增加的抹灰并入外墙抹灰工程量内。

（1）外墙抹灰面积按外墙垂直投影面积计算。

（2）外墙裙抹灰面积按其长度乘以高度计算，应扣除门洞、台阶不作墙裙部分所占的面积。

（3）内墙抹灰面积按主墙间的净长乘以高度计算，其高度确定如下：无墙裙的，高度按室内楼地面至天棚底面计算；有墙裙的，高度按墙裙顶至天棚底面计算。有吊顶天棚抹灰，高度算至天棚底。天棚以上部分的抹灰在综合单价中考虑。

（4）内墙裙抹灰面积按内墙净长乘以高度计算。

2. 柱（梁）面抹灰

柱（梁）面抹灰包括柱、梁面一般抹灰；柱、梁面装饰抹灰；柱、梁面砂浆找平；柱面勾缝。柱、梁面砂浆找平项目适用于仅做找平层的柱（梁）面抹灰。

柱面抹灰按设计图示柱断面周长(指结构断面周长)乘高度以面积计算,单位:m^2;梁面抹灰按设计图示梁断面周长(指结构断面周长)乘长度以面积计算,单位:m^2。

【例6-18】 如图6-21所示为某建筑平面图,柱尺寸500mm×500mm,墙厚300mm,窗洞口尺寸均为5400mm×1800mm,门洞口尺寸为3000mm×2700mm,室内地面至天棚底净高为4.2m,踢脚线高120mm,内墙面、柱面抹灰的工程做法为:喷乳胶漆两遍;5mm厚1:0.3:2.5水泥石膏砂浆抹面压实抹光;13mm厚1:1:6水泥石膏砂浆打底扫毛;刷素水泥浆一道(内掺水重3%~5%的107胶)(混凝土柱面);砖墙(混凝土柱面)。试计算内墙面、柱面抹灰清单工程量。

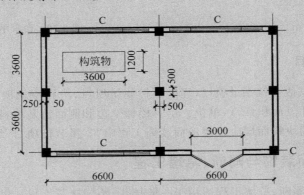

图6-21 某建筑平面图(单位:mm)

【解】 (1)内墙面一般抹灰工程量

内墙面一般抹灰工程量=内墙面净长度×内墙面抹灰高度-门窗洞口所占面积+

墙垛侧壁面积

$$=[(6.6×2-0.05×2)+(3.6×2-0.05×2)]×2×$$
$$4.2-5.4×1.8×3-3.0×2.7+0.2×2×4.2×4$$
$$=(169.68-29.16-8.1+6.72)m^2$$
$$=139.14m^2$$

(2)独立柱一般抹灰工程量

柱面一般抹灰工程量=柱周长×柱面抹灰高度=$(0.5×4×4.2)m^2=8.40m^2$

3.零星抹灰

零星抹灰指墙、柱(梁)面面积≤$0.5m^2$的少量分散的抹灰,包括一般抹灰、装饰抹灰、砂浆找平。零星抹灰按设计图示尺寸以面积计算,单位:m^2。

4.墙面块料面层

(1)墙面块料面层包括石材墙面、拼碎石材墙面、块料墙面和干挂石材钢骨架4个项目。工程量按设计图示尺寸以镶贴表面积计算,单位:m^2。项目特征中"安装的方式"可描述为砂浆或黏结剂粘贴、挂贴、干挂等,不论哪种安装方式,都要详细描述与组价相关的内容。

(2)干挂石材钢骨架工程量按设计图示尺寸以质量计算,单位:t。

5. 柱(梁)面镶贴块料

工程量按设计图示尺寸以镶贴表面积计算,单位:m²。柱(梁)面干挂石材的钢骨架按"墙面块料面层"中的"干挂石材钢骨架"列项。

6. 镶贴零星块料

墙柱面面积≤0.5m² 的少量分散的镶贴块料面层按零星项目执行,包括石材零星项目、碎拼石材零星项目、块料零星项目3个项目。工程量按设计图示尺寸以镶贴表面积计算,单位:m²。

7. 墙饰面

墙饰面适用于金属饰面板、塑料饰面板、木质饰面板、软包带衬板饰面等装饰板墙面,包括墙面装饰板和墙面装饰浮雕2个项目。墙面装饰浮雕项目适用于不属于仿古建筑工程的项目。

(1) 墙面装饰板工程量按设计图示墙净长乘以净高以面积计算,单位:m²,扣除门窗洞口及单个面积>0.3m² 的孔洞所占面积。

(2) 墙面装饰浮雕工程量按设计图示尺寸以面积计算,单位:m²。

【例6-19】　某墙面装修做法如图6-22所示,试计算墙饰面工程清单工程量。

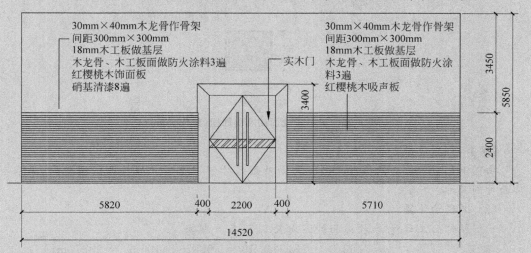

图 6-22　某墙立面图(单位:mm)

【解】　1) 分析

根据图6-22的做法及已知条件,本例列清单项目为红樱桃装饰板墙面和红樱桃木吸声板装饰板墙面。

2) 工程量计算

(1) 红樱桃装饰板墙面

红樱桃装饰板墙面工程量＝设计图示墙净长×净高－门洞所占面积

$$= [14.52 \times 3.45 - (2.2 + 0.4 \times 2) \times (3.4 - 2.4)]\text{m}^2$$

$$= 47.09\text{m}^2$$

（2）红樱桃木吸声板装饰板墙面

红樱桃木吸声板装饰板墙面工程量＝设计图示墙净长×净高－门洞所占面积

$$=[14.52×2.4-(2.2+0.4×2)×2.4]m^2$$

$$=27.65m^2$$

8. 柱（梁）饰面

（1）柱（梁）饰面按设计图示饰面外围尺寸（指饰面的表面尺寸）以面积计算，单位：m^2。柱帽、柱墩并入相应柱饰面工程量内。

（2）成品装饰柱按设计数量以"根"计算；或按设计长度以"m"计算。

【例6-20】 某工程中有10根独立柱，其装修立面图及剖面图如图6-23所示。根据图纸柱子做法计算柱饰面工程清单工程量。

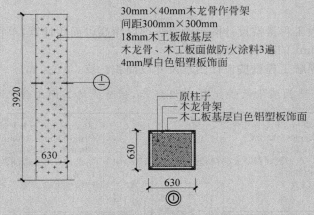

图6-23 某柱子立面图及剖面图（单位：mm）

【解】 （1）分析

由图6-23可知，柱结构尺寸与柱饰面外围尺寸不同。计算柱饰面工程量时，应取柱饰面外围尺寸。

（2）工程量计算

柱饰面工程量＝柱饰面外围周长×柱高×根数

$$=0.63×4×3.92×10=(9.878×10)m^2=98.78m^2$$

9. 幕墙

幕墙包括带骨架幕墙和全玻幕墙。

（1）带骨架幕墙工程量按设计图示框外围尺寸以面积计算，单位：m^2，与幕墙同种材质的窗所占面积不扣除。

（2）全玻（无框玻璃）幕墙工程量按设计图示尺寸以面积计算，单位：m^2，带肋全玻幕墙按展开面积计算。

10. 隔断

（1）木隔断、金属隔断按设计图示框外围尺寸以面积计算，单位：m^2。不扣除单个面积≤0.3m² 的孔洞所占面积；浴厕门的材质与隔断相同时，门的面积并入隔断面积内。

（2）玻璃隔断、塑料隔断按设计图示框外围尺寸以面积计算，单位：m²。不扣除单个面积≤0.3m² 的孔洞所占面积。

（3）成品隔断按设计图示框外围尺寸以面积计算，单位：m²；或按设计间的数量计算，单位：间。

6.3.13 天棚工程

天棚工程适用于天棚装饰工程，包括天棚抹灰、天棚吊顶、采光天棚、天棚其他装饰。

1. 天棚抹灰

天棚抹灰按设计图示尺寸以水平投影面积计算，单位：m²。不扣除间壁墙、垛、柱、附墙烟囱、检查口和管道所占的面积；带梁天棚的梁两侧抹灰面积并入天棚面积内；板式楼梯底面抹灰按斜面积计算，锯齿形楼梯底板抹灰按展开面积计算。

【例6-21】 某建筑物一层结构平面图如图6-24所示。已知：KL1 250mm×450mm，KL2 300mm×600mm，L1 250mm×350mm，KL1、KL2 下设与梁宽同尺寸的墙。梁顶与板顶为同一标高，板厚100mm，天棚抹灰的工程做法为：刮腻子喷乳胶漆3遍；6mm厚1:2.5水泥砂浆抹面；8mm厚1:3水泥砂浆打底；刷素水泥浆一道（内掺107胶）；现浇钢筋混凝土板。试编制天棚抹灰工程工程量清单。

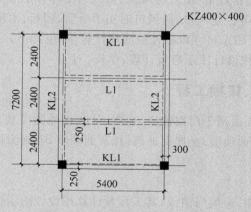

图6-24 一层结构平面图（单位：mm）

【解】 （1）分析

由图6-24可知，本例设计为带梁天棚，所以天棚抹灰工程量中应增加梁侧面抹灰面积。

（2）工程量计算

天棚抹灰工程量＝主墙间净面积＋梁的侧面抹灰面积

$$= [(5.4 - 0.1 \times 2) \times (7.2 - 0.05 \times 2) + (0.35 - 0.1) \times$$
$$(5.4 - 0.1 \times 2) \times 2 \times 2_{(根数)}] m^2$$
$$= 42.12 m^2$$

2．天棚吊顶

天棚吊顶适用于形式上非漏空式的天棚吊顶。其中,格栅吊顶面层适用于木格栅、金属格栅、塑料格栅等;吊筒吊顶适用于木(竹)质吊筒、金属吊筒、塑料吊筒以及圆形、矩形、扁钟形吊筒等。

吊顶形式是指平面、跌级、锯齿形、阶梯形、吊挂式、藻井式以及矩形、弧形、拱形等形式,应在清单项目中进行描述。

(1)吊顶天棚按设计图示尺寸以水平投影面积计算,单位:m²。不扣除间壁墙、检查口、附墙烟囱、柱垛和管道所占面积;扣除单个面积＞0.3m²的孔洞、独立柱及与天棚相连的窗帘盒所占的面积;天棚面中的灯槽及跌级、锯齿形、吊挂式、藻井式天棚面积不展开计算。

(2)格栅吊顶、吊筒吊顶、藤条造型悬挂吊顶、织物软雕吊顶、装饰网架吊顶按设计图示尺寸以水平投影面积计算,单位:m²。

3．采光天棚

采光天棚骨架内容不包括在本节中,应单独按金属结构工程相关项目编码列项。其工程量按框外围展开面积计算,单位:m²。

4．天棚其他装饰

天棚其他装饰项目包括灯带(槽),送风口、回风口2个项目。灯带格栅有不锈钢格栅、铝合金格栅、玻璃类格栅等。送风口、回风口适用于金属、塑料、木质风口。

(1)灯带(槽)按设计图示尺寸以框外围面积计算,单位:m²。

(2)送风口、回风口按设计图示数量计算,单位:个。

6.3.14　油漆、涂料、裱糊工程

油漆、涂料、裱糊工程适用于门窗油漆,金属、抹灰面油漆工程,包括门油漆、窗油漆,扶手、板条面、线条面、木材面油漆,金属面油漆,抹灰面油漆,喷刷涂料,裱糊等。

1．门油漆

门油漆包括木门油漆、金属门油漆,其工程量计算按设计图示数量计算或按设计图示洞口尺寸以面积计算,单位:樘或m²。

木门油漆应区分木大门、单层木门、双层(一玻一纱)木门、全玻自由门、半玻自由门、装饰门及有框门或无框门等项目,分别编码列项。金属门油漆应区分平开门、推拉门、钢质防火门等项目,分别编码列项。

2．窗油漆

窗油漆包括木窗油漆、金属窗油漆,其工程量计算按设计图示数量计算或按设计图示洞口尺寸以面积计算,单位:樘或m²。

木窗油漆应区分单层木窗、双层(一玻一纱)木窗、双层框扇(单裁口)木窗、双层框三层(二玻一纱)木窗、单层组合窗、双层组合窗、木百叶窗、木推拉窗等项目,分别编码列项。金

属门油漆应区分平开窗、推拉窗、固定窗、组合窗、金属隔栅窗等项目,分别编码列项。

3. 木扶手及其他板条、线条油漆

木扶手及其他板条、线条油漆包括木扶手油漆,窗帘盒油漆,封檐板、顺水板油漆,挂衣板、黑板框油漆,挂镜线、窗帘棍、单独木线油漆,共 5 个清单项目。其工程量按设计图示尺寸以长度计算,单位:m。楼梯木扶手工程量按中心线斜长度计算,弯头长度应计算在扶手长度内。

木扶手应区别带托板与不带托板分别编码列项。若是木栏杆带木扶手,木扶手不应单独列项,应包括在木栏杆油漆中。

4. 木材面油漆

(1)木板、木墙裙油漆;窗台板、筒子板、盖板、门窗套、踢脚线油漆;清水板条天棚、檐口油漆;木方格吊顶天棚油漆;吸声板墙面、天棚面油漆;暖气罩油漆;其他木材面油漆等7 个清单项目,均按设计图示尺寸以面积计算,单位:m²。

(2)木间壁、木隔断油漆、玻璃间壁露明墙筋、木栅栏木栏杆(带扶手)油漆清单项目,按设计图示尺寸以单面外围面积计算,单位:m²。

(3)衣柜、壁柜油漆;梁柱饰面油漆;零星木装修油漆按设计图示尺寸以油漆部分展开面积计算,单位:m²。

(4)木地板烫硬蜡面按设计图示尺寸以面积计算,单位:m²。空洞、空圈、暖气包槽、壁龛的开口部分并入相应的工程量内。

5. 金属面油漆

金属面油漆按设计图示尺寸以质量计算,单位:t;或按设计展开面积计算,单位:m²。

6. 抹灰面油漆

(1)抹灰面油漆、满刮腻子按设计图示尺寸以面积计算,单位:m²。

(2)抹灰线条油漆按设计图示尺寸以长度计算,单位:m。

7. 喷刷涂料

(1)墙面、天棚喷刷涂料按设计图示尺寸以面积计算,单位:m²。

(2)空花格、栏杆刷涂料按设计图示尺寸以单面外围面积计算,单位:m²。

(3)线条刷涂料按设计图示尺寸以长度计算,单位:m。

(4)金属构件刷防火涂料按设计图示尺寸以质量计算,单位:t;或按设计展开面积计算,单位:m²。

(5)木构件刷防火涂料按设计图示尺寸以面积计算,单位:m²。

8. 墙纸裱糊、织锦缎裱糊

墙纸裱糊、织锦缎裱糊按设计图示尺寸以面积计算,单位:m²。

6.3.15 措施项目

建筑及装饰装修工程措施项目包括可以计算工程量的项目(单价措施项目),不宜计算工程量的项目(总价措施项目)。其中单价措施项目包括脚手架、模板、垂直运输等,总价措施项目包括安全文明施工、夜间施工、冬雨季施工等。单价措施项目清单的编制与分部分项工程一样。

1. 脚手架工程

(1)综合脚手架,按建筑面积计算,单位:m^2。综合脚手架适用于能够按"建筑面积计算规则"计算建筑面积的建筑工程脚手架,不适用于房屋加层、构筑物及附属工程脚手架。用综合脚手架时,不再使用外脚手架、里脚手架等单项脚手架。

项目特征包括建筑物结构形式、檐口高度。同一建筑物有不同檐高时,按建筑物竖向切面分别按不同檐高编列清单项目。脚手架的材质可以不作为项目特征内容,但需要注明由投标人根据工程实际情况按照有关规定自行确定。

(2)外脚手架、里脚手架、整体提升架、外装饰吊篮,按所服务对象的垂直投影面积计算,单位:m^2。整体提升架已包括2m高的防护架体设施。

(3)悬空脚手架、满堂脚手架,按搭设的水平投影面积计算,单位:m^2。

(4)挑脚手架,按搭设长度乘以搭设层数以延长米计算,单位:m。

2. 混凝土模板及支架(撑)

凝土模板及支架(撑)项目,只适用于单列而且以"m^2"计量的项目。若不单列且以"m^3"计量的混凝土模板及支架(撑),按混凝土及钢筋混凝土实体项目执行,其综合单价中应包括模板及支架(撑)。另外,个别本规范未列的混凝土措施项目,例如垫层等,按混凝土及钢筋混凝土实体项目执行。

(1)混凝土基础、柱、梁、板、墙等主要构件模板及支架工程量按模板与现浇混凝土构件的接触面积计算,单位:m^2。原槽浇筑的混凝土基础不计算模板工程量。若现浇混凝土梁、板支撑高度超过3.6m,项目特征描述支撑高度。

① 现浇钢筋混凝土墙、板上单孔面积在$0.3m^2$以内的孔洞,不予扣除,洞侧壁模板亦不增加;单孔面积在$0.3m^2$以上时,应予扣除,洞侧壁模板面积并入板模板工程量之内计算。

② 现浇框架分别按梁、板、柱有关规定计算;附墙柱、暗柱、暗梁模板并入墙模板工程量内计算。

③ 柱、梁、墙、板相互连接的重叠部分,均不计算模板面积。

④ 构造柱按图示外露部分计算模板面积。留马牙槎的按最宽面计算模板宽度,构造柱与墙接触面不计算模板面积。

【例6-22】 某现浇框架结构房屋的二层结构平面如图6-25所示。已知一层板顶标高为3.9m,二层板顶标高为7.2m,板厚100mm,构件断面尺寸如表所示。试对图中所示二层钢筋混凝土构件列项并计算其模板工程量。

【解】 1)列项

由已知条件可知,本例涉及的钢筋混凝土构件有框架柱(KZ)、框架梁(KL)、梁(L)及板,且支模高度=(7.2−3.9)m=3.3m<3.6m,故本例应列项目为

模板工程：矩形柱(KZ)，单梁(KL₁、KL₂、L₁)，平板

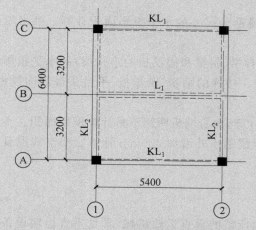

构件尺寸表	
构件名称	构件尺寸/(mm×mm)
KZ	400×400
KL₁	250×550(宽×高)
KL₂	300×600(宽×高)
L₁	250×500(宽×高)

图 6-25 二层结构平面图(单位：mm)

2）计算

$$模板工程量 = 混凝土与模板的接触面积$$

（1）矩形柱

$$\begin{aligned}矩形柱模板工程量 &= 柱周长 \times 柱高度 - 柱与梁交接处的面积 - 柱与板交接处的面积 \\ &= 0.4 \times 4 \times (7.2 - 3.9) \times 4(根) - [0.25 \times 0.45 \times 4(KL_1) + \\ &\quad 0.3 \times 0.5 \times 4(KL_2)] - 0.1 \times 0.4 \times 2 \times 4 \\ &= [21.12 - (0.45 + 0.6) - 0.32]m^2 = 19.75m^2\end{aligned}$$

（2）单梁

$$单梁模板工程量 = 梁支模展开宽度 \times 梁支模长度 \times 根数$$

$$\begin{aligned}KL_1 模板工程量 &= (0.25 + 0.55 + 0.55 - 0.1) \times (5.4 - 0.2 \times 2) \times 2(根) \\ &= (1.25 \times 5.0 \times 2)m^2 = 12.50m^2\end{aligned}$$

$$\begin{aligned}KL_2 模板工程量 &= (0.3 + 0.6 + 0.6 - 0.1) \times (6.4 - 0.2 \times 2) \times 2 - \\ &\quad 0.25 \times (0.5 - 0.1) \times 2(与 L_1 交接处) \\ &= (1.4 \times 6.0 \times 2 - 0.2)m^2 = 16.60m^2\end{aligned}$$

$$\begin{aligned}L_1 模板工程量 &= [0.25 + (0.5 - 0.1) \times 2] \times (5.4 - 0.1 \times 2) \\ &= (1.05 \times 5.2)m^2 = 5.46m^2\end{aligned}$$

$$\begin{aligned}单梁模板工程量 &= KL_1、KL_2、L_1 模板工程量之和 = (12.50 + 16.60 + 5.46)m^2 \\ &= 34.56m^2\end{aligned}$$

（3）板模板

$$\begin{aligned}板模板工程量 &= 板长度 \times 板宽度 - 柱所占面积 - 梁所占面积 \\ &= (5.4 + 0.2 \times 2) \times (6.4 + 0.2 \times 2) - 0.4 \times 0.4 \times 4 - \\ &\quad [0.25 \times (5.4 - 0.2 \times 2) \times 2(KL_1) + 0.3 \times (6.4 - 0.2 \times 2) \times \\ &\quad 2(KL_2) + 0.25 \times (5.4 - 0.1 \times 2)(L_1)] \\ &= [39.44 - 0.64 - (2.5 + 3.6 + 1.3)]m^2 = 31.4m^2\end{aligned}$$

（2）天沟、挑檐、电缆沟、地沟、散水、扶手、后浇带、化粪池、检查井按模板与现浇混凝土构件的接触面积计算。

（3）雨篷、悬挑板、阳台板，按图示外挑部分尺寸的水平投影面积计算。挑出墙外的悬臂梁及板边不另计算。

（4）楼梯，按楼梯（包括休息平台、平台梁、斜梁和楼层板的连接梁）的水平投影面积计算，不扣除宽度＜500mm楼梯井所占面积。楼梯的踏步、踏步板、平台梁等侧面模板，不另计算，伸入墙内部分亦不增加。

（5）台阶，按图示台阶水平投影面积计算，台阶端头两侧不另计算模板面积。不包括梯带，但台阶与平台连接时，其分界线以最上层踏步外沿加300mm计算。架空式混凝土台阶按现浇楼梯计算。

3．垂直运输

垂直运输是指施工工程在合理工期内所需的垂直运输机械，常见垂直运输设备有龙门架、塔吊、施工电梯。工程量可按建筑面积计算也可按施工工期日历天数计算。

项目特征包括建筑物建筑类型及结构形式，地下室建筑面积，建筑物檐口高度及层数。其中檐口高度是指设计室外地坪至檐口滴水的高度（平屋顶是指屋面板底高度），突出主体建筑物屋顶的电梯机房、楼梯出口间、水箱间、瞭望塔、排烟机房等不计入檐口高度。同一建筑物有不同檐高时，按建筑物的不同檐高做纵向分割，分别计算建筑面积，以不同檐高分别编码列项。

4．超高增加费

单层建筑物檐口高度超过20m，多层建筑物超过6层时（不包括地下室层数），可按超高部分的建筑面积计算超高施工增加费。同一建筑物有不同檐高时，按不同高度分别计算建筑面积，以不同檐高分别编码列项。

超高增加费包含建筑物超高引起的人工工效降低以及由于人工工效降低引起的机械降效，高层施工用水加压水泵的安装、拆除及工作台班，通信联络设备的使用及摊销。

5．大型机械进出场及安拆

安拆费包括施工机械、设备在现场进行安装拆卸所需人工、材料、机械和试运转费用，以及机械辅助设施的折旧、搭设、拆除等费用；进出场费包括施工机械、设备整体或分体自停放地点运至施工现场或由一施工地点运至另一施工地点所发生的运输、装卸、辅助材料等费用。工程量按使用机械设备的数量计算，单位：台次。

6．施工排水、降水

（1）成井按设计图示尺寸以钻孔深度计算，单位：m。

（2）排水、降水按排水、降水日历天数计算，单位：昼夜。

7．安全文明施工及其他措施项目

安全文明施工费是指工程施工期间按照国家现行的环境保护、建筑施工安全、施工现场环境与卫生标准等有关规定,购置和更新施工安全防护用具及设备,改善安全生产条件和作业环境所需要的费用。其他措施项目包括夜间施工费,非夜间施工照明,二次搬运、冬雨季施工、地上、地下设施、建筑物的临时保护设施,已完工程及设备保护等。

(1)安全文明施工。安全文明施工包含的具体范围如下:

① 环境保护。现场施工机械设备降低噪声、防扰民措施;水泥和其他易飞扬细颗粒建筑材料密闭存放或采取覆盖措施等;工程防扬尘洒水;土石方、建渣外运车辆防护措施等;现场污染源的控制、生活垃圾清理外运、场地排水排污措施;其他环境保护措施。

② 文明施工。"五牌一图";现场围挡的墙面美化(包括内外粉刷、刷白、标语等)、压顶装饰;现场厕所便槽刷白、贴墙砖,水泥砂浆地面或地砖,建筑物内临时便溺措施;其他施工现场临时设施的装饰装修、美化措施;现场生活卫生设施;符合卫生要求的饮水设备、淋浴、消毒等设施;生活用洁净燃料;防煤气中毒、防蚊虫叮咬等措施;施工现场操作场地的硬化;现场绿化、治安综合治理;现场配备医药保健器材、物品和急救人员培训;现场工人的防暑降温、电风扇、空调等设备及用电;其他文明施工措施。

③ 安全施工。安全资料、特殊作业专项方案的编制,安全施工标志的购置及安全宣传;"三安"(安全帽、安全带、安全网);"四口"(楼梯口、电梯井口、通道口、预留洞口);"五临边"(阳台围边、楼板围边、屋面围边、槽坑围边、卸料平台两侧);水平防护架、垂直防护架、外架封闭等防护;施工安全用电,包括配电箱三级配电、两级保护装置、外电防护措施;起重机、塔吊起重设备(含井架、门架)、外用电梯的安全防护措施(含警示标志)及卸料平台的临边防护、层间安全门、防护棚等设施;建筑工地起重机械的检验检测;施工机械防护棚及其围栏的安全保护设施;施工安全防护通道;工人的安全防护用品、用具购置;消防设施与消防器材的配置;电气保护、安全照明设施;其他安全防护措施。

④ 临时设施。施工现场采用彩色、定型钢板,砖、混凝土砌块等围挡的安砌、维修、拆除;施工现场临时建筑物、构筑物的搭设、维修、拆除,如临时宿舍、办公室、食堂、厨房、厕所、诊疗所、临时文化福利用房、临时仓库、加工场、搅拌台、临时简易水塔、水池等;施工现场临时设施的搭设、维修、拆除,如临时供水管道、临时供电管线、小型临时设施等;施工现场规定范围内临时建议道路铺设,临时排水沟、排水设施安砌、维修、拆除;其他临时设施搭设、维修、拆除。

(2)夜间施工。包含的内容及范围有:夜间固定照明灯具和临时可移动照明灯具设置、拆除。夜间施工时,施工现场交通标志、安全标牌、警示灯等的设置、移动、拆除;夜间照明设备及照明用电、施工人员夜班补助、夜间施工劳动效率降低等。

(3)非夜间施工照明。包含的内容及范围有:为保证工程施工正常进行,在地下室等特殊施工部位施工时所采用的照明设备的安拆、维护及照明用电等。

(4)二次搬运。包含的内容及范围有:由于施工现场条件限制而发生的材料、成品、半成品等一次运输不能到达堆放地点,必须进行的二次或多次搬运。

(5)冬雨季施工。包含的内容及范围有:冬雨(风)季施工时增加的临时设施(防寒保温、防雨、防风设施)的搭设拆除;冬雨(风)季施工时,对砌体、混凝土等采用的特殊加温、保温和养护措施;冬雨(风)季施工时,施工现场的防滑处理、对影响施工的雨雪的清除;冬雨

（风）季施工时增加的临时设施、施工人员的劳动保护用品、冬雨（风）季施工劳动效率降低等。

（6）地上、地下设施、建筑物的临时保护设施。包含的内容及范围有：在工程施工过程中，对已建成的地上、地下设施和建筑物进行遮盖、封闭、隔离等必要的保护措施。

（7）已完工程及设备保护。包含的内容及范围有：对已完工程及设备采取的覆盖、包裹、封闭、隔离等必要的保护措施。

第 7 章

工程量清单

7.1 概述

7.1.1 工程计价标准和特点

工程计价标准和依据主要包括计价活动的相关规章规程、工程量清单计价和计量规范、工程定额和相关造价信息。从我国现状来看,工程定额主要用于在项目建设前期各阶段对建设投资的预测和估计;在工程建设交易阶段,工程定额通常只能作为建设产品价格形成的辅助依据。工程量清单计价依据主要适用于合同价格形成以及后续的合同价格管理阶段。

1. 工程量清单计价一般规定

工程量清单是载明建设工程分部分项工程项目、措施项目、其他项目的名称和相应数量以及规费、税金项目等内容的明细清单,且工程量清单应采用综合单价计价。其中由招标人依据国家标准、招标文件、设计文件以及施工现场实际情况编制的,随招标文件发布供投标报价的工程量清单(包括其说明和表格)称为招标工程量清单;而构成合同文件组成部分的投标文件中已标明价格,经算术性错误修正(如有)且承包人已确认的工程量清单(包括其说明和表格)称为已标价工程量清单。采用工程量清单方式招标,招标工程量清单必须作为招标文件的组成部分,其准确性和完整性由招标人负责。招标工程量清单应以单位(项)工程为单位编制,由分部分项工程量清单、措施项目清单、其他项目清单、规费项目清单、税金项目清单组成。

工程量清单计价和计量规范由《建设工程工程量清单计价规范》(GB 50500—2013)、《房屋建筑与装饰工程工程量计算规范》(GB 50854—2013)、《仿古建筑工程工程量计算规范》(GB 50855—2013)、《通用安装工程工程量计算规范》(GB 50856—2013)、《市政工程工程量计算规范》(GB 50857—2013)、《园林绿化工程工程量计算规范》(GB 50858—2013)、《矿山工程工程量计算规范》(GB 50859—2013)、《构筑物工程工程量计算规范》(GB 50860—2013)、《城市轨道交通工程工程量计算规范》(GB 50861—2013)、《爆破工程工程量计算规范》(GB 50862—2013)等组成。

2.《建设工程工程量清单计价规范》

《建设工程工程量清单计价规范》(GB 50500—2013)(以下简称《计价规范》)包括总则、术语、一般规定、工程量清单编制、招标控制价、投标报价、合同价款约定、工程计量、合同价款调整、合同价款期中支付、竣工结算与支付、合同解除的价款结算与支付、合同价款争议的解决、工程造价鉴定、工程计价资料与档案、工程计价表格及 11 个附录。

3．工程量清单计价的特点

1）提供一个平等竞争的条件

采用施工图预算来投标报价，由于设计图纸的缺陷，不同施工企业的人员理解不一，计算出的工程量也不同，报价就更相去甚远，也容易产生纠纷。而工程量清单报价就为投标者提供了一个平等竞争的条件，相同的工程量，由企业根据自身的实力来填不同的单价。投标人的这种自主报价，使得企业的优势体现到投标报价中，可在一定程度上规范建筑市场秩序，确保工程质量。

2）满足市场经济条件下竞争的需要

招投标过程就是竞争的过程，招标人提供工程量清单，投标人根据自身情况确定综合单价，利用单价与工程量逐项计算每个项目的合价，再分别填入工程量清单表内，计算出投标总价。单价成了决定性的因素，定高了不能中标，定低了又要承担过大的风险。单价的高低直接取决于企业管理水平和技术水平的高低，这种局面促成了企业整体实力的竞争，有利于我国建设市场的快速发展。

3）有利于提高工程计价效率，能真正实现快速报价

采用工程量清单计价方式，避免了传统计价方式下招标人与投标人在工程量计算上的重复工作，各投标人以招标人提供的工程量清单为统一平台，结合自身的管理水平和施工方案进行报价，促进了各投标人企业定额的完善和工程造价信息的积累和整理，体现了现代工程建设中快速报价的要求。

4）有利于工程款的拨付和工程造价的最终结算

中标后，业主要与中标单位签订施工合同，中标价就是确定合同价的基础，投标清单上的单价就成了拨付工程款的依据。业主根据施工企业完成的工程量，可以很容易地确定进度款的拨付额。工程竣工后，根据设计变更、工程量增减等，业主也很容易确定工程的最终造价，可在某种程度上减少业主与施工单位之间的纠纷。

5）有利于业主对投资的控制

采用现在的施工图预算形式，业主对因设计变更、工程量的增减所引起的工程造价变化不敏感，往往等到竣工结算时才知道这些变更对项目投资的影响有多大，但此时常常是为时已晚。而采用工程量清单报价的方式则可对投资变化一目了然，在要进行设计变更时，能马上知道它对工程造价的影响，业主就能根据投资情况来决定是否变更或进行方案比较，以决定最恰当的处理方法。

4．工程量清单计价的适用范围

计价规范适用于建设工程发承包及其实施阶段的计价活动。使用国有资金投资的建设工程发承包，必须采用工程量清单计价；非国有资金投资的建设工程，宜采用工程量清单计价；不采用工程量清单计价的建设工程，应执行计价规范中除工程量清单等专门性规定外的其他规定。

国有资金投资的项目包括全部使用国有资金（含国家融资资金）投资或国有资金投资为

主的工程建设项目。

（1）国有资金投资的工程建设项目包括：

① 使用各级财政预算资金的项目。

② 使用纳入财政管理的各种政府性专项建设资金的项目。

③ 使用国有企事业单位自由资金，并且国有资产投资者实际拥有控制权的项目。

（2）国家融资资金投资的工程建设项目包括：

① 使用国家发行债券所筹资金的项目。

② 使用国家对外借款或者担保所筹资金的项目。

③ 使用国家政策性贷款的项目。

④ 国家授权投资主体融资的项目。

⑤ 国家特许的融资项目。

（3）国有资金（含国家融资资金）为主的工程建设项目是指国有资金占投资总额 50％以上，或虽不足 50％但国有投资者实质上拥有控股权的工程建设项目。

7.1.2　工程量清单计价的基本程序

工程量清单计价的过程可以分为两个阶段，即工程量清单的编制和工程量清单应用。工程量清单的编制程序如图 7-1 所示，工程量清单应用过程如图 7-2 所示。

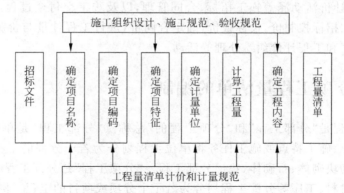

图 7-1　工程量清单编制程序

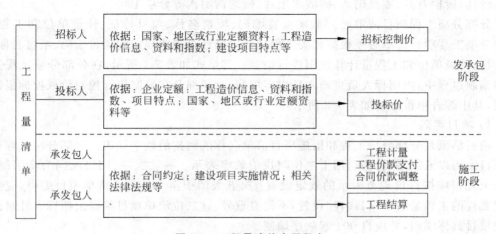

图 7-2　工程量清单应用程序

工程量清单计价基本原理：按照工程量清单计价规范规定，在各相应专业工程计量规范规定的工程量清单项目设置和工程量计算规则基础上，针对具体工程的施工图纸和施工组织设计计算出各个清单项目的工程量，根据规定的方法计算出综合单价，并汇总各清单合价得出工程总价。

（1）分部分项工程费 $= \sum$（分部分项工程量 × 相应分部分项综合单价）　　　　　（7-1）

（2）措施项目费 $= \sum$ 各措施项目费　　　　　（7-2）

（3）其他项目费 $=$ 暂列金额 + 暂估价 + 计日工 + 总承包服务费　　　　　（7-3）

（4）单位工程报价 $=$ 分部分项工程费 + 措施项目费 +

　　　　　　　　　　　其他项目费 + 规费 + 税金　　　　　（7-4）

（5）单项工程报价 $= \sum$ 单位工程报价　　　　　（7-5）

（6）建设项目总报价 $= \sum$ 单项工程报价　　　　　（7-6）

公式中，综合单价是指完成一个规定清单项目所需的人工费、材料和工程设备费、施工机具使用费和企业管理费、利润，以及一定范围内的风险费用。风险费用是隐含于已标价工程量清单综合单价中，用于化解发承包双方在工程合同中约定内容和范围内的市场价格波动风险的费用。

工程量清单计价活动涵盖施工招标、合同管理，以及竣工交付全过程，主要包括：编制招标工程量清单、招标控制价、投标报价，确定合同价，进行工程计量与价款支付、合同价款的调整、工程结算和工程计价纠纷处理等活动。

7.2　分部分项工程量清单的编制

分部分项工程是"分部工程"和"分项工程的"总称。"分部工程"是单位工程的组成部分，是按结构部位、施工特点或施工任务将单位工程划分为若干分部的工程。例如，砌筑工程分为砖砌体、砌块砌体、石砌体、垫层分部工程。"分项工程"是分部工程的组成部分，是按不同施工方法、材料、工序等分部工程划分为若干个分项或项目的工程。例如砖砌体分为砖基础、砖砌挖孔桩护壁、实心砖墙、多孔砖墙、空心砖墙、空斗墙、空花墙、填充墙、实心砖柱、多孔砖柱、砖检查井、零星砌砖、砖散水地坪、砖地沟明沟等分项工程。

分部分项工程项目清单必须载明项目编码、项目名称、项目特征、计量单位和工程量。分部分项工程项目清单必须根据相关工程现行国家计量规范规定的项目编码、项目名称、项目特征、计量单位和工程量计算规则进行编制。其格式如表 7-1 所示，在分部分项工程量清单的编制过程中，由招标人负责前六项内容填列，金额部分在编制招标控制价或投标报价时填列，其中综合单价分析如表 7-2 所示。

1）项目编码

项目编码是分部分项工程和措施项目清单名称的阿拉伯数字标识。分部分项工程量清单项目编码以五级编码设置，用十二位阿拉伯数字表示。一、二、三、四级编码为全国统一，即一至九位应按计价规范附录的规定设置；第五级即十至十二位为清单项目编码，应根据拟建工程的工程量清单项目名称设置，不得有重号，这三位清单项目编码由招标人针对招标工程项目具体编制，并应自 001 起顺序编制。

表 7-1　分部分项工程和单价措施项目清单与计价表

工程名称：　　　　　　　　　　标段：　　　　　　　第　页　共　页

序号	项目编码	项目名称	项目特征描述	计量单位	工程量	金额/元		
						综合单价	合价	其中：暂估价
1								
2								
⋮								
			本页小计					
			合计					

表 7-2　工程量清单综合单价分析表

工程名称：　　　　　　　　　　标段：　　　　　　　第　页　共　页

项目编码				项目名称			计量单位		
清单综合单价组成明细									
定额编号	定额名称	定额单位	数量	单价/元				合价/元	

定额编号	定额名称	定额单位	数量	人工费	材料费	机械费	管理费和利润	人工费	材料费	机械费	管理费和利润
人工单价			小计								
元/工日			未计价材料费								
清单项目综合单价											

材料费明细	主要材料名称、规格、型号	单位	数量	单价/元	合价/元	暂估单价/元	暂估合价/元
	其他材料费			—		—	
	材料费小计			—		—	

各级编码代表的含义如下：

（1）第一级表示专业工程代码（分二位）。

（2）第二级表示附录分类顺序码（分二位）。

（3）第三级表示分部工程顺序码（分二位）。

（4）第四级表示分项工程项目名称顺序码（分三位）。

（5）第五级表示工程量清单项目名称顺序码（分三位）。

项目编码结构如下所示（以房屋建筑与装饰工程为例）：

$$01—04—01—001—×××$$

从左向右：

第一级（01）：专业工程代码，01 表示房屋建筑与装饰工程。

第二级（04）：附录分类顺序码，04 表示砌筑工程。

第三级（01）：分部工程顺序码，01 表示砖砌体。

第四级（001）：分项工程项目名称顺序码，001 表示砖基础。

第五级（×××）：工程量清单项目名称顺序码（由工程量清单编制人编制，从 001 开始）。

当同一标段（或合同段）的一份工程量清单中含有多个单位工程且工程量清单是以单位工程为编制对象时，在编制工程量清单时应特别注意对项目编码十至十二位的设置不得有重码的规定。例如一个标段（或合同段）的工程量清单中含有三个单位工程，每一单位工程中都有项目特征相同的实心砖墙砌体，在工程量清单中又需反映三个不同单位工程的实心砖墙砌体工程量时，则第一个单位工程的实心砖墙的项目编码应为 010401003001，第二个单位工程的实心砖墙的项目编码应为 010401003002，第三个单位工程的实心砖墙的项目编码应为 010401003003，并分别列出各单位工程实心砖墙的工程量。

2）项目名称

分部分项工程量清单的项目名称应按各专业工程计量规范附录的项目名称结合拟建工程的实际确定。附录表中的"项目名称"为分项工程项目名称，是形成分部分项工程量清单项目名称的基础。即在编制分部分项工程量清单时，以附录中的分项工程项目名称为基础，考虑该项目的规格、型号、材质等特征要求，结合拟建工程的实际情况，使其工程量清单项目名称具体化、细化，以反映影响工程造价的主要因素。例如"门窗工程"中"特殊门"应区分"冷藏门""冷冻闸门""保温门""变电室门""隔声门""人防门""金库门"等。清单项目名称应表达详细、准确，各专业工程计量规范中的分项工程项目名称如有缺陷，招标人可作补充，并报当地工程造价管理机构（省级）备案。

3）项目特征

项目特征是构成分部分项工程项目、措施项目自身价值的本质特征。项目特征是对项目的准确描述，是确定一个清单项目综合单价不可缺少的重要依据，是区分清单项目的依据，是履行合同义务的基础。分部分项工程量清单的项目特征应按各专业工程计量规范附录中规定的项目特征，结合技术规范、标准图集、施工图纸，按照工程结构、使用材质及规格或安装位置等，予以详细而准确地表述和说明。凡项目特征中未描述到的其他独有特征，由清单编制人视项目具体情况确定，以准确描述清单项目为准。

在各专业工程计量规范附录中还有关于各清单项目"工作内容"的描述。工作内容是指完成清单项目可能发生的具体工作和操作程序，但应注意的是，在编制分部分项工程量清单时，工作内容通常无需描述，因为在计价规范中，工程量清单项目与工程量计算规则、工作内容有一一对应关系，当采用计价规范这一标准时，工作内容均有规定。

4）计量单位

计量单位应采用基本单位，除各专业另有特殊规定外均按以下单位计量：

（1）以重量计算的项目——吨或千克（t 或 kg）。

（2）以体积计算的项目——立方米（m³）。

（3）以面积计算的项目——平方米（m²）。

（4）以长度计算的项目——米（m）。

（5）以自然计量单位计算的项目——个、套、块、樘、组、台……

（6）没有具体数量的项目——宗、项……

各专业有特殊计量单位的另外加以说明，当计量单位有两个或两个以上时，应根据所编工程量清单项目的特征要求，选择最适宜表现该项目特征并方便计量的单位。

计量单位的有效位数应遵守下列规定：

① 以"t"为单位，应保留小数点后三位数字，第四位小数四舍五入。

② 以"m""m²""m³""kg"为单位，应保留小数点后两位数字，第三位小数四舍五入。

③ 以"个""件""根""组""系统"等为单位，应取整数。

5）工程数量的计算

工程数量主要通过工程量计算规则计算得到。工程量计算规则是指对清单项目工程量的计算规定。除另有说明外，所有清单项目的工程量应以实体工程量为准，并以完成后的净值计算；投标人投标报价时，应在单价中考虑施工中的各种损耗和需要增加的工程量。

根据工程量清单计价与计量规范的规定，工程量计算规则可以分为房屋建筑与装饰工程、仿古建筑工程、通用安装工程、市政工程、园林绿化工程、矿山工程、构筑物工程、城市轨道交通工程、爆破工程九大类。

以房屋建筑与装饰工程为例，其计量规范中规定的实体项目包括土石方工程，地基处理与边坡支护工程，桩基工程，砌筑工程，混凝土及钢筋混凝土工程，金属结构工程，木结构工程，门窗工程，屋面及防水工程，保温、隔热、防腐工程，楼地面装饰工程，墙、柱面装饰与隔断、幕墙工程，天棚工程，油漆、涂料、裱糊工程，其他装饰工程，拆除工程等，分别制定了它们的项目设置和工程量计算规则。

【例 7-1】　土方工程工程量清单的描述见表 7-3。

表 7-3　土方工程量清单

序号	项目编码	项目名称	项目特征	计量单位	工程数量
1	010101004001	挖基坑土方	1. 土壤类别：综合 2. 基础类型：满堂基础 3. 垫层底面积：45m×15m 4. 挖土深度：4.5m 5. 弃土运距：土方外运	m³	2500.00
2	010101004002	挖基坑土方	1. 土壤类别：综合 2. 基础类型：满堂基础 3. 垫层底面积：45m×15m 4. 挖土深度：4.5m 5. 弃土运距：土方外运 6. 基底钎探：人工打钎	m³	2500.00
3	010103001001	回填方	1. 回填部位：基础回填土 2. 土质要求：一般素土 3. 密实度要求：≥0.97，夯填 4. 取土运距：黄土外购	m³	1600.00
4	010103001002	回填方	1. 回填部位：室内回填土 2. 土质要求：一般素土 3. 密实度要求：按规范要求，夯填 4. 取土运距：黄土外购	m³	350.00

【例 7-2】 某工程一砖厚多孔砖外墙 30m³，设计为 M10 混合砂浆砌筑，其分部分项清单见表 7-4。

表 7-4 多孔砖外墙分部分项工程量清单

序号	项目编码	项目名称	项目特征	计量单位	工程数量
1	010304001001	多孔砖墙	1. 墙体类型：外墙 2. 墙体厚度：240 3. 砖规格强度等级：MU10 承重多孔砖 4. 砂浆强度等级：M10 混合砂浆	m³	30.00

随着工程建设中新材料、新技术、新工艺等的不断涌现，计量规范附录所列的工程量清单项目不可能包含所有项目。在编制工程量清单时，当出现计量规范附录中未包括的清单项目时，编制人应作补充。在编制补充项目时应注意以下三个方面：

(1) 补充项目的编码应按计量规范的规定确定。具体做法如下：补充项目的编码由计量规范的代码与 B 和三位阿拉伯数字组成，并应从 001 起顺序编制，例如，房屋建筑与装饰工程如需补充项目，则其编码应从 01B001 开始起顺序编制，同一招标工程的项目不得重码。

(2) 在工程量清单中应附补充项目的项目名称、项目特征、计量单位、工程量计算规则和工作内容。

(3) 将编制的补充项目报省级或行业工程造价管理机构备案。

【例 7-3】 某地区某工程项目补充项目清单编制。桩与地基基础工程项目清单见表 7-5，混凝土及钢筋混凝土工程项目清单见表 7-6。

表 7-5 桩与地基基础工程项目清单

项目编码	项目名称	项目特征	计量单位	工程量计算规则	工程内容
010201B001	截、凿桩	1. 桩类 2. 余桩长度	根	按设计图示数量计算	1. 截、凿余桩 2. 碎混凝土运至坑外

表 7-6 混凝土及钢筋混凝土工程项目清单

项目编码	项目名称	项目特征	计量单位	工程量计算规则	工程内容
010407B001	钢筋混凝土化粪池	1. 池类型、规格 2. 垫层材料种类、厚度 3. 板壁厚度 4. 混凝土强度等级 5. 砂浆强度等级、配合比 6. 板壁抹灰种类、厚度	座	按设计图示数量计算	1. 土方挖运 2. 砂浆制作、运输 3. 铺设垫层 4. 混凝土制作、运输、浇筑、振捣、养护 5. 池底、壁抹灰 6. 回填 7. 材料运输

7.3 措施项目清单的编制

1. 措施项目列项

措施项目是指为完成工程项目施工,发生于该工程施工准备和施工过程中的技术、生活、安全、环境保护等方面的项目。

措施项目清单应根据相关工程现行国家计量规范的规定编制,并应根据拟建工程的实际情况列项。例如,《房屋建筑与装饰工程工程量计算规范》(GB 50854—2013)中规定的措施项目,包括脚手架工程,混凝土模板及支架(撑),垂直运输,超高施工增加,大型机械设备进出场及安拆,施工排水、降水,安全文明施工及其他措施项目。

2. 措施项目清单的标准格式

1) 措施项目清单的类别

根据《计价规范》规定,措施项目清单必须根据相关工程现行国家计量规范的规定编制。规范中将措施项目分为可以计量和不可以计量两大类。对于不能计量的措施项目(即总价措施项目)如安全文明施工,夜间施工,非夜间施工照明,二次搬运,冬雨季施工,地上、地下设施,建筑物的临时保护设施,已完工程及设备保护等,措施项目清单中仅列出了项目编码、项目名称,并以"项"为计量单位进行编制(表 7-7)。对于可以计算工程量的措施项目,如脚手架工程,混凝土模板及支架(撑),垂直运输,超高施工增加,大型机械设备进出场及安拆,施工排水、降水等,这类措施项目按照分部分项工程量清单的方式采用综合单价计价,列出项目编码、项目名称、项目特征、计量单位和工程量计算规则(表 7-8)。

表 7-7 总价措施项目清单与计价表

工程名称: 标段: 第 页 共 页

序号	项目编码	项 目 名 称	计算基础	费率/%	金额/元
1		安全文明施工费			
2		夜间施工费			
3		二次搬运费			
4		冬雨季施工费			
5		非夜间施工照明			
6		地上、地下设施、建筑物的临时保护设施费			
7		已完工程及设备保护费			
8		各专业工程的措施项目费			
⋮					

表 7-8　单价措施项目清单与计价表

工程名称：　　　　　　　　　　标段：　　　　　　　　　　第　页　共　页

序号	项目编码	项目名称	项目特征描述	计量单位	工程量	金额/元	
						综合单价	合价
1							
2							
⋮							
本页小计							
合计							

注：本表适用于以综合单价形式计价的措施项目。

2）措施项目清单的编制

措施项目清单的编制需考虑多种因素，除工程本身的因素外，还涉及水文、气象、环境、安全等因素。措施项目清单应根据拟建工程的实际情况列项。若出现清单计价规范中未列的项目，可根据工程实际情况补充。

措施项目清单的编制依据主要有：

（1）施工现场情况、地勘水文资料、工程特点。

（2）常规施工方案。

（3）与建设工程有关的标准、规范、技术资料。

（4）拟定的招标文件。

（5）建设工程设计文件及相关资料。

7.4　清单的编制

其他项目清单是指除分部分项工程量清单、措施项目清单所包含的内容以外，因招标人的特殊要求而发生的与拟建工程有关的其他费用项目和相应数量的清单。工程建设标准的高低、工程的复杂程度、工程的工期长短、工程的组成内容、发包人对工程管理要求等都直接影响其他项目清单的具体内容。

其他项目清单应按照暂列金额、暂估价、计日工、总承包服务费等内容列项。

若出现未列的项目，应根据工程实际情况进行补充。其他项目清单宜按照表 7-9 的格式编制。

表 7-9　其他项目清单与计价汇总表

工程名称：　　　　　　　　　　标段：　　　　　　　　　　第　页　共　页

序号	项　目　名　称	计量单位	金额/元	备注
1	暂列金额			
2	暂估价			
2.1	材料（工程设备）暂估价/结算价			
2.2	专业工程暂估价/结算价			
3	计日工			

续表

序号	项　目　名　称	计量单位	金额/元	备注
4	总承包服务费			
5	索赔与现场签证			
⋮				
合计				

注：材料（工程设备）暂估单价进入清单项目综合单价，此处不汇总。

1. 暂列金额

暂列金额是指招标人在工程量清单中暂定并包括在合同价款中的一笔款项。用于工程合同签订时尚未确定或者不可预见的所需材料、工程设备、服务的采购，施工中可能发生的工程变更、合同约定调整因素出现时的合同价款调整，以及发生的索赔、现场签证确认等的费用。不管采用何种合同形式，其理想的标准是，一份合同的价格就是其最终的竣工结算价格，或者至少两者应尽可能接近。我国规定对政府投资工程实行概算管理，经项目审批部门批复的设计概算是工程投资控制的刚性指标，即使商业性开发项目也有成本的预先控制问题，否则，无法相对准确预测投资的收益和科学合理地进行投资控制。但工程建设自身的特性决定了工程的设计需要根据工程进展不断地进行优化和调整，业主需求可能会随工程建设进展出现变化，工程建设过程还会存在一些不能预见、不能确定的因素。消化这些因素必然会影响合同价格的调整，暂列金额正是因这类不可避免的价格调整而设立的，以便达到合理确定和有效控制工程造价的目标。设立暂列金额并不能保证合同结算价格就不会再出现超过合同价格的情况，是否超出合同价格完全取决于工程量清单编制人对暂列金额预测的准确性，以及工程建设过程是否出现了其他事先未预测到的事件。

暂列金额应根据工程特点，按有关计价规定估算。暂列金额可按照表 7-10 的格式编制。

表 7-10　暂列金额明细表

工程名称：　　　　　　　　　标段：　　　　　　　　第　页　共　页

序号	项目名称	计量单位	暂定金额/元	备注
1				
2				
⋮				
合计				

注：此表由招标人填写，如不能详列，也可只列暂定金额总额，投标人应将上述暂列金额计入投标总价中。

2. 暂估价

暂估价是指招标人在工程量清单中提供的用于支付必然发生但暂时不能确定价格的材料、工程设备的单价以及专业工程的金额，包括材料暂估单价、工程设备暂估单价和专业工程暂估价；暂估价类似于 FIDIC 合同条款中的 Prime Cost Items，在招标阶段预见肯定要发生，只是因为标准不明确或者需要由专业承包人完成，暂时无法确定价格。暂估价数量和拟用项目应当结合工程量清单中的"暂估价表"予以补充说明。为方便合同管理，需要纳入分部分项工程量清单项目综合单价中的暂估价应只是材料、工程设备暂估单价,以方便投标人组价。

专业工程的暂估价一般应是综合暂估价,同样包括人工费、材料费、施工机具使用费、企业管理费和利润,不包括规费和税金。总承包招标时,专业工程设计深度往往是不够的,一般需要交由专业设计人设计。国际上,出于对提高可建造性的考虑,一般由专业承包人负责设计,以发挥其专业技能和专业施工经验的优势。这类专业工程交由专业分包人完成是国际工程的良好实践,目前在我国工程建设领域也已经比较普遍。公开透明地合理确定这类暂估价的实际开支金额的最佳途径就是通过施工总承包人与工程建设项目招标人共同组织的招标。

暂估价中的材料、工程设备暂估单价应根据工程造价信息或参照市场价格估算,列出明细表;专业工程暂估价应分不同专业,按有关计价规定估算,列出明细表。暂估价可按照表 7-11 和表 7-12 的格式编制。

表 7-11　材料(工程设备)暂估单价及调整表

工程名称:　　　　　　　　　　　标段:　　　　　　　　　　第　页　共　页

序号	材料(工程设备)名称、规格、型号	计量单位	数量		暂估金额/元		确认金额/元		差额±/元		备注
			暂估	确认	单价	合价	单价	合价	单价	合价	
1											
2											
⋮											
	合计										

注:此表由招标人填写"暂估单价",并在备注栏说明暂估价的材料、工程设备拟用在哪些清单项目上,投标人应将上述材料、工程设备暂估价计入工程量清单综合单价报价中。

表 7-12　专业工程暂估价及结算价表

工程名称:　　　　　　　　　　　标段:　　　　　　　　　　第　页　共　页

序号	工程名称	工程内容	暂估金额/元	结算金额/元	差额±/元	备注
1						
2						
3						
⋮						
	合计					

注:此表"暂估金额"由招标人填写,投标人应将"暂估金额"计入投标总价中。结算时按合同约定结算金额填写。

3. 计日工

计日工在施工过程中,承包人完成发包人提出的工程合同范围以外的零星项目或工作,按合同中约定的单价计价的一种方式。计日工是为了解决现场发生的零星工作的计价而设立的。国际上常见的标准合同条款中,大多数都设立了计日工(daywork)计价机制。计日工对完成零星工作所消耗的人工工时、材料数量、施工机械台班进行计量,并按照计日工表中填报的适用项目的单价进行计价支付。计日工适用的所谓零星项目或工作一般是指合同约定之外的或者因变更而产生的、工程量清单中没有相应项目的额外工作,尤其是那些难以事先商定价格的额外工作。

计日工应列出项目名称、计量单位和暂估数量。计日工可按照表 7-13 的格式编制。

表 7-13 计日工表

工程名称:　　　　　　　　　标段:　　　　　　　　第 页 共 页

编号	项目名称	单位	暂定数量	实际数量	综合单价/元	合价/元	
						暂定	实际
一	人工						
1							
2							
⋮							
人工小计							
二	材料						
1							
2							
⋮							
材料小计							
三	施工机械						
1							
2							
⋮							
施工机械小计							
四	企业管理费和利润						
总计							

注:此表项目名称、暂定数量由招标人填写,编制招标控制价时,单价由招标人按有关计价规定确定;投标时,单价由投标人自主报价,按暂定数量计算合价计入投标总价中。结算时,按发承包双方确认的实际数量计算合价。

4. 总承包服务费

总承包服务费是指总承包人为配合协调发包人进行的专业工程发包,对发包人自行采购的材料、工程设备等进行保管以及施工现场管理、竣工资料汇总整理等服务所需的费用。招标人应预计该项费用并按投标人的投标报价向投标人支付该项费用。总承包服务费应列出服务项目及其内容等,按照表 7-14 的格式编制。

表 7-14 总承包服务费计价表

工程名称:　　　　　　　　　标段:　　　　　　　　第 页 共 页

序号	项目名称	项目价值/元	服务内容	计算基础	费率/%	金额/元
1	发包人发包专业工程					
2	发包人提供材料					
⋮						
	合 计	—	—	—		—

注:此表项目名称、服务内容由招标人填写,编制招标控制价时,费率及金额由招标人按有关计价规定确定;投标时,费率及金额由投标人自主报价,计入投标总价中。

7.5　规费、税金清单的编制

1) 规费项目清单应按照下列内容列项：

(1) 社会保险费：包括养老保险费、失业保险费、医疗保险费、工伤保险费、生育保险费；

(2) 住房公积金；

(3) 工程排污费。

若出现上述未列的项目，应根据省级政府或省级有关部门的规定列项。

2) 税金项目清单应包括下列内容：

(1) 增值税；

(2) 城市维护建设税；

(3) 教育费附加；

(4) 地方教育费附加。

若出现上述未列的项目，应根据税务部门的规定列项。

规费、税金项目计价表按照表 7-15 的格式编制。

表 7-15　规费、税金项目计价表

工程名称：　　　　　　　　标段：　　　　　　　　　　　第　页　共　页

序号	项目名称	计 算 基 础	计算基数	计算费率/%	金额/元
1	规费	定额人工费			
1.1	社会保障费	定额人工费			
(1)	养老保险费				
(2)	失业保险费				
(3)	医疗保险费				
(4)	工伤保险费				
(5)	生育保险费				
1.2	住房公积金				
1.3	工程排污费				
2	税金	分部分项工程费＋措施项目费＋其他项目费＋规费－按规定不计税的工程设备金额			
		合计			

编制人(造价人员)：　　　　　复核人(造价工程师)：

第 8 章

工程量清单计价

8.1 概述

工程量清单计价方法是一种区别于定额计价模式的新的计价模式,主要是由市场定价。其基本原理是:招标人按照国家统一的《计价规范》,提供工程数量清单,由投标人根据招标文件、设计文件、施工组织设计、企业定额、国家或地区的计价文件等计算和确定工程量清单项目所需要的全部费用,包括分部分项工程费、措施项目费、其他项目费、规费和税金五部分,并按照合理低价中标的计价模式自主报价。这种计价模式是建筑市场定价体系的具体表现形式。

8.1.1 工程量清单计价的基本过程

工程量清单计价的基本过程可以描述为两个阶段:在统一的工程量计算规则的基础上,根据具体工程的施工图纸计算出各个清单项目的工程量,再根据各种渠道所获得的工程造价信息和经验数据计算得到工程造价。简单地说就是工程量清单的编制(其编制程序如图 8-1 所示)和工程量清单的应用(其应用过程如图 8-2 所示)。

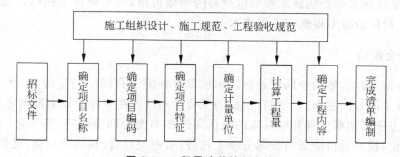

图 8-1 工程量清单编制程序

8.1.2 工程量清单计价的内容

工程量清单的编制详见第 7 章,工程量清单计价应用过程中,主要内容如下。

1. 招标控制价

《计价规范》规定,国有资金投资的工程建设项目应实行工程量清单招标,招标人应编制招标控制价。招标控制价是指由招标人根据国家或省级、行业建设主管部门颁发的有关计

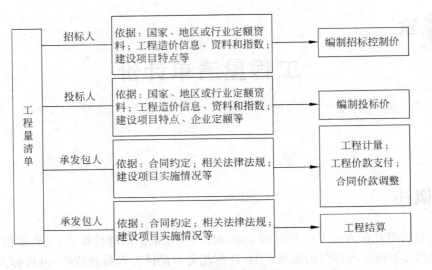

图 8-2　工程量清单的应用

价依据和办法,以及拟定的招标文件和招标工程量清单,结合工程具体情况编制的招标工程的最高投标限价,也可称其为拦标价、预算控制价或最高报价。

2. 投标报价

《计价规范》规定,投标价是投标人参与工程项目投标时报出的工程合同价。即投标价是指在工程招标发包过程中,由投标人或受其委托具有相应资质的工程造价咨询人按照招标文件的要求以及有关计价规定,依据发包人提供的工程量清单、施工设计图纸,结合工程项目特点、施工现场情况及企业自身的施工技术、装备和管理水平等,自主确定的工程造价。

投标价是投标人希望达成工程承包交易的期望价格,但不能高于招标人设定的招标控制价。同时,投标价也不得低于工程成本。

3. 签约合同价

《计价规范》规定,签约合同价是指发承包双方在施工合同中约定的,包括了暂列金额、暂估价、计日工的合同总金额。实行招标的工程合同价应在中标通知书发出之日起 30d 内,由发承包双方依据招标文件和中标人的投标文件在书面合同中约定,签约合同价就是中标人的投标总价,投标总价应当与分部分项工程费、措施项目费、其他项目费、规费和税金的合计一致,不得实行总价优惠。非招标工程的合同价格,双方根据工程预算书在协议书内约定。

4. 竣工结算价

《计价规范》规定,竣工结算价是指发、承包双方依据国家有关法律、法规和标准规定,按照合同约定确定的,包括在履行合同过程中按合同约定进行的工程变更、索赔和价款调整,是承包人按合同约定完成了全部承包工作后,发包人应付给承包人的合同总金额。

8.2　工程量清单计价的方法

采用工程量清单计价,建筑安装工程造价应由分部分项工程费、措施项目费、其他项目费、规费和税金五部分组成。

8.2.1　分部分项工程费的计算

分部分项工程费是指图纸范围内的全部"实体项目"的费用,其计算如下:

$$分部分项工程费 = \sum 分部分项工程量 \times 分部分项工程综合单价 \qquad (8-1)$$

计算分部分项工程费需要解决两个核心问题,即确定分部分项工程的工程量及其综合单价。

1. 分部分项工程量的确定

招标文件中的工程量清单标明的工程量是招标人编制招标控制价和投标人投标报价的共同基础,它是工程量清单编制人按施工图示尺寸和工程量清单计算规则计算得到的工程净量。但该工程量不能作为承包人在履行合同义务中应予完成的实际和准确的工程量,发承包双方进行工程竣工结算时的工程量应按发承包双方在合同中约定应予计量且实际完成的工程量确定。

> **【例 8-1】**　某 8 层框架结构体系办公楼,二类建筑场地,设计采用钢筋混凝土灌注桩基础,混凝土强度等级为 C30,设计桩长为 20m,桩径为 0.8m,数量为 200 根。某投标人拟定施工方案为混凝土浇筑高度超过设计高度 1m,并据此进行报价。中标后,由于地质条件变化,设计变更桩长为 25m,数量为 180 根,其余条件不变,施工单位最终实际灌注桩浇筑高度比变更后高出 1.2m。试计算灌注桩工程清单工程量及结算时实际工程量。
>
> **【解】**　(1) 清单工程量 $V = \left(\dfrac{1}{4} \times 3.14 \times 0.8^2 \times 20 \times 200 \right) m^3 = 2009.6 m^3$
>
> (2) 结算工程量 $V = \left(\dfrac{1}{4} \times 3.14 \times 0.8^2 \times 25 \times 180 \right) m^3 = 2260.8 m^3$

2. 综合单价的编制

《计价规范》规定,分部分项工程和措施项目清单应采用综合单价计价。所谓综合单价是指完成一个规定清单项目所需的人工费、材料和工程设备费、施工机具使用费和企业管理费、利润以及一定范围内的风险费用。该定义并不是真正意义上的全费用综合单价,而是一种狭义上的综合单价,规费和税金等不可竞争的费用并不包括在项目单价中。

1) 综合单价的作用

综合单价的确定是工程量清单计价的核心,是反映投标人投标意图及管理水平,进行合同结算的依据。具体作用如下:

(1) 是工程量清单计价的核心内容;

(2) 是投标人进行投标决策的依据;

（3）是评标的主要对象；

（4）是投标人整体实力的反映；

（5）是工程款结算、调整、索赔的依据。

2）综合单价的编制步骤

（1）确定组价定额子目

清单项目一般以一个"综合实体"考虑，包括了较多的工程内容，计价时，可能出现一个清单项目对应多个定额子目的情况。因此计算综合单价的第一步就是将清单项目的工程内容与定额项目的工程内容进行比较，结合清单项目的特征描述，确定拟组价清单项目应该由哪几个定额子目来组合。分析清单项目名称下面的工作内容时，要结合计价规范附录中相应项目的"工作内容"进行。如计价规范附录 A 中 010101002"挖一般土方"项目，其"工作内容"包括：排地表水、土方开挖、围护（挡土板）及拆除、基底钎探、运输等，而按某省消耗量定额分别列有挖基础土方、场内土方运输、基底钎探、场外土方运输等项目。所以不论是招标人确定招标控制价，还是投标人编制投标价，都要根据所采用的定额，先确定清单项目所综合的分项工程，即组价定额子目，之后再进行组价。

（2）计算定额子目工程量

由于一个清单项目可能对应几个定额子目，而清单工程量计算的是主项工程量，与各定额子目的工程量可能并不一致；即便一个清单项目对应一个定额子目，也可能由于清单工程量计算规则与所采用的定额工程量计算规则之间的差异，而导致二者的计价单位和计算出来的工程量不一致。因此，清单工程量不能直接用于计价，在计价时必须考虑施工方案等各种影响因素，根据所采用的计价定额及相应的工程量计算规则重新计算各定额子目的施工工程量。定额子目工程量的具体计算方法，应严格按照与所采用的定额相对应的工程量计算规则计算。

（3）测算人、料、机械消耗量

将每个清单项目所分解的分项工程工程量，套用计价定额（企业定额或消耗量定额）得到人、料、机械消耗量，人、料、机械的消耗量一般参照定额进行确定。在编制招标控制价时一般参照政府颁发的消耗量定额；编制投标报价时一般采用反映企业水平的企业定额，投标企业没有企业定额时可参照消耗量定额进行调整。

（4）确定人、料、机械单价

人工单价、材料价格和施工机械台班单价，应根据工程项目的具体情况及市场资源的供求状况进行确定，采用市场价格作为参考，并考虑一定的调价系数。

（5）计算清单项目的人、料、机械总费用

按确定的分项工程人工、材料和机械的消耗量及询价获得的人工单价、材料单价、施工机械台班单价，与相应的计价工程量相乘得到各定额子目的人、料、机总费用，将各定额子目的人、料、机总费用汇总后算出清单项目的人、料、机总费用。

$$人、料、机总费用 = \sum 计价工程量 \times (\sum 人工消耗量 \times 人工单价 +$$
$$\sum 材料消耗量 \times 材料单价 +$$
$$\sum 机械消耗量 \times 台班单价) \qquad (8\text{-}2)$$

（6）计算清单项目的管理费和利润

企业管理费及利润通常根据各地区规定的费率乘以规定的计价基础得出。通常情况

下,计算公式如下:

$$管理费 = 人、料、机总费用 \times 管理费费率 \tag{8-3}$$

$$利润 = (人、料、机总费用 + 管理费) \times 利润率 \tag{8-4}$$

(7) 计算清单项目的综合单价

将清单项目的人、料、机总费用、管理费及利润汇总得到该清单项目合价,将该清单项目合价除以清单项目的工程量即可得到该清单项目的综合单价。

$$综合单价 = \frac{人、料、机总费用 + 管理费 + 利润}{清单工程量} \tag{8-5}$$

或

$$综合单价 = \{[(人工费单价 + 材料费单价 + 机械费单价) \times (1 + 管理费率) \times$$
$$(1 + 利润率)] \times 组价工程量\}/清单工程量 \tag{8-6}$$

【例 8-2】　某多层砖混结构住宅土方工程,土壤类别为三类土,工程招标人编制的工程量清单见表 8-1。某投标人根据清单的内容及设计文件,结合自身实际情况编制如下方案:采用反铲挖土机开挖,工作面宽度各边 0.25m,放坡系数为 0.2。现场堆土 2170.5m³,运距 100m,采用人工双轮手推车运输,其余土方外运,装载机装自卸汽车运输,运距 4km。该企业定额信息见表 8-2,市场资源价格信息见表 8-3,根据当地计价依据可知,其中管理费以人、料、机总费用的 10% 计取,利润以人、料、机总费用与管理费合价的 5% 计取。试计算该工程挖沟槽土方的工程量清单综合单价,并进行综合单价结果分析,编制分部分项工程量清单与计价表及综合单价分析表。

表 8-1　分部分项工程量清单与计价表

工程名称:多层砖混住宅工程　　　　　　　　标段:　　　　　　　　　　第　页　共　页

序号	项目编码	项目名称	项目特征描述	计量单位	工程量	综合单价	合价	其中:暂估价
						金额/元		
1	010101003001	挖沟槽土方	1. 土壤类别:三类土 2. 混凝土垫层宽 0.92m,长 1590.6m 3. 挖土深度:1.8m 4. 弃土距离:4km 5. 基底钎探	m³	2634.03			

表 8-2　企业定额消耗量(节选)　　　　　　　　　　　　　　100m³

企业定额编号			A1-66	A1-117	A1-126	A1-3
			反铲挖土机	人装双轮车运土	装载机装自卸汽车运土	基底钎探/100m²
项目		单位				
人工	综合工日	工日	0.60	28.93	0.60	5.13
材料	履带式单斗挖掘机(液压斗容量1.0m³)	台班	0.20			
机械	履带式推土机(75kW)	台班	0.02			
	轮胎式装载机(3m³)	台班			0.22	
	自卸汽车(8t)	台班			1.13	
材料	水	m³			1.5	

表 8-3　资源市场价格信息表

序号	资源名称	单位	价格/元
1	综合工日	工日	80.00
2	履带式单斗挖掘机(液压斗容量1.0m³)	台班	900.00
3	履带式推土机(75kW)	台班	500.00
4	轮胎式装载机(3m³)	台班	450.00
5	自卸汽车(8t)	台班	350.00
6	水	m³	4.50

【解】　1) 计算工程量清单中填写工程数量

$$挖土量 V = (0.92 \times 1.8 \times 1590.6)m^3 = 2634.03m^3$$

2) 列出组价定额子目

根据企业定额的信息可知,工程量清单"挖沟槽土方"子目应包括下列定额子目:

(1)反铲挖土机挖土;(2)场内双轮车运土;(3)装载机装自卸汽车运土;(4)基底钎探。

3) 计算各组价定额子目工程量

(1) 反铲挖土机挖土方工程量

工作面每边增加0.25m,放坡系数为0.2,则基础挖土方工程总量为

$$V = [(0.92 + 0.25 \times 2 + 0.2 \times 1.8) \times 1.8 \times 1590.6]m^3 = 5096.28m^3$$

(2) 场内双轮车运土工程量

场内采用人工双轮小推车运土,运距100m,则人工运土方工程总量为

$$V = 2170.50m^3$$

(3) 装载机装自卸汽车运土工程量

其余土方全部外运,装载机装自卸汽车运土,运距4km,则机械运土方工程总量为

$$V = (5096.28 - 2170.50)m^3 = 2925.78m^3$$

(4) 基底钎探工程量

基底全部进行钎探,钎探孔深2.1m,梅花形布置,孔距1.5m,则基底钎探工程量为

$$S = (0.92 + 0.25 \times 2) \times 1590.6 = 2258.65m^2$$

4) 计算各定额组价子目的综合单价

(1) 反铲挖土机挖土方综合单价

$$人工费 = \left(\frac{0.6 \times 80}{100} \times \frac{5096.28}{2634.03}\right)元 = 0.929 元$$

$$机械费 = \left(\frac{0.2 \times 900 + 0.02 \times 500}{100} \times \frac{5096.28}{2634.03}\right)元 = 3.676 元$$

$$管理费 = [(0.929 + 3.676) \times 10\%]元 = 0.461 元$$

$$利润 = [(0.929 + 3.676 + 0.461) \times 5\%]元 = 0.253 元$$

$$小计 = (0.929 + 3.676 + 0.461 + 0.253)元 = 5.319 元$$

因此,反铲挖土机挖土方子目综合单价为5.319元

(2) 场内双轮车运土子目综合单价

$$人工费 = \left(\frac{28.93 \times 80}{100} \times \frac{2170.5}{2634.03}\right)元 = 19.071 元$$

$$管理费 =(19.071×10\%)元=1.907 元$$

$$利润 =[(19.071+1.907)×5\%]元=1.049 元$$

$$小计 =(19.071+1.907+1.049)元=22.027 元$$

因此,人推双轮车运土子目综合单价为 22.027 元

（3）装载机装自卸汽车运土综合单价

$$人工费 =\left(\frac{0.6×80}{100}×\frac{2925.78}{2634.03}\right)元=0.533 元$$

$$机械费 =\left(\frac{0.22×450+1.13×350}{100}×\frac{2925.78}{2634.03}\right)元=5.493 元$$

$$材料费 =\left(\frac{1.5×4.50}{100}×\frac{2925.78}{2634.03}\right)元=0.075 元$$

$$管理费 =[(0.533+5.493+0.075)×10\%]元=0.610 元$$

$$利润 =[(0.533+5.493+0.075+0.610)×5\%]元=0.336 元$$

$$小计 =(0.533+5.493+0.075+0.610+0.336)元=7.047 元$$

因此,装载机装自卸汽车运土子目综合单价为 7.047 元

（4）基底钎探子目综合单价

$$人工费 =\left(\frac{5.13×80}{100}×\frac{2258.65}{2634.03}\right)元=3.519 元$$

$$管理费 =(3.519×10\%)元=0.352 元$$

$$利润 =[(3.519+0.352)×5\%]元=0.194 元$$

$$小计 =(3.519+0.352+0.194)元=4.065 元$$

因此,基底钎探子目综合单价为 4.065 元

（5）因此,挖沟槽土方清单子目的综合单价为

$$(5.319+22.027+7.047+4.065)元=38.458 元≈38.46 元$$

5）分部分项工程量清单与计价表（表8-4）。

表8-4　分部分项工程量清单与计价表

工程名称：多层砖混住宅工程　　　　　　标段：　　　　　　　　　第　页　共　页

序号	项目编码	项目名称	项目特征描述	计量单位	工程量	金额/元		
						综合单价	合价	其中：暂估价
1	010101003001	挖沟槽土方	1. 土壤类别：三类土 2. 混凝土垫层宽0.92m，长1590.6m 3. 挖土深度：1.8m 4. 弃土距离：4km 5. 基底钎探	m³	2634.03	38.46	101304.79	
			本页小计					
			合计					

6）工程量清单综合单价分析表（表 8-5）。

表 8-5　工程量清单综合单价分析表

工程名称：多层砖混住宅工程　　　　　　标段：　　　　　　　　　　第　页　共　页

项目编码		010101003001		项目名称	挖沟槽土方	计量单位	m³

清单综合单价组成明细

定额编号	定额名称	定额单位	数量	单价/（元/m³）				合价/元			
				人工费	材料费	机械费	管理费和利润	人工费	材料费	机械费	管理费和利润
A1-66	机械挖土	m³	1.9348	0.48	0.00	1.90	0.37	0.93	0.00	3.68	0.72
A1-117	人工运土	m³	0.8240	23.14	0.00	0.00	3.59	19.07	0.00	0.00	2.96
A1-126	机械运土	m³	1.1108	0.48	0.07	4.95	0.85	0.53	0.08	5.50	0.94
A1-3	基底钎探	m²	0.8575	4.10	0.00	0.00	0.64	3.52	0.00	0.00	0.55
人工单价		小计/元						24.05	0.08	9.18	5.17
元/工日		未计价材料									
清单项目综合单价/（元/m³）								38.48			

注：1. 上述 4 部分综合单价计算结果为 38.46 元/m³，综合单价分析表计算结果为 38.48 元/m³，这是由于四舍五入带来的计算误差。

2. "数量"一栏的结果 $= \dfrac{\text{组价工程量}}{\text{清单工程量}}$，例如：$1.934 = \dfrac{5096.28}{2634.03}$。

8.2.2　措施项目费的计算

措施项目费是指为完成工程项目施工，而用于发生在该工程施工准备和施工过程中的技术、生活、安全、环境保护等方面的非工程实体项目所支出的费用。

非实体性项目，一般来说，其费用的发生和金额的大小与使用时间、施工方法或者两个以上工序相关，与实际完成的实体工程量的多少关系不大，典型的是大中型施工机械进出场及安、拆费、文明施工和安全防护、临时设施等；但有的非实体性项目，典型的是混凝土浇筑的模板工程，与完成的工程实体有直接关系，是可以计算出其完成工程量大小的。

按《计价规范》规定，措施项目清单计价应根据拟建工程的施工组织设计，可以计算工程量的措施项目，应按分部分项工程量清单的方式采用综合单价计；其余不能计算工程量的措施项目，则采用总价项目的方式，以"项"为单位的方式计价，应包括除规费、税金外的全部费用。

措施项目费中的"安全文明施工费"应按照国家或省级、行业建设主管部门的规定计价，不得作为竞争性费用。措施项目费的计算方法一般有以下三种。

1．综合单价法

这种方法与分部分项综合单价的计算方法一样，适用于可以计算工程量的措施项目，主要是指一些与工程实体项目有紧密联系的项目，如混凝土、钢筋混凝土模板及支架工程、脚手架工程，垂直运输等，适宜采用分部分项工程量清单方式以综合单价计价，并以措施项目清单与计价表的形式体现。与分部分项工程不同，并不要求每个措施项目的综合单价必须包含人工费、材料费、机具费、管理费和利润中的每一项，具体做法程序如表 8-6 所示。

$$措施项目费 = \sum (单价措施项目工程量 \times 单价措施项目综合单价) \qquad (8-7)$$

【例8-3】　某多层砖混住宅工程,在室内装饰工程中需要搭设满堂脚手架,招标人编制的满堂脚手架措施项目清单如表8-6所示。根据某省建筑工程消耗量定额及费用定额查阅可知,满堂脚手架单价:人工费为3.478元/m²,材料费为4.251元/m²,机械费为0.220元/m²。管理费率为9%,利润率为8%(均以人、料、机费用总额为计费基数)。试确定其综合单价。

表8-6　单价措施项目清单与计价表

工程名称:多层砖混住宅工程　　　　　　　　标段:　　　　　　　　第　页　共　页

序号	项目编码	项目名称	项目特征描述	计量单位	工程量	综合单价	合价	其中:暂估价
1	011701007001	满堂脚手架	1. 搭设高度一层4.64m,二层3.82m 2. 碗扣式 3. φ48镀锌钢管	m²	779.02	9.30	7244.89	
			本页小计					
			合计					

【解】　人工费:3.478元/m²;

材料费:4.251元/m²;

机械费:0.220元/m²;

管理费:$[(3.478+4.251+0.220)×9\%]$元/m²=0.715元/m²;

利润:$[(3.478+4.251+0.220)×8\%]$元/m²=0.636元/m²;

综合单价:$(3.478+4.251+0.220+0.715+0.636)$元/m²=9.30元/m²;

将计算结果填入表8-6中,计算得出满堂脚手架合价:

$$(779.02×9.30)元=7244.89元$$

2. 参数法

参数法是指按一定的计算基数乘系数的方法或自定义公式进行计算。这种方法简单明了,但最大的难点是公式的科学性、准确性难以把握。这种方法主要适用于施工过程中必须发生,但在投标时很难具体分项预测,又无法单独列出项目内容的措施项目。如夜间施工费、二次搬运费、冬雨期施工、大型机械设备进出场及安拆、施工排水、施工降水等。

$$总价措施项目费=\sum 计算基数×相应费率 \qquad (8-8)$$

计算基数、费率由工程造价管理机构根据各专业工程的特点综合确定。

【例8-4】　某省计价文件规定,安全文明施工费以分部分项工程费+可以计量的措施项目费为基数计算,其费率为3.12%;其余措施费,如夜间施工费、二次搬运费、冬雨期施工、已完工程和设备保护设施费等均以分部分项工程费为基数,费率分别为0.7%、0.6%、0.8%、1.5%。经计算,某砖混住宅分部分项工程费为118.37万元,可以计量的措施费为20万元,试编制其总价措施项目清单计价表,并将结果填入表8-7中。

【解】　安全文明施工费

$$[(118.37+20)×3.12\%]万元=4.32万元$$

夜间施工费

$$(118.37 \times 0.7\%) \text{万元} = 0.83 \text{万元}$$

二次搬运费

$$(118.37 \times 0.6\%) \text{万元} = 0.71 \text{万元}$$

冬雨季施工费

$$(118.37 \times 0.8\%) \text{万元} = 0.95 \text{万元}$$

已完工程和设备保护设施费

$$(118.37 \times 1.5\%) \text{万元} = 1.78 \text{万元}$$

表 8-7 总价措施项目清单与计价表

工程名称：多层砖混住宅工程　　　　　标段：　　　　　第 页 共 页

序号	项 目 名 称	计 算 基 础	费率/%	金额/万元	备注
1	安全文明施工费	118.37+20	3.12	4.32	
2	夜间施工费	118.37	0.7	0.83	
3	二次搬运费	118.37	0.6	0.71	
4	冬雨季施工	118.37	0.8	0.95	
5	已完工程及设备保护	118.37	1.5	1.78	
合计				8.59	

3. 分包法计价

在分包价格的基础上增加投标人的管理费及风险费进行计价的方法,这种方法适合可以分包的独立项目,如室内空气污染测试等。

8.2.3 其他项目费计算

其他项目费由暂列金额、暂估价、计日工、总承包服务费等内容构成。

1. 编制招标控制价时,其他项目费的计价原则

(1) 暂列金额:暂列金额由招标人根据工程复杂程度、设计深度、工程环境条件等特点制定,一般可以分部分项工程费的 10%～15% 为参考。

(2) 暂估价:暂估价中的材料、工程设备单价按照工程造价管理机构发布的工程造价信息或参考市场价格确定。暂估价中的专业工程暂估价应分不同专业,按有关计价规定估算。

(3) 计日工:在编制招标控制价时,对计日工中的人工单价和施工机械台班单价应按省级、行业建设主管部门或其授权的工程造价管理机构公布的单价计算;材料应按工程造价管理机构发布的工程造价信息中的材料单价计算,工程造价信息未发布材料单价的材料,其价格应按市场调查确定的单价计算,且按综合单价的组成填写。

(4) 总承包服务费:编制招标控制价时,总承包服务费应按省级、行业建设主管部门的规定计算。招标人应根据招标文件中列出的内容和向总承包人提出的要求计算总承包费,可参照下列标准计算:①招标人仅要求对分包的专业工程进行总承包管理和协调时,按分包的专业工程估算造价的 1.5% 计算;②招标人要求对分包的专业工程进行总承包管理和协调并同时要求提供配合服务时,根据招标文件中列出的配合服务内容和提出的要求,按分包的专业工程估算造价的 3%~5% 计算。③招标人自行供应材料的,按招标人供应材料价值的 1% 计算。

2. 投标报价时,其他项目费的计价原则

(1) 暂列金额必须按照其他项目清单中确定的金额填写,不得变动。

(2) 暂估价不得变动和更改。暂估价中的材料、工程设备必须按照暂估单价计入综合单价;专业工程暂估价必须按照其他项目清单中确定的金额填写。

(3) 计日工的费用必须按照其他项目清单列出的项目和估算的数量,由投标人自主确定各项综合单价并计算和填写人工、材料、机械使用费。

(4) 总承包服务费由投标人依据招标人在招标文件中列出的分包专业工程内容和供应材料、设备情况,按照招标人提出协调、配合与服务要求和施工现场管理需要自主确定总承包服务费。

3. 其他项目费在办理竣工结算时的要求

(1) 计日工的费用应按发包人实际签证确认的数量和合同约定的相应项目综合单价计算。

(2) 当暂估价中的材料是招标采购的,其材料单价按中标价在综合单价中调整。当暂估价中的材料为非招标采购的,其单价按发、承包双方最终确认的单价在综合单价中调整。

当暂估价中的专业工程是招标分包的,其金额按中标价计算。当暂估价中的专业工程为非招标分包的,其金额按发、承包双方最终结算确认的金额计算。

(3) 总承包服务费应依据合同约定的金额计算,当发、承包双方依据合同约定对总承包服务费进行调整时,应按调整后确定的金额计算。

(4) 索赔事件产生的费用在办理竣工结算时应在其他项目费中反映。索赔费用的金额应依据发、承包双方确认的索赔事项和金额计算。

(5) 发包人现场签证的费用在办理竣工结算时应在其他项目费中反映。现场签证费用金额依据发、承包双方签证确认的金额计算。

(6) 合同价款中的暂列金额在用于各项价款调整、索赔与现场签证后,若有余额,则余额归发包人,如出现差额,则由发包人补足并反映在相应项目的工程价款中。

【例 8-5】　某砖混住宅工程,招标文件中明确规定:暂列金额 200000 元,业主采购白色瓷砖暂估价为 200 元/m²,工程量为 1200m²(总承包服务费按 1% 计取),塑钢窗为业主分包,专业工程暂估价为 300000 元(总承包服务费按 4% 计取)。需要中标人开工前安排计日工用于一永久围墙施工,具体信息见表 8-8。根据当地计价依据可知,普工单价为 50 元/工日,瓦工单价为 100 元/工日,抹灰工单价为 100 元/工日,42.5 级矿渣水泥单价为 0.45 元/kg,载重汽车单价为 300 元/台班,管理费以人、料、机总费用的 10% 计取,利润以人、料、机总费用与管理费和的 5% 计取。试编制该工程其他项目清单与计价表。

表8-8 计日工表

工程名称：多层砖混住宅工程　　　　　　标段：　　　　　　　　第 页 共 页

编号	项目名称	单位	暂定数量	实际数量	综合单价/元	合价/元	
						暂定	实际
一	人工						
1	(1)普工	工日	50				
2	(1)瓦工	工日	30				
3	(1)抹灰工	工日	30				
	人工小计						
二	材料						
1	(1)42.5级矿渣水泥	kg	300				
	材料小计						
三	施工机械						
1	(1)载重汽车	台班	20				
2							
	施工机械小计						
	总计						

【解】 1) 暂列金额＝200000 元

2) 材料暂估价

$$白色瓷砖单价 = 200 元/m^2$$

3) 专业工程暂估价

$$塑钢窗总价 = 300000 元$$

4) 总承包服务费

$$(200 \times 1200 \times 1\% + 300000 \times 4\%) 元 = 14400 元$$

5) 计日工

(1) 普工综合单价分析

$$[50 \times (1+10\%) \times (1+5\%)] 元/工日 = 57.75 元/工日$$

(2) 瓦工综合单价分析

$$[100 \times (1+10\%) \times (1+5\%)] 元/工日 = 115.50 元/工日$$

(3) 抹灰工综合单价分析

$$[100 \times (1+10\%) \times (1+5\%)] 元/工日 = 115.50 元/工日$$

(4) 材料综合单价分析

$$[0.45 \times (1+10\%) \times (1+5\%)] 元/kg = 0.52 元/kg$$

(5) 机械综合单价分析

$$[300 \times (1+10\%) \times (1+5\%)] 元/台班 = 346.50 元/台班$$

计日工综合单价及合价计算见表8-9。

表 8-9　计日工计价表

工程名称：多层砖混住宅工程　　　　　　标段：　　　　　　　　　　　第　页　共　页

编号	项目名称	单位	暂定数量	实际数量	综合单价/元	合价/元 暂定	合价/元 实际
一	人工						
1	（1）普工	工日	50		57.75	2887.50	
2	（1）瓦工	工日	30		115.50	3465.00	
3	（1）抹灰工	工日	30		115.50	3465.00	
	人工小计					9817.50	
二	材料						
1	（1）42.5 级矿渣水泥	kg	300		0.52	156.00	
	材料小计					156.00	
三	施工机械						
1	（1）载重汽车	台班	20		346.50	6930.00	
2							
	施工机械小计					6930.00	
	总计					16903.50	

6）其他项目费计算结果见表 8-10。

表 8-10　其他项目清单与计价汇总表

工程名称：多层砖混住宅工程　　　　　　标段：　　　　　　　　　　　第　页　共　页

序号	项目名称	计量单位	金额/元	备注
1	暂列金额	项	200000	
2	暂估价		300000	
2.1	材料暂估价		—	
2.2	专业工程暂估价	项	300000	
3	计日工		16903.50	
4	总承包服务费		14400	
	合计		531303.50	

注：材料暂估单价进入清单项目综合单价，此处不汇总。

8.2.4　规费、税金的计算

规费是指政府和有关部门规定必须缴纳的费用的总和，属不可竞争费用，在执行时不得随意调整。计价时在规定计费基础上严格按照政府和有关部门规定的费率计取。规费由社会保险费（养老保险费、失业保险费、医疗保险费、工伤保险费、生育保险费）、住房公积金、工程排污费组成。其中，社会保险费、住房公积金以定额人工费为计算基数，工程排污费应按工程所在地环境保护等部门规定的标准缴纳，按实计取列入。税金是指国家税法规定的应计入建筑安装工程造价内的增值税、城市维护建设税及教育附加费用等的总和。在计价时应在规定计费基础上严格按照政府和有关部门规定的税率计取，不得竞争，具体计算见表 8-11。

表 8-11 规费、税金项目计价表

工程名称：多层砖混住宅工程　　　　　　标段：　　　　　　　　第　页　共　页

序号	项目名称	计 算 基 础	计 算 基 数	费率/%	金额/万元
1	规费	定额人工费	40.02		22.04
1.1	社会保险费	定额人工费	40.02	21.6	8.64
(1)	养老保险费	定额人工费	40.02	12.0	4.80
(2)	失业保险费	定额人工费	40.02	2.0	0.80
(3)	医疗保险费	定额人工费	40.02	6.0	2.40
(4)	工伤保险费	定额人工费	40.02	1.0	0.40
(5)	生育保险费	定额人工费	40.02	0.6	0.24
1.2	住房公积金	定额人工费	40.02	8.5	3.40
1.3	工程排污费	按工程所在地环境保护部门收取标准,按实计入			10.00
2	税金	分部分项工程费＋措施项目费＋其他项目费＋规费－按规定不计税的工程设备费	118.37＋20＋8.59＋53.13＋22.04	11	24.43
	合计				

【例 8-6】 某砖混住宅工程,分部分项工程费 118.37 万元,可计量的措施费为 20 万元,总价措施费为 8.59 万元,其他项目费 53.13 万元,其中各项费用中人工费比例为20%,各规费费率如下:养老保险费率为 12%,失业保险费率为 2%,医疗保险费率为6%,工伤保险费率为 1%,生育保险费为 0.6%,住房公积金为 8.5%,工程排污费10 万元,综合税率为 11%。试编制其规费、税金项目计价表。

【解】 1) 计算定额人工费

$$[(118.37＋20＋8.59＋53.13)×20\%]万元 = 40.02 万元$$

2) 计算规费

(1) 社会保险费

$$[40.02×(12\%＋2\%＋6\%＋1\%＋0.6\%)]万元 = 8.64 万元$$

(2) 住房公积金

$$(40.02×8.5\%)万元 = 3.40 万元$$

(3) 工程排污费

$$10 万元$$

(4) 规费合计

$$(8.64＋3.40＋10)万元 = 22.04 万元$$

3) 计算税金

$$[(118.37＋20＋8.59＋53.13＋22.04)×11\%]万元 = 24.43 万元$$

规费、税金项目详细计算过程见表 8-11。

$$单项工程造价 = \sum 单位工程造价 \qquad (8-9)$$

$$总造价 = \sum 单项工程造价 \qquad (8-10)$$

【例 8-7】 以例 8-6 数据可知,该砖混住宅单位工程造价为

单位工程造价 ＝(118.37＋20＋8.59＋53.13＋22.04＋24.43)万元

＝246.56 万元

将计算结果填于表 8-12 中。

表 8-12　单位工程招标控制价/投标报价汇总表

工程名称:多层砖混住宅工程　　　　　　标段:　　　　　　　　　第　页　共　页

序号	汇总内容	金额/万元	其中:暂估价/元
1	分部分项工程	118.37	
1.1		118.37	
1.2		0.00	
2	措施项目	28.59	
2.1	其中:安全文明施工费	4.32	
3	其他项目	53.13	
3.1	其中:暂列金额	20.00	
3.2	其中:专业工程暂估价	30.00	
3.3	其中:计日工	1.69	
3.4	其中:总承包服务费	1.44	
4	规费	22.04	
5	税金	24.43	
招标控制价合计＝1＋2＋3＋4＋5		246.56	

注:本表适用于单位工程招标控制价或投标报价的汇总,如无单位工程划分,单项工程也使用本表汇总。

至此,将上述 5 项费用汇总则得到单位工程报价,其计算公式如下:

单位工程造价 ＝ 分部分项工程费 ＋ 措施项目费 ＋

其他项目费 ＋ 规费 ＋ 税金

8.3　招标控制价

8.3.1　招标控制价的概念

招标人根据国家或省级、行业建设主管部门颁发的有关计价依据和办法,以及拟定的招标文件和招标工程量清单,结合工程具体情况编制的招标工程的最高限价,称为招标控制价,也可称其为拦标价、预算控制价或最高报价等。

《计价规范》中对于招标控制价作了如下规定:

(1)国有资金投资的建设工程招标,招标人必须编制招标控制价。根据《中华人民共和国招标投标法》的规定,国有资金投资的工程项目进行招标,招标人可以设标底。当招标人不设标底时,为有利于客观、合理地评审投标报价和避免哄抬标价,造成国有资产流失,招标人必须编制招标标控制价,作为投标人的最高投标限价,以及招标人能够接受的最高交易价格。

（2）招标控制价超过批准的概算时，招标人应将其报原概算审批部门审核。因为我国对国有资金投资项目实行的是投资概算审批制度，国有资金投资的工程项目原则上不能超过批准的投资概算。

（3）投标人的投标报价高于招标控制价的，其投标应予以拒绝。招标控制价是招标人在工程招标时能接受投标人报价的最高限价，投标人的投标报价不能高于招标控制价，否则，其投标将被拒绝。

（4）招标控制价应由具有编制能力的招标人或受其委托具有相应资质的工程造价咨询人编制和复核。工程造价咨询人不得同时接受招标人和投标人对同一工程的招标控制价和投标报价的编制。

（5）招标控制价应在招标文件中公布，不应上调或下浮，招标人应将招标控制价及有关资料报送工程所在地工程造价管理机构备查。招标控制价的作用决定了招标控制价不同于标底，无须保密。为体现招标的公平、公正，防止招标人有意抬高或压低工程造价，招标人应在招标文件中如实公布招标控制价各组成部分的详细内容，不得对所编制的招标控制价进行上调或下浮。

8.3.2　招标控制价的编制

1．编制依据

招标控制价的编制依据是指在编制招标控制价时需要进行工程量计算、价格确认、工程计价的有关参数、费率的确定等工作时所需要的基础性资料，主要包括：

（1）《计价规范》及各专业工程工程量计算规范等；

（2）国家或省级、行业建设主管部门颁发的计价定额和计价办法；

（3）建设工程设计文件及相关资料；

（4）拟定的招标文件及招标工程量清单；

（5）与建设项目相关的标准、规范、技术资料；

（6）施工现场情况、工程特点及常规或类似工程施工组织设计；

（7）工程造价管理机构发布的工程造价信息或市场价格信息；

（8）其他的相关资料。

2．编制内容

采用工程量清单计价时，招标控制价的编制内容包括：分部分项工程费、措施项目费、其他项目费、规费和税金，即：

$$单位工程招标控制价 ＝分部分项工程费＋措施项目费＋$$
$$其他项目费＋规费＋税金 \qquad (8\text{-}11)$$

1）分部分项工程费的编制

（1）分部分项工程费应采用综合单价的方法编制。按照《计价规范》的有关规定确定综合单价，具体方法见 8.2 节；

（2）工程量应是招标文件中工程量清单提供的工程量；

（3）招标文件中提供了暂估单价的材料，应按暂估的单价计入综合单价中；

（4）为使招标控制价与投标报价所包含的内容一致，综合单价中应包括招标文件中招标人要求投标人承担的风险内容及其范围（幅度）产生的风险费用，可以风险费率的形式进行计算。

2）措施项目费的编制

（1）措施项目费应依据招标文件中提供的措施项目清单和拟建工程项目的施工组织设计进行确定。

（2）措施项目费应采用单价法或费率法计价，凡可以计算工程量的措施项目，应按分部分项工程量清单的方式采用综合单价计价；不能计算工程量的措施项目可以"项"为单位的方式计价，应包括除规费、税金外的全部费用。

（3）措施项目费中的安全文明施工费应当按照国家或地方行业建设主管部门规定的标准计价，不得作为竞争性费用。

3）其他项目费

其他项目费应按照下列方式计价：

（1）暂列金额

暂列金额由招标人根据工程复杂程度、设计深度、工程环境条件等特点计算，一般可以分部分项工程费的 $10\%\sim15\%$ 为参考。招标人在编制招标控制价时，暂列金额应按招标工程量清单中列出的金额填写，不得修改。

（2）暂估价

暂估价中的材料、工程设备单价、控制价应按招标工程量清单列出的单价计入综合单价；暂估价中材料单价应按照工程造价管理部门发布的工程造价信息中的材料单价计算，工程造价信息未发布材料单价的，参照市场价格估算；暂估价专业工程金额应按招标工程量清单中列出的金额填写。

（3）计日工

编制招标控制价时，对计日工中的人工单价和施工机械台班单价应按省级、行业建设主管部门或其授权的工程造价管理机构公布的单价计算；材料应按工程造价管理机构发布的工程造价信息中的材料单价计算，工程造价信息未发布材料单价的材料，其价格应按市场调查确定的单价计算。

（4）总承包服务费

编制招标控制价时，总承包服务费应按照省级或行业建设主管部门的规定，并根据招标文件列出的内容和要求估算。在计算时可参考以下标准：

① 招标人仅要求对其发包的专业工程进行施工现场协调和统一管理，总承包服务费按发包的专业工程估算造价的 1.5% 计算；

② 招标人要求对其发包的专业工程既进行总承包管理和协调，又要求提供相应配合服务时，总承包服务费应根据招标文件列出的配合服务内容，按发包的专业工程估算造价的 $3\%\sim5\%$ 计算；

③ 招标人自行供应材料设备的，按招标人供应材料设备价值的 1% 计算。

4）规费和税金

规费和税金必须按国家或省级、行业建设主管部门规定的标准计算，不得作为竞争性费用。

3．编制程序

招标控制价编制应经历编制准备、文件编制、成果文件出具三个阶段的工作程序。

1）编制准备阶段的主要工作

（1）了解编制要求与范围；

（2）收集与本工程招标控制价相关的编制依据；

（3）熟悉工程图纸及有关设计文件；

（4）熟悉与建设工程项目有关的标准、规范、技术资料；

（5）熟悉拟订的招标文件及其补充通知、答疑纪要等；

（6）了解施工现场情况、工程特点；

（7）熟悉工程量清单；

（8）掌握工程量清单涉及计价要素的信息价格和市场价格，依据招标文件确定其价格。

2）文件编制阶段的主要工作

（1）进行分部分项工程量清单计价；

（2）论证并拟定常规的施工组织设计或施工方案；

（3）进行措施项目工程量清单计价；

（4）进行其他项目、规费项目、税金项目清单计价；

（5）工程造价汇总，初步确定招标控制价。

3）成果文件出具阶段的主要工作

（1）对成果文件进行审核；

（2）成果文件签认、盖章；

（3）提交成果文件。

4．编制招标控制价应注意的问题

招标控制价编制时，应该注意以下问题：

（1）国有资金投资的工程建设招投标，必须编制招标控制价。此条在《计价规范》中属于强制性条文，任何单位不得违背。

（2）招标控制价编制的表格格式等应执行《计价规范》的有关规定。

（3）采用的材料价格应是工程造价管理部门通过工程造价信息发布的材料单价，工程造价信息未发布材料单价的，其材料价格应通过市场调查确定。另外，未采用工程造价管理机构发布的工程造价信息时，需在招标文件或答疑补充文件中对招标控制价采用的与造价信息不一致的市场价格予以说明，采用的市场价格则应通过调查、分析确定，有可靠的信息来源。

（4）施工机械设备的选型直接关系到综合单价水平，应根据工程项目特点和施工条件，本着经济实用、先进高效的原则确定。

（5）应该正确、全面地使用行业和地方的计价定额以及相关文件。

（6）不可竞争的措施项目和规费、税金等费用的计算均属于强制性条款，编制招标控制价时应该按国家有关规定计算。

（7）不同工程项目、不同施工单位会有不同的施工组织方法，所发生的措施费也会有所不同。因此,对于竞争性的措施费用的编制,应该首先编制施工组织设计或施工方案,然后依据经过专家论证后的施工方案,合理地确定措施项目与费用。

8.3.3　招标控制价投诉与处理

1. 招标控制价与标底价利弊分析

1) 设置标底招标

标底是招标人根据施工图预算、工程实际情况及市场物价情况编制的期望价格,是在现有社会正常的施工条件下,在社会平均的机械化程度和劳动效率下,考虑合理盈利水平后所反映的社会平均价格。标底是招标单位的绝密资料,不得在开标前向无关单位泄露。我国国内大部分工程在招标评标时,均以标底上下的一个幅度作为判断投标是否合格的条件,标底是评标、定标的重要依据。但在具体操作时易产生下列弊端:

(1) 设置标底时易发生泄露标底及暗箱操作的现象,失去招标的公平公正性,容易诱发违法违规行为。

(2) 编制的标底价是预期价格,因较难考虑施工方案、技术措施对造价的影响,容易与市场造价水平脱节,不利于引导投标人理性竞争。

(3) 标底在评标过程的特殊地位使标底价成为左右工程造价的杠杆,不合理的标底会使合理的投标报价在评标中显得不合理,有可能成为地方或行业保护的手段。

(4) 将标底作为衡量投标人报价的基准,导致投标人尽力地去迎合标底,往往招标投标过程反映的不是投标人实力的竞争,而是投标人编制预算文件能力的竞争,或者各种合法或非法的"投标策略"的竞争。

2) 无标底招标

(1) 容易出现围标串标现象,投标人相互哄抬价格,给招标人带来投资失控的风险。

(2) 容易出现低价中标后偷工减料,以牺牲工程质量来降低工程成本,或产生先低价中标,后高额索赔等不良后果。

(3) 评标时,招标人对投标人的报价没有参考依据和评判基准。

(4) 在合同谈判期间,招标人由于没有可以参考的合同总价,易处于被动地位,不利于投资的控制。

3) 招标控制价招标

(1) 采用招标控制价招标的优点:

① 可有效控制投资,防止恶性哄抬报价带来的投资风险;

② 提高了透明度,避免了暗箱操作、寻租等违法活动的产生;

③ 可使各投标人自主报价、公平竞争,不受标底左右符合市场规律;

④ 既设置了控制上限又尽量减少了业主依赖评标基准价的影响。

(2) 采用招标控制价招标也可能出现如下问题:

① 若"最高限价"大大高于市场平均价时,就预示中标后利润很丰厚,只要投不超过公布的限额都是有效投标,从而可能诱导投标人串标围标。

② 若公布的最高限价远远低于市场平均价,就会影响招标效率。即可能出现只有1～2人投标或出现无人投标情况,结果使招标人不得不修改招标控制价进行二次招标。

③ 可能出现招标人为了追求更低合同价,故意压低招标控制价。

2．投诉与处理

由于招标控制价是投标人报价的最高限价,部分招标人为了故意压低报价,公布的招标控制价远远低于市场平均价,这样必然影响招标的公正、公平原则,甚至可能导致招标失败,所以《计价规范》中增加有关对招标控制价异议的投诉和处理内容,具体如下:

(1) 投标人经复核认为招标人公布的招标控制价未按照《计价规范》规定进行编制的,应在招标控制价公布后 5 天内向招投标监督机构和工程造价管理机构投诉。

(2) 投诉人投诉时,应当提交书面投诉书,包括下列内容:

① 投诉人与被投诉人的名称、地址及有效联系方式;

② 投诉的招标工程名称、具体事项及理由;

③ 投诉依据及有关证明材料;

④ 相关的请求及主张。

书面投诉书必须由单位盖章和法定代表人或其委托人签名或盖章。

(3) 投诉人不得进行虚假、恶意投诉,阻碍招投标活动的正常进行。

(4) 工程造价管理机构在接到投诉书后应在 2 个工作日内进行审查,对有下列情况之一的,不予受理:

① 投诉人不是所投诉招标工程招标文件的收受人;

② 投诉书提交的时间不符合上述第(1)条规定的;

③ 投诉书不符合上述第(2)条规定的。

(5) 工程造价管理机构应在不迟于结束审查的次日,将是否受理投诉的决定书面通知投诉人、被投诉人以及负责该工程招投标监督的招投标管理机构。

(6) 工程造价管理机构受理投诉后,应立即对招标控制价进行复查,组织投诉人、被投诉人或其委托的招标控制价编制人等单位人员对投诉问题逐一核对。有关当事人应当予以配合,并应保证所提供资料的真实性。

(7) 工程造价管理机构应当在受理投诉的 10 天内完成复查,特殊情况下可适当延长,并作出书面结论通知投诉人、被投诉人及负责该工程招投标监督的招投标管理机构。

(8) 当招标控制价复查结论与原公布的招标控制价误差超过±3%的,应当责成招标人改正。

(9) 招标人根据招标控制价复查结论需要重新公布招标控制价的,其最终公布的时间至招标文件要求提交投标文件截止时间不足 15 天的,应当延长提交投标文件的截止时间。

8.4　投标报价

8.4.1　投标报价的概念

投标价是投标人参与工程项目投标时报出的工程造价,即指在工程招标发包过程中,由投标人或受其委托具有相应资质的工程造价咨询人按照招标文件的要求以及有关计价规定,依据发包人提供的工程量清单、施工设计图纸,结合工程项目特点、施工现场情况及企业自身的施工技术、装备和管理水平等,自主确定的工程造价。

投标价是投标人希望与招标人达成工程承包交易的期望价格,但不能高于招标人设定的招标控制价。作为投标计算的必要条件,应预先确定施工方案和施工进度,此外,投标计算还必须与采用的合同形式相一致。

投标报价的编制过程,应首先根据招标人提供的工程量清单编制分部分项工程量清单计价表、措施项目清单计价表、其他项目清单计价表、规费和税金项目清单计价表,计算完毕后汇总而得到单位工程投标报价汇总表,再层层汇总,分别得出单项工程投标报价汇总表和工程项目投标总价汇总表,工程项目投标报价的编制过程如图 8-3 所示。

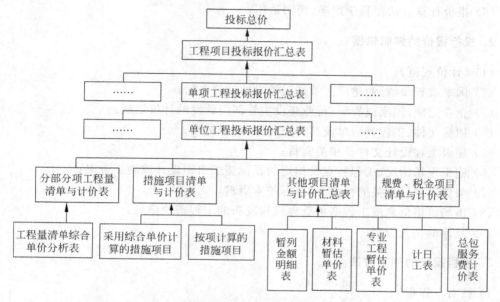

图 8-3　工程项目工程量清单投标报价流程

8.4.2　投标报价的编制

1. 投标价的编制原则

在工程量清单计价模式下,在编制投标价时,承包方应将业主提供的拟建招标工程全部项目和内容的工程量清单逐项填报单价,然后计算出总价,作为投标报价。投标人填报单价应完全依据企业技术、管理水平等企业实力而定,以满足市场竞争的需要。依据《计价规范》编制时应遵循的主要原则如下:

(1) 投标报价由投标人自主确定,但必须执行《计价规范》的强制性规定;投标价应由投标人或受其委托具有相应资质的工程造价咨询人编制。

(2) 投标人的投标报价不得低于工程成本。《中华人民共和国招标投标法》中规定:"中标人的投标应当符合下列条件……(二)能够满足招标文件的实质性要求,并且经评审的投标价格最低;但是投标价格低于成本的除外。"《评标委员会和评标方法暂行规定》中规定:"在评标过程中,评标委员会发现投标人的报价明显低于其他投标报价或者在设有标底时明显低于标底的,使其投标报价可能低于其个别成本的,应当要求该投标人做出书面说明并提供相关证明材料。投标人不能合理说明或者不能提供相关证明材料的,由评标委员会认定该投标人以低于成本报价竞标,其投标应作为废标处理。"上述法律法规的规定,特别要求投标人的投标报价不得低于工程成本。

(3) 投标人必须按招标工程量清单填报价格。填写的项目编码、项目名称、项目特征、计量单位、工程量必须与招标工程量清单一致。

(4) 投标报价要以招标文件中设定的承发包双方责任划分,作为设定投标报价费用项目和费用计算的基础。

(5) 应以施工方案、技术措施等作为投标报价计算的基本条件。

(6) 报价计算方法要科学严谨、简明适用。

2. 投标报价的编制依据

(1)《计价规范》;

(2) 国家或省级、行业建设主管部门颁发的计价办法;

(3) 企业定额,国家或省级、行业建设主管部门颁发的计价定额;

(4) 招标文件、工程量清单及其补充通知、答疑纪要;

(5) 建设工程设计文件及相关资料;

(6) 施工现场情况、工程特点及拟定的投标施工组织设计或施工方案;

(7) 与建设项目相关的标准、规范等技术资料;

(8) 市场价格信息或工程造价管理机构发布的工程造价信息;

(9) 其他的相关资料。

3. 投标报价的编制方法

1) 核对工程量

在编制投标报价之前,需要先对清单工程量进行复核。因为招标文件中工程量清单的各分部分项工程量并不十分准确,可以是估算工程量,主要用于投标活动。实际结算时以予以计量的实际完成工程量为准,允许二者有一定的误差,如果设计深度不够则可能有较大的误差。而工程量的多少是选择施工方法、安排人力和机械、准备材料必须考虑的因素,自然也影响分项工程的单价,因此一定要对工程量进行复核。工程量的复核主要包括两方面的内容:一是按照设计图纸及工程量计算规则核对工程数量计算是否正确;二是按照招标文件与设计图纸核对工程量清单是否有漏项、缺项。但在实际应用中,无论是清单工程数量有误还是工程量清单缺项等错误,投标人无权修改分部分项清单,必须由招标人统一修改,否则投标人的投标因非实质响应招标文件而无效。

复核工程量,要与招标文件中所给的工程量进行对比,注意以下几方面:

(1) 投标人应认真根据招标说明、图纸、地质资料等招标文件资料,计算主要清单工程量,复核工程量清单。其中特别注意,按一定顺序进行,避免漏算或重算;正确划分分部分项工程项目,与《计价规范》保持一致。

(2) 复核工程量的目的不是修改工程量清单,即使有误,投标人也不能修改工程量清单中的工程量,因为修改了清单就等于擅自修改了合同。对工程量清单存在的错误,可以向招标人提出,由招标人统一修改并把修改情况通知所有投标人。

(3) 针对工程量清单中工程量的遗漏或错误,是否向招标人提出修改意见取决于投标策略。投标人可以运用一些报价的技巧提高报价的质量,争取在中标后能获得更大的收益。

(4) 通过工程量计算复核还能准确地确定订货及采购物资的数量,防止由于超量或少购等带来的浪费、积压或停工待料。

在核算完全部工程量清单中的细目后,投标人应按大项分类汇总主要工程总量,以便获得对整个工程施工规模的整体概念,并据此研究采用合适的施工方法,选择适用的施工设备等。

2) 询价

投标报价之前,投标人必须通过各种渠道,对工程所需各种材料、设备、机械等的价格、质量、供应时间、供应数量等进行系统全面的调查,同时还要了解分包项目的分包形式、分包范围、分包人报价、分包人履约能力及信誉等。询价是投标报价的基础,它为投标报价提供可靠的依据。

询价的渠道:

(1) 直接与生产厂商联系;

(2) 了解生产厂商的代理人或从事该项业务的经纪人;

(3) 了解经营该项产品的销售商;

(4) 向咨询公司进行询价,通过咨询公司所得到的询价资料比较可靠,但需要支付一定的咨询费用,也可向同行了解;

(5) 通过互联网查询;

(6) 自行进行市场调查或信函询价。

3) 确定综合单价

投标报价的编制过程,应首先根据招标人提供的工程量清单编制分部分项工程量清单计价表、措施项目清单计价表、其他项目清单计价表、规费和税金项目清单计价表,计算完毕后汇总得到单位工程投标报价汇总表,再层层汇总,分别得出单项工程投标报价汇总表和工程项目投标总价汇总表。工程项目投标报价的编制过程如图 8-3 所示。

从图 8-3 中可以得知,分部分项工程和措施项目的单价项目中最主要的是确定综合单价,其内容包括:完成一个规定清单项目所需的人工费、材料和工程设备费、施工机具使用费、企业管理费、利润以及一定范围内的风险费用。应根据拟定的招标文件和招投标工程清单项目中的特征描述、施工方案、企业定额、资源价格及有关要求确定综合单价计算。

(1) 工程量清单项目特征描述

确定分部分项工程和单价措施项目中的综合单价的最重要依据之一是该清单项目的特征描述,投标人投标报价时应依据招标工程量清单项目的特征描述确定清单项目的综合单价。在招投标过程中,若出现工程量清单特征描述与设计图纸不符,投标人应以招标工程量清单的项目特征描述为准,确定投标报价的综合单价;若施工中施工图纸或设计变更与招标工程量清单项目特征描述不一致,发承包双方应按实际施工的项目特征依据合同约定重新确定综合单价。

(2) 人、料、机消耗量的确定

编制招标控制价时人、料、机消耗量以国家、行业或地区的定额来确定,反映的是社会平均消耗水平。而编制投标报价时人、料、机消耗量以企业定额来确定，它是施工企业根据本企业具有的管理水平、拥有的施工技术和施工机械装备水平而编制的，真实反映企业自己的消耗水平，是企业间竞争的真实体现。因此，是施工企业投标报价确定综合单价的依据之一。投标企业如果没有企业定额时，可根据企业自身情况参照消耗量定额进行调整。

（3）资源价格

综合单价中的人工费、材料费、机械费是以企业定额的人、料、机消耗量乘以人、料、机的实际价格得出的，因此投标人拟投入的人、料、机等资源的可获取价格直接影响综合单价的高低。资源价格应根据询价的结果和市场行情综合确定。另外，在综合单价中应考虑招标文件要求投标人承担的物价方面的风险。

（4）企业管理费费率、利润率

企业管理费费率可由投标人根据本企业近年的企业管理费核算数据自行测定，当然也可以参照当地造价管理部门发布的平均参考值。

利润率可由投标人根据本企业当前盈利情况、施工水平、拟投标工程的竞争情况以及企业当前经营策略自主确定。

管理费、利润的风险应由承包人全部承担。

（5）风险费用

招标文件中要求投标人承担的风险费用，投标人应在综合单价中给予考虑。在施工过程中，当出现的风险内容及其范围（幅度）在招标文件规定的范围（幅度）内时，综合单价不得变动，合同价款不作调整。根据国际惯例并结合我国工程建设的特点，发承包双方对工程施工阶段的风险宜采用如下分摊原则：

① 对于主要由市场价格波动导致的价格风险，如工程造价中的建筑材料、燃料等价格风险，发承包双方应当在招标文件中或在合同中对此类风险的范围和幅度予以明确约定，进行合理分摊；当没有约定，且材料、工程设备单价变化超过基准价格5%、机械设备单价变化超过基准价格10%时，超过部分的风险应由发包人承担。

② 对于法律、法规、规章或有关政策出台导致工程税金、规费、人工费发生变化，并由省级、行业建设行政主管部门或其授权的工程造价管理机构根据上述变化发布的政策性调整，以及由政府定价或政府指导价管理的原材料等价格进行了调整，承包人不应承担此类风险，应按照有关调整规定执行。

③ 对于承包人根据自身技术水平、管理、经营状况能够自主控制的风险，如承包人的管理费、利润的风险，承包人应结合市场情况，根据企业自身的实际合理确定、自主报价，该部分风险由承包人全部承担。

（6）材料、工程设备暂估价

招标工程量清单中提供了暂估单价的材料、工程设备，按其他项目清单暂估的单价计入综合单价。

综合单价的计算步骤详见工程量清单的计价方法有关内容。为表明分部分项工程综合单价的合理性，投标人应对其进行综合分析，并按规定格式将结果填入表8-13中，以此作为评标与结算的依据。

将计算得出的综合单价，填入分部分项工程和单价措施项目清单与计价表中，汇总得出分部分项工程费和单价措施项目费，结果见表8-14。

表 8-13　综合单价分析表

工程名称：多层砖混住宅工程　　　　　　　标段：　　　　　　　　第　页　共　页

项目编码	010101003001		项目名称	挖沟槽土方	计量单位	m³

清单综合单价组成明细

定额编号	定额名称	定额单位	数量	单价/(元/m³)				合价/元			
				人工费	材料费	机械费	管理费和利润	人工费	材料费	机械费	管理费和利润
A1-11	挖基础土方	m³	2.398	31.08	0	0	4.66	74.53	0		11.17
A1-25	人工运土	m³	1.679	9.14	0	0	1.37	15.35	0	0	2.30
人工单价			小计					89.88	0	0	13.47
105 元/工日			未计价材料								
清单项目综合单价/(元/m³)								103.35			

表 8-14　分部分项工程和单价措施项目清单与计价表

工程名称：多层砖混住宅工程　　　　　　　标段：　　　　　　　　第　页　共　页

序号	项目编码	项目名称	项目特征描述	计量单位	工程量	金额/元		
						综合单价	合价	其中：暂估价
1	010101003001	挖沟槽土方	1. 土壤类别：三类 2. 挖土深度：3m 3. 弃土距离：4km	m³	96.91	103.35	10015.65	
2	010103001001	回填方	1. 密实度符合设计 2. 机械压实	m³	47.06	82.77	3895.16	
3.	010401001001	砖基础	1. 普通页岩砖，MU10 2. 带形基础 3. M5 水泥砂浆	m³	37.60	459.16	17264.42	
⋮								
本页小计/元							36079.20	
合计/元							36079.20	

4）总价措施费报价

对于不能精确计量的措施项目，应编制总价措施项目清单与计价表。投标人对措施项目中的总价项目投标报价应遵循以下原则：

（1）措施项目的内容应依据招标人提供的措施项目清单和投标人投标时拟定的施工组织设计或施工方案。

（2）投标人可以根据自身编制的施工组织设计和施工方案确定措施项目，但应通过评标委员会的评审。

（3）措施项目中的总价项目应采用综合单价方式报价，包括除规费、税金外的全部费用。

（4）措施项目费由投标人自主确定，但其中安全文明施工费必须按照国家或省级、行业建设主管部门的规定计价，不得作为竞争性费用。

5）其他项目费

（1）暂列金额应按照招标工程量清单中列出的金额填写，不得变动，如表8-15所示。

表8-15　暂列金额明细表

工程名称：多层砖混住宅工程　　　　　　　　　标段：　　　　　　　　　第　页　共　页

序号	项目名称	计量单位	暂列金额/元	备注
1	工程量清单中工程量偏差与设计变更	项	101000	
2	政策性调整和材料价格风险	项	102000	
3	其他	项	103000	
合计			306000	

（2）暂估价不得变动和更改。暂估价中的材料、工程设备暂估价必须按照招标人提供的暂估单价计入清单项目的综合单价，如表8-16所示；专业工程暂估价必须按照招标人提供的其他项目清单中列出的金额填写，如表8-17所示。

表8-16　材料工程设备暂估单价表

工程名称：多层砖混住宅工程　　　　　　　　　标段：　　　　　　　　　第　页　共　页

序号	材料名称、规格、型号	计量单位	单价/元	备注
1	钢筋（规格型号综合）	t	5000	用于所有现浇混凝土钢筋清单
2	工程设备（成套配电箱 DAPX1）	台	5700	用于消防电梯排污泵控制

表8-17　专业工程暂估价表

工程名称：多层砖混住宅工程　　　　　　　　　标段：　　　　　　　　　第　页　共　页

序号	工程名称	工作内容	金额/元	备注
1	入户防盗门	安装	102000	
合计			102000	

（3）计日工应按照招标工程量清单列出的项目和估算的数量，自主确定各项综合单价并计算费用，在此处人、料、机的综合单价包含了除规费、税金之外的全部费用，如表8-18所示。

表8-18　计日工表

工程名称：多层砖混住宅工程　　　　　　　　　标段：　　　　　　　　　第　页　共　页

序号	项目名称	计量单位	暂定数量	综合单价/元	合价/元
一	人工				
1	普工	工日	200	56	11200
2	技工	工日	50	86	4300
3	高级技工	工日	20	129	2580
人工小计					18080
二	材料				
1	钢筋（规格、型号综合）	t	1	5000	5000
2	42.5级水泥	t	2	460	920
3	中砂	m³	10	83	830
4	蒸压灰砂砖	千块	1	230	230
材料小计					6980

续表

序号	项目名称	计量单位	暂定数量	综合单价/元	合价/元
三	施工机械				
1	自升式塔式起重机(起重力矩 1250kN·m)	台班	5	840	4200
2	砂浆搅拌机(400L)	台班	2	65	130
3	交流弧焊机(36kV·A)	台班	1	160	160
	施工机械小计				4490
	总计				29550

（4）总承包服务费应根据招标工程量清单列出的专业工程暂估价内容和供应材料、设备情况，按照招标人提出协调、配合与服务要求和施工现场管理需要自主确定，如表 8-19 所示。

表 8-19 总承包服务费计价表

工程名称：多层砖混住宅工程　　　　　　标段：　　　　　　　　　　第　页　共　页

序号	项目名称	项目价值/元	服务内容	费率/%	金额/元
1	发包人供应材料	1000000	对发包人供应的材料进行验收及保管和使用发放	1	10000
2	发包人发包专业工程	100000	1. 按专业工程承包人的要求提供施工工作面并对施工现场进行统一管理,对竣工资料进行统一整理汇总 2. 为专业工程承包人提供垂直机械和焊接电源接入点,并承担垂直运输费和电费 3. 为防盗门安装后进行补缝和找平并承担相应费用	5	5000
	合计				15000

6）规费和税金

规费和税金应按国家或省级、行业建设主管部门的规定计算，不得作为竞争性费用。这是由于规费和税金的计取标准是依据有关法律、法规和政策规定制定的，具有强制性。因此，投标人在投标报价时必须按照国家或省级、行业建设主管部门的有关规定计算规费和税金。规费、税金项目清单与计价表的编制如表 8-20 所示。

表 8-20 规费、税金项目清单与计价表

工程名称：多层砖混住宅工程　　　　　　标段：　　　　　　　　　　第　页　共　页

序号	项目名称	计 算 基 础	费率/%	金额/元
1	规费			104272
1.1	社会保险费	(1)＋(2)＋(3)＋(4)＋(5)		81928
(1)	养老保险费	人工费	14	52136
(2)	实业保险费	人工费	2	7448
(3)	医疗保险费	人工费	6	22344
(4)	生育保险费	人工费		

续表

序号	项目名称	计 算 基 础	费率/%	金额/元
(5)	工伤保险费	人工费		
1.2	住房公积金	人工费	6	22344
1.3	工程排污费	按工程所在地环保部门规定按实计算		
2	税金	分部分项工程费＋措施项目费＋其他项目费＋规费	3.477	72550.57
	合计			176822.57

7) 投标价的汇总

投标人的投标总价应当与组成工程量清单的分部分项工程费、措施项目费、其他项目费和规费、税金的合计金额一致，即投标人在进行工程量清单招标的投标报价时，不能进行投标总价优惠（或降价、让利），投标人对投标报价的任何优惠（或降价、让利）均应反映在相应清单项目的综合单价中。投标总价汇总表按表 8-21 所示格式及内容来填写。

表 8-21　投标报价计价程序表

工程名称：多层砖混住宅工程　　　　　　标段：　　　　　　　　　第　页　共　页

序号	汇 总 内 容	计 算 方 法	金额/元
1	分部分项工程	自主报价	1067364.34
1.1	砌筑工程		112973.91
1.2	混凝土及钢筋混凝土工程		851413.99
2	措施项目	自主报价	462169
2.1	其中：安全文明施工费	按规定标准计算	222242
3	其他项目		452780
3.1	其中：暂列金额	按招标文件提供金额计列	306000
3.2	其中：专业暂估价	按招标文件提供金额计列	102000
3.3	其中：计日工	自主报价	29780
3.4	其中：总承包服务费	自主报价	15000
4	规费	按规定标准计算	104272
5	税金	(1+2+3+4)×3.477%	72550.57
	投标报价合计		2159135.91

8.5　工程量清单计价综合案例

某工程建筑面积为 1600m^2，纵横外墙基均采用同一断面的带形基础，无内墙，基础总长度为 80m，基础上部为 370 实心砖墙，带基结构尺寸如图 8-4 所示。混凝土现场制作，强度等级：基础垫层 C20，带形基础及其他构件均为 C30。招标文件要求：

(1) 弃土采用翻斗车运输，运距 200m，基坑夯实回填，挖、填土方均按天然密实土计算。

(2) 土建单位工程投标总报价根据清单计价的金额确定。某承包商拟投标此项工程，并根据本企业的管理水平确定管理费率为 12%，利润率和风险系数为 4.5%（以工料机和管理费为基数计算）。

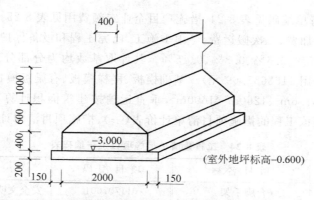

图 8-4 带型基础结构图（除标高外，其余单位 mm）

问题：

（1）根据图示内容和《计价规范》的规定，计算该工程带形基础、垫层及挖填土方的工程量，计算过程填入表 8-26 中。

（2）假设某投标人编制的施工方案为：基础土方为人工放坡开挖，依据企业定额的计算规则规定，工作面每边 300mm；自垫层上表面开始放坡，坡度系数为 0.33，余土全部外运。计算基础土方组价工程量。

（3）根据企业定额消耗量表 8-22、市场资源价格表 8-23 和《全国统一建筑工程基础定额》混凝土配合比表，编制该工程土方开挖分部分项工程量清单综合单价表。

表 8-22 企业定额消耗量（节选）   m³

企业定额编号			8-16	5-394	5-417	5-421	1-9	1-46	1-54
项目		单位	混凝土垫层	混凝土带形基础	混凝土有梁板	混凝土楼梯/m³	人工挖三类土	回填夯实土	翻斗车运土
人工费	综合工日	工日	1.225	0.956	1.307	0.575	0.661	0.294	0.100
材料费	现浇混凝土	m³	1.010	1.015	1.015	0.260			
	草袋	m²	0.000	0.252	1.099	0.218			
	水	m³	0.500	0.919	1.204	0.290			
机械费	混凝土搅拌机 400L	台班	0.101	0.039	0.063	0.026			
	插入式振捣器		0.000	0.077	0.063	0.052			
	平板式振捣器		0.079	0.000	0.063	0.000			
	机动翻斗车		0.000	0.078	0.000	0.000			0.069
	电动打夯机		0.000	0.000	0.000	0.000		0.006	

表 8-23 资源市场价格信息表

序号	资源名称	单位	价格	序号	资源名称	单位	价格
1	综合工日	工日	50.00	7	草袋	m²	2.20
2	42.5 级水泥	t	460.00	8	混凝土搅拌机 400L	台班	96.85
3	粗砂	m³	90.00	9	插入式振捣器	台班	10.74
4	砾石 40	m³	52.00	10	平板式振捣器	台班	12.89
5	砾石 20	m³	52.00	11	机动翻斗车	台班	83.31
6	水	m³	3.90	12	电动打夯机	台班	25.61

（4）措施项目清单编码见表 8-24,措施项目企业定额费用见表 8-25,措施费中安全文明施工费、夜间施工增加费、二次搬运费、冬雨季施工、已完工程和设备保护设施费的计取费率分别为：3.12%、0.7%、0.6%、0.8%、0.15%。其计取基数均为分部分项工程量清单合计价(假设分部分项费用 1183657.69 元)。基础模板、楼梯模板、有梁板模板、综合脚手架工程量分别为：224m²、31.6m²、1260m²、1600m²,垂直运输按建筑面积计算其工程量。依据上述条件,计算并编制该工程的措施项目清单计价表(一)、措施项目清单计价表(二)。

表 8-24　工程量清单措施项目统一编码表

项目编码	项目名称	项目编码	项目名称
011701001	综合脚手架	011707001	安全文明施工费
011702001	基础模板	011707002	夜间施工增加费
011702014	有梁板模板	011707004	二次搬运费
011702024	楼梯模板	011707005	冬雨季施工费
011703001	垂直运输机械	011707007	已完工程和设备保护设施费

表 8-25　措施项目企业定额费用表

定额编号	项目名称	计量单位	人工费/元	材料费/元	机械费/元
10-6	带形基础竹胶板木支撑	m²	10.04	30.86	0.84
10-21	直型楼梯木模板支撑	m²	39.34	65.12	3.72
10-50	有梁板竹胶板木模板	m²	11.58	42.24	1.59
11-1	综合脚手架	m²	7.07	15.02	1.58
12-5	垂直运输机械	m²	0.00	0.00	25.43

（5）其他项目清单与计价汇总表中明确：暂列金额 300000 元,业主采购钢材暂估价 300000 元(总包服务费按 1% 计取)。专业工程暂估价 500000 元(总包服务费按 4% 计取),计日工中暂估 60 个工日,单价为 80 元/工日。编制其他项目清单与计价汇总表。

（6）若现行规费与税金分别按 5%、11% 计取,编制单位工程投标报价汇总表。

【解】　问题（1）

据图 8-4 所示内容和《计价规范》的规定,列表计算带形基础、垫层及挖填土方的工程量,分部分项工程量计算见表 8-26。

表 8-26　分部分项工程量计算表

工程名称：多层砖混住宅工程　　　　　标段：　　　　　　　　　　　第　页　共　页

序号	项目编码	项目名称	项目特征	计量单位	工程量	计算过程
1	010101002001	挖沟槽土方	1. 土壤类别：三类 2. 挖土深度：2.6m 3. 弃土距离：200m	m³	478.40	2.3×80×(3+0.2-0.6)=478.40
2	010103001001	基础回填土	夯填	m³	276.32	478.40-36.80-153.60-(3-0.6-2)×0.365×80=276.32

续表

序号	项目编码	项目名称	项目特征	计量单位	工程量	计算过程
3	010501002001	带形基础垫层	1. C20 2. 厚度 200mm	m³	36.80	2.3×80×0.2＝36.80
4	010501002001	带形基础	C30	m³	153.60	[2.0×0.4＋(2＋0.4)÷2×0.6＋0.4×1]×80＝153.60
5	010505001001	有梁板	1. C30 2. 厚度 120mm	m³	189.00	—
6	010506001001	直型楼梯	C30	m²	31.60	—
7			略	元	1000000	

问题(2)

依据投标人施工方案的规定,工作面每边 300mm;自垫层上表面开始放坡,坡度系数为 0.33;余土全部外运。计算该基础土方工程量。

(1) 人工挖土方工程量计算

$$V = \{(2.3＋2×0.3)×0.2＋[2.3＋2×0.3＋0.33×$$
$$(3－0.6)]×(3－0.6)\}×80$$
$$=[(0.58＋8.86)×80]m^3 = 755.20m^3$$

(2) 基础回填土工程量计算

$$V_T = V_W －室外地坪标高以下埋设物$$
$$=[755.20－36.80－153.60－(3－0.6－2)×0.365×80]m^3$$
$$=553.12m^3$$

(3) 余土运输工程量计算

$$V_Y = V_W － V_T = (755.20－553.12)m^3 = 202.08m^3$$

问题(3)

(1) 人工挖基础土方综合单价分析

① 计算定额数量

$$人工挖基础土方 = 755.20/478.40 = 1.579$$
$$机械土方运输 = 202.08/478.40 = 0.422$$

② 计算人工挖土方综合单价

$$人工费(单价) = 人工工日消耗量×工日单价$$
$$= (0.661×50)元 = 33.05 元$$

$$材料费(单价) = \sum 材料消耗量×材料单价 = 0$$

$$机械费(单价) = \sum 机械消耗量×机械台班单价 = 0$$

$$管理费(单价) = (人工费＋材料费＋机械费)×管理费费率$$
$$= [(33.05＋0＋0)×12\%]元 = 3.97 元$$

$$利润(单价) = (人工费＋材料费＋机械费＋管理费)×利润率$$
$$= [(33.05＋0＋0＋3.97)×4.5\%]元 = 1.67 元$$

$$管理费和利润 = (3.97 + 1.67)\ 元 = 5.64\ 元$$

$$人工费(合价) = 人工费(单价) \times 定额数量$$

$$= (33.05 \times 1.579)\ 元 = 52.19\ 元$$

其余数据计算同上,不再一一详列,并将上述结果填入表 8-27 中。

表 8-27　人工挖基础土方综合单价分析表

工程名称:多层砖混住宅工程　　　　　　标段:　　　　　　　　　　第　页　共　页

项目编码			010101002001		项目名称		人工挖基础土方		计量单位		m²
清单综合单价组成明细											
定额编号	定额名称	定额单位	数量	单价/(元/m³)				合价/元			
				人工费	材料费	机械费	管理费和利润	人工费	材料费	机械费	管理费和利润
1-9	基础挖土	m³	1.579	33.05	0.00	0.00	5.64	52.19	0.00	0.00	8.91
1-54	机械运土	m³	0.422	5.00	0.00	5.75	1.83	2.11	0.00	2.43	0.77
人工单价		小计						54.30	0.00	2.43	9.68
50 元/工日		未计价材料									
清单项目综合单价/(元/m³)								66.41			

(2)基础回填土综合单价分析,结果见表 8-28。

表 8-28　人工回填基础土方综合单价分析表

工程名称:多层砖混住宅工程　　　　　　标段:　　　　　　　　　　第　页　共　页

项目编码			010103001001		项目名称		人工回填基础土方		计量单位		m³
清单综合单价组成明细											
定额编号	定额名称	定额单位	数量	单价/(元/m³)				合价/元			
				人工费	材料费	机械费	管理费和利润	人工费	材料费	机械费	管理费和利润
1-46	基础挖土	m³	2.002	14.70	0.00	0.205	2.54	29.43	0.00	0.41	5.09
人工单价		小计						29.43	0.00	0.41	5.09
50 元/工日		未计价材料									
清单项目综合单价/(元/m³)								34.93			

(3)带形基础、基础垫层、有梁板和混凝土楼梯综合单价的组成,采用与上述相同的计算方法,计算过程略。

(4)编制分部分项综合单价汇总表,结果见表 8-29。

(5)编制分部分项工程量清单与计价表,见表 8-30。

问题(4)

(1)措施项目中的通用项目参照《计价规范》选择列项,还可以根据工程实际情况补充,措施项目清单计价表(一)见表 8-31。

(2)措施项目中可以计算工程量的项目,宜采用分部分项工程量清单与计价表的方式编制,项目清单计价表(二)见表 8-32。

表 8-29　分部分项清单综合单价汇总表

工程名称：多层砖混住宅工程　　　　　　　　标段：　　　　　　　　第　页　共　页

序号	项目编码	项目名称	工 作 内 容	综合单价/(元/m³)				综合单价/(元/m³)
				人工费	材料费	机械费	管理费和利润	
1	010101003001	挖基础土方	4m 以内、三类土、含运输	54.30	0.00	2.43	9.67	66.39
2	010103001001	基础回填土	夯实回填	29.43	0.00	0.41	5.09	34.93
3	010401006001	基础垫层	C20 混凝土厚 200mm	61.25	210.69	10.80	48.18	330.93
4	010401001001	带形基础	C30 混凝土	47.80	236.74	11.10	50.38	346.02
5	010405001001	有梁板	C20 混凝土厚 120mm	65.35	258.45	7.59	56.47	397.85
6		其余分项工程（略）						

表 8-30　分部分项工程量清单与计价表

工程名称：多层砖混住宅工程　　　　　　　　标段：　　　　　　　　第　页　共　页

序号	项目编码	项目名称	项目特征描述	计量单位	工程量	金额/元		
						综合单价	合价	其中：暂估价
1	010101003001	挖基础土方	4m 以内，三类土、含运输	m³	478.40	66.39	31760.98	
2	010103001001	基础回填土	夯实回填	m³	276.32	34.93	9651.86	
3	010401006001	基础垫层	C20 混凝土厚 200mm	m³	330.91	36.80	12177.49	
4	010401001001	带形基础	C30 混凝土	m³	153.60	346.02	53148.67	
5	010405001001	有梁板	C20 混凝土厚 120mm	m³	189.00	387.85	73303.65	
6		其余分项工程	含钢筋工程				1003615.04	
		合　计					1183657.69	

表 8-31　措施项目清单与计价表（一）

工程名称：多层砖混住宅工程　　　　　　　　标段：　　　　　　　　第　页　共　页

序号	项目编码	项目名称	计算基础	费率/%	金额/元
1	011707001001	安全文明施工费	1183657.69	3.12	36930.12
2	011707002001	夜间施工增加费	1183657.69	0.70	8285.60
3	011707004001	二次搬运费	1183657.69	0.60	7101.95
4	011707005001	冬雨季施工	1183657.69	0.80	9469.26
5	011707007001	已完工程及设备保护费	1183657.69	0.15	1775.49
		合　计			63562.42

表 8-32　措施项目清单与计价表（二）

工程名称：多层砖混住宅工程　　　　　　　　标段：　　　　　　　　第　页　共　页

序号	项目编码	项目名称	项目特征描述	计量单位	工程量	金额/元		
						综合单价	合价	其中：暂估价
1	011701001001	综合脚手架	钢管脚手架	m²	1600.00	27.70	44320.00	
2	011702001001	基础模板	竹胶板木支撑	m²	224.00	48.85	10942.40	
3	011702014001	有梁板模板	竹胶板木支撑,支模高度3.4m	m²	1260.00	64.85	81711.00	
4	011702024001	楼梯模板	木模板木支撑	m²	31.60	126.61	4000.88	
5	011703001001	垂直运输机械	塔吊	m²	1600.00	29.76	47616.28	
合计							188590.28	

基础模板综合单价分析计算：

$$(10.04 + 30.86 + 0.84) 元 \times (1 + 12\%) \times (1 + 4.5\%) = 48.85 元$$

问题(5)

编制其他项目清单与计价汇总表,见表 8-33。

表 8-33　其他项目清单与计价汇总表

工程名称：多层砖混住宅工程　　　　　　　　标段：　　　　　　　　第　页　共　页

序号	项目名称	计量单位	金额/元	备注
	暂列金额	元	300000.00	
2	暂估价	元	500000.00	
2.1	业主采购钢筋暂估价	元	—	不计入总价
2.2	专业工程暂估价	元	500000.00	
3	计日工(60×80)元=4800元	元	4800.00	
4	总承包服务费(500000×4%)元=20000元 (300000×1%)元=3000元	元	23000.00	
合计			827800.00	

注：材料暂估单价进入清单项目综合单价,此处不汇总。

问题(6)

编制该土建工程投标报价汇总表,见表 8-34。

表 8-34　土建单位工程投标报价汇总表

工程名称：多层砖混住宅工程　　　　　　　　标段：　　　　　　　　第　页　共　页

序号	汇总内容	计算方法	金额/元
1	分部分项工程	自主报价	1183657.69
1.1	略		
1.2	略		
	⋮		
2	措施项目	自主报价	252152.70
2.1	其中：安全文明施工费	按规定标准计算	36930.12

续表

序号	汇总内容	计算方法	金额/元
3	其他项目		827800.00
3.1	其中：暂列金额	按招标文件提供金额计列	300000.00
3.2	其中：专业暂估价	按招标文件提供金额计列	500000.00
3.3	其中：计日工	自主报价	4800.00
3.4	其中：总承包服务费	自主报价	23000.00
4	规费	$(1+2+3)\times 5.00\%$	113180.52
5	税金	$(1+2+3+4)\times 11\%$	261447.00
	投标报价合计		2638237.91

8.6　工程量清单计价模式下的投标报价策略

投标报价策略是指承包商在投标竞争中的系统工作部署及其参与投标竞争的方式和手段。投标策略作为投标取胜的方式、手段和艺术,贯穿于投标竞争的始终,是在同等条件下获取更多利润必不可少的手段。在工程量清单计价模式下主要有以下常用的投标策略。

1. 根据招标项目的不同特点采用不同报价

投标报价时,既要考虑自身的优势和劣势,也要分析招标项目的特点。按照工程项目的不同特点、类别、施工条件等来选择报价策略。

(1) 遇到如下情况报价可高一些:施工条件差的工程;专业要求高的技术密集型工程,而本企业在这方面又有专长,声望也较高;总价低的小工程,以及自己不愿做、又不方便不投标的工程;特殊的工程,如港口码头、地下开挖工程等;工期要求急的工程;投标对手少的工程;支付条件不理想的工程。

(2) 遇到如下情况报价可低一些:施工条件好的工程;工作简单、工程量大而一般公司都可以做的工程;本公司目前急于打入某一市场、某一地区,或在该地区面临工程结束,机械设备等无工地转移时;本公司在附近有工程,而本项目又可利用该工程的设备、劳务,或有条件短期内突击完成的工程;投标对手多,竞争激烈的工程;非急需工程;支付条件好的工程。

2. 不平衡报价法

不平衡报价法是指一个工程项目在投标报价时,在保持总价基本不变的前提下,通过调整内部各个组成项目的报价,即调增某些项目的单价,同时调减另外一些项目的单价,这样在既不提高总价,不影响中标的情况下,以期获得更明显的经济效益。在以下这些情况下就可以采用不平衡报价法:

(1) 能够早日结账的项目(如土方开挖、基础工程等)单价可以适当调高,后期工程项目(如机电设备安装、装饰等)单价可以适当调低,这样一方面有利于资金周转,另一方面在考虑资金时间价值时,能获得更多的经济效益。

(2) 经过工程量核算,预计今后工程量会增加的项目,单价可适当提高,工程量可能会减少的项目单价降低,这样在工程最后结算时可获得更多的工程价款。

但是上述两种情况要统筹考虑,即对工程量有误的早期工程,如果预计工程量会减少,则不能盲目抬高单价,要具体分析后再定。

(3) 设计图纸不明确,估计修改后工程量要增加的,可以提高单价;而工程内容解说不清楚的,则可适当降低一些单价,待澄清后可再要求提价。

(4) 暂定项目要做具体分析,因这一类项目在开工后由业主研究决定是否实施,由哪一家承包商实施。如果工程不分包,只由一家承包商施工,则其中肯定要做的单价可高些,不一定要做的则应低些;如果工程分包,该暂定项目也可能由其他承包商施工时,则不宜报高价,以免抬高总报价。

(5) 单价和包干混合制合同中,业主要求有些项目采用包干报价时,宜报高价。一则这类项目多半有风险,二则这类项目在完成后可全部按报价结账,即可以全部结算回来。其余单价项目则可适当降低。

(6) 有时招标文件要求投标者对工程量大的项目报"单价分析表",投标时可将单价分析表中的人工费及施工机械费报得较高,而材料费报得较低。这主要是为了在今后补充项目报价时,可以参考选用"单价分析表"中的较高人工费和施工机械费,而材料则往往采用市场价,因而可获得较高收益。

(7) 在议标时,投标人一般都要压低标价。这时应首先压低那些工程量少的单价,这样即使压低了很多单价,总的标价也不会降低很多,而给发包人的感觉却是工程量清单上的单价大幅度下降,投标人很有让利的诚意。

(8) 在其他项目费中报工日单价和机械单价可以高些,以便在日后招标人用工或使用机械时可多盈利。对于其他项目中的工程量要具体分析,是否报高价,高多少要有一个限度,不然会抬高总报价。

虽然不平衡报价对投标人可以降低一定的风险,但报价必须建立在对工程量清单表中的工程量风险仔细核对的基础上,特别是对于降低单价的项目,如工程量一旦增多,将造成投标人的重大损失,同时抬高单价的项目一定要控制在合理幅度内(一般可在 10% 左右),以免引起业主反感,甚至导致废标。

3. 多方案报价法

对于一些招标文件,如果发现工程范围不很明确,条款不清楚或很不公正,或技术规范要求过于苛刻时,则要在充分估计风险的基础上,按多方案报价处理,即按原招标文件报一个价,然后再提出如果某条款作某些变动,报价可降低的幅度。这样可以降低总价,吸引业主。

投标人这时应组织一批有经验的技术专家,对原招标文件的设计和施工方案仔细研究,提出更理想的方案以吸引业主,促成自己的方案中标。这种新的建议可以降低总造价或提前竣工。但是应注意的是对原招标方案一定要报价,以供招标人比较。增加建议方案时,不必将方案写得太具体。保留方案的技术关键,防止招标人将此方案交给其他投标人,需要强调的是建议方案要比较成熟,或过去有这方面的实践经验。因为投标时间一般较短,如果仅为中标而匆忙提出一些没有把握的建议方案,可能引起很多不良后果。

第 9 章

合同价款结算与支付

9.1 合同计量

9.1.1 合同类型的选择

实行招标的工程合同价款应在中标通知书发出之日起 30 天内,由发承包双方依据招标文件与中标人的投标文件在书面合同中约定。合同约定不得违背招、投标文件中关于工期、造价、质量等方面的实质性内容。招标文件与中标人投标文件不一致的地方,以投标文件为准。不实行招标的工程合同价款,在发承包双方认可的合同价款基础上,由发承包双方在合同中约定。

目前常用的合同类型按计价方式不同分为单价合同、总价合同、成本加酬金合同 3 种。

1. 单价合同

当施工发包的工程内容或工程量尚不能十分明确、具体地予以规定时,可以采用单价合同(unit price contract)形式,即根据计划工作内容和估算工程量,在合同中明确每项内容的单位价格,结算时则根据每一子项予以计量的实际完成工程量乘以该子项的合同单价计算该项工作的应付工程款。

单价合同的特点是单价优先,当总价与单价的计算结果不一致时,以单价为准调整总价,除非投标单价有明显的错误。由于单价合同允许随工程量变化而调整工程总价,业主和承包商都不存在工程量方面的风险,因此对合同双方都比较公平。单价合同具体又分为固定单价合同和变动单价合同。固定单价合同一般适用于工期短或设计图纸不完备但采用标准设计的工程项目;变动单价合同一般适用于工期长、施工图纸不完整、施工过程各种不可预见因素较多的工程项目。

2. 总价合同

总价合同(lump sum contract)是指根据合同约定的工程施工内容和有关条件,承发包双方在合同签订时,计算出工程项目的总造价,约定合同总金额的合同形式。总价合同又分为固定总价合同和可调总价合同。固定总价合同在合同约定风险变化幅度范围内,合同总价一次包死,固定不变。在这类合同中,承包商承担工程量和价格变化的风险,因此对承包商而言,是风险最大的一种合同形式。固定总价合同一般适用于设计任务明确、规模小工期短、技术难度小的工程项目。可调总价合同是指在固定总价合同的基础上,对合同履行过程中因为法律、政策、市场等因素影响,对合同价款进行调整的合同,适用于工程规模小、技术难度小、设计图纸完整、设计变更少的工程项目。

3. 成本加酬金合同

成本加酬金合同也称为成本补偿合同,是与固定总价合同相反的合同,工程施工的最终合同价格将按照工程的实际成本再加上一定酬金进行计算。

采用这种合同,承包商基本不承担任何价格和工程量变化的风险,这些风险主要由业主承担,对业主的投资控制不利。而承包商往往缺乏控制成本的积极性,甚至还会期望提高成本以提高自己的经济效益。成本加酬金合同一般适用于紧急抢险、灾后重建、新型工程项目或施工内容、经济指标不明确的工程项目。

9.1.2 工程计量

所谓工程计量,就是发承包双方根据合同约定,对承包人完成合同工程数量进行的计算和确认。具体地说,就是双方根据设计图纸、技术规范以及施工合同约定的计量方式和计算方法,对承包人已经完成的质量合格的工程实体数量进行测量与计算,并以物理计量单位或自然计量单位进行表示、确认的过程。

工程量的正确计量是发包人向承包人支付合同价款的前提和依据。无论采用何种计价方式,其工程量必须按照相关工程现行国家计量规范规定的工程量计算规则计算。采用全国统一的工程量计算规则,对于规范工程建设各方的计量计价行为,有效减少计量争议具有重要意义,因此工程量清单计价模式下必须采用《计价规范》中约定的工程量计算规则计量。

1. 工程计量的原则

(1) 按合同文件中约定的方法进行计量;

(2) 按承包人在履行合同义务过程中实际完成的工程量计算;

(3) 对于不符合合同文件要求的工程,承包人超出施工图纸范围或因承包人原因造成返工的工程量,不予计量;

(4) 若发现工程量清单中出现漏项、工程量计算偏差,以及工程变更引起工程量的增减变化,应据实调整,正确计量。

2. 工程计量的依据

1) 质量合格证书

对于承包人已完成的工程,并不是全部进行计量,只有质量达到合同标准的已完工程才予以计量。所以工程计量必须与质量监理紧密配合,经过专业监理工程师检验,工程质量达到合同规定的标准后,由专业监理工程师签署报验申请表(质量合格证书),只有质量合格的工程才予以计量。所以说质量监理是计量的基础,计量又是质量监理的保障,通过计量支付,强化承包人的质量意识。

2)《计量规范》和技术规范

《计量规范》和技术规范是确定计量方法的依据。因为《计量规范》和技术规范的"计量支付"条款规定了清单中每一项工程的计量方法,同时还规定了按规定的计量方法确定的单价所包括的工作内容和范围。

3）设计图纸

单价合同以实际完成的工程量进行结算，但被监理工程师计量的工程数量，并不一定是承包人实际施工的数量。计量的几何尺寸要以设计图纸为依据，监理工程师对承包人超出设计图纸要求增加的工程量和自身原因造成返工的工程量，不予计量。例如：在某工程中，灌注桩的计量支付条款中规定按照设计图纸以延米计量，其单价包括所有材料及施工的各项费用。根据这个规定，如果承包人做了 35m，而桩的设计长度是 30m，则只计量 30m，发包人按 30m 付款，承包人多做的 5m 灌注桩所消耗的钢筋及混凝土材料，发包人不予补偿。

3. 单价合同的计量

工程量必须以承包人完成合同工程应予计量的工程量确定。施工中进行工程量计量时，当发现招标工程量清单中出现缺项、工程量偏差，或因工程变更引起工程量增减时，应按承包人在履行合同义务中完成的工程量计量。按照《计价规范》的规定，单价合同工程计量的一般程序如下：

（1）承包人应当按照合同约定的计量周期和时间向发包人提交当期已完工程量报告。发包人应在收到报告后 7 天内核实，并将核实计量结果通知承包人。发包人未在约定时间内进行核实的，则承包人提交的计量报告中所列的工程量应视为承包人实际完成的工程量。

（2）发包人认为需要进行现场计量核实时，应在计量前 24 小时通知承包人，承包人应为计量提供便利条件并派人参加。当双方均同意核实结果时，双方应在上述记录上签字确认。承包人收到通知后不派人参加计量，视为认可发包人的计量核实结果。发包人不按照约定时间通知承包人，致使承包人未能派人参加计量，计量核实结果无效。

（3）当承包人认为发包人核实后的计量结果有误时，应在收到计量结果通知后的 7 天内向发包人提出书面意见，并附上其认为正确的计量结果和详细的计算资料。发包人收到书面意见后，应在 7 天内对承包人的计量结果进行复核后通知承包人。承包人对复核计量结果仍有异议的，按照合同约定的争议解决办法处理。

（4）承包人完成已标价工程量清单中每个项目的工程量并经发包人核实无误后，发承包人应对每个项目的历次计量报表进行汇总，以核实最终结算工程量，并应在汇总表上签子确认。

4. 总价合同的计量

采用工程量清单方式招标形成的总价合同，其工程量的计算应按照单价合同的计量规定计算。采用经审定批准的施工图纸及其预算方式发包形成的总价合同，除按照工程变更规定的工程量增减外，总价合同各项目的工程量应为承包人用于结算的最终工程量。此外，总价合同约定的项目计量应以合同工程经审定批准的施工图纸为依据，发承包双方应在合同中约定工程计量的形象进度或事件节点进行计量。承包人应在合同约定的每个计量周期内对已完成的工程进行计量，并向发包人提交达到工程形象进度完成的工程量和有关计量资料的报告。发包人应在收到报告后 7 天内对承包人提交的上述资料进行复核，以确定实际完成的工程量和工程形象进度。对其有异议的，应通知承包人进行共同复核。

9.2 合同价款的调整

发承包双方应当在施工合同中约定合同价款,实行招标工程的合同价款由合同双方依据中标通知书的中标价款在合同协议书中约定,不实行招标工程的合同价款由合同双方依据双方确定的施工图预算的总造价在合同协议书中约定。在工程施工阶段,由于项目实际情况的变化,发承包双方施工合同中约定的合同价款可能会出现变动。为合理分配双方的合同价款变动风险,有效地控制工程造价,发承包双方应当在施工合同中明确约定合同价款的调整时间、调整方法及调整程序。

9.2.1 合同价款调整的范围与程序

1. 合同价款调整的范围

影响合同价款变化的因素很多,按照《计价规范》的规定,以下事项发生时,发承包双方应当按照合同约定调整合同价款:

(1) 法律法规变化;

(2) 工程变更;

(3) 项目特征不符;

(4) 工程量清单缺项;

(5) 工程量偏差;

(6) 计日工;

(7) 物价变化;

(8) 暂估价;

(9) 不可抗力;

(10) 提前竣工(赶工补偿);

(11) 误期赔偿;

(12) 索赔;

(13) 现场签证;

(14) 暂列金额;

(15) 发承包双方约定的其他调整事项。

2. 合同价款调整的程序

合同价款调整应按照以下程序进行:

(1) 出现合同价款调整事项(不含工程量偏差、计日工、现场签证、索赔)后的 14 天内,承包人应向发包人提交合同价款调整报告并附上相关资料;承包人在 14 天内未提交合同价款调整报告的,应视为承包人对该事项不存在调整价款请求。

(2) 发包人应在收到承包人合同价款调整报告及相关资料之日起 14 天内对其核实,予以确认的应书面通知承包人。当有疑问时,应向承包人提出协商意见。发包人在收到合同价款调整报告之日起 14 天内未确认也未提出协商意见的,应视为承包人提交的合同价款调整报告已被发包人认可。

（3）如果发包人与承包人对合同价款调整的不同意见不能达成一致，只要对承发包双方履约不产生实质影响，双方应继续履行合同义务，直到其按照合同约定的争议解决方式得到处理。

（4）经发承包双方确认调整的合同价款，作为追加合同价款，与工程进度款或结算款同期支付。

9.2.2　合同价款调整方法

1. 法律法规变化

施工合同履行过程中经常出现法律法规变化引起的合同价款调整问题。FIDIC 合同示范文本及《建设工程施工合同（示范文本）》（GF—2013—0201）约定，国家法律法规发生变化，影响合同价格的，按照以下方法调整：

（1）招标工程以投标截止日前 28 天，非招标工程以合同签订前 28 天为基准日，其后因国家的法律、法规、规章和政策发生变化引起工程造价增减变化的，发承包双方应当按照省级或行业建设主管部门或其授权的工程造价管理机构据此发布的规定调整合同价款。

（2）但因承包人原因导致工期延误的，按上述规定的调整时间，在合同工程原定竣工时间之后，合同价款调增的不予调整，合同价款调减的予以调整。

2. 工程量清单缺陷

按照《计价规范》的规定，招标工程量清单必须作为招标文件的组成部分，由招标人提供，并对其完整性和准确性负责。招标工程量清单是工程量清单计价的基础，应作为招标控制价、投标报价、计算或调整工程量、索赔等的依据之一，一经中标签订合同，招标工程量清单即为合同的组成部分。但是，招标工程量清单在编制过程中由于客观或主观原因，存在一定的缺陷，这些缺陷会影响投标报价和合同结算的准确性。招标工程量清单的常见缺陷有：

1）项目特征不符

发包人在招标工程量清单中对项目特征的描述，应被认为是准确的、全面的，并且与实际施工要求相符合。承包人应按照发包人提供的招标工程量清单，根据其项目特征描述的内容及有关要求进行报价并实施合同工程，直到项目被改变为止。若在合同履行期间出现设计图纸（含设计变更）与招标工程量清单任一项目的特征描述不符，且该变化引起该项目工程造价增减变化的，应按照实际施工的项目特征，重新确定相应工程量清单项目的综合单价，并调整合同价款。例如：招标时，某现浇混凝土构件项目特征描述中描述混凝土强度等级为 C25，但施工图纸注明混凝土强度等级为 C30，投标人在进行投标报价时按照混凝土强度等级为 C25 进行综合单价的组价；但在实际结算时，由于 C25 与 C30 的混凝土价格是不一样的，这时应该重新确定综合单价，并相应地调整合同价款。

2）工程量清单增减

施工过程中，工程量清单项目的增减变化必然带来合同价款的增减变化。而导致工程

量清单增减的原因通常是①设计变更,②施工条件改变,③工程量清单编制错误。《计价规范》对这部分的规定如下:

(1) 合同履行期间,由于招标工程量清单中缺项,新增或漏项分部分项工程量清单项目的,应按照规范中工程变更相关条款确定单价,并调整合同价款;

(2) 新增分项工程量清单项目后,引起措施项目发生变化的,应按照规范中工程变更相关规定,在承包人提交的实施方案被发包人批准后调整合同价款。

3. 工程量偏差

施工过程中,由于施工条件、地质水文、工程变更等变化以及招标工程量清单编制人专业水平的差异,往往在合同履行期间,应予计量的工程量与招标工程量清单出现偏差,为了保证承发包双方利益,体现合同的公平性,应当对工程量偏差带来的合同价款调整做出规定。《计价规范》对这部分的规定如下:

合同履行期间,当予以计算的实际工程量与招标工程量清单出现偏差,且符合下述两条规定的,发承包双方应调整合同价款。

(1) 对于任一招标工程量清单项目,如果因工程量偏差和工程变更等原因导致工程量偏差超过 15%时,可进行调整。当工程量增加 15%以上时,增加部分的工程量的综合单价应予调低;当工程量减少 15%以上时,减少后剩余部分的工程量的综合单价应予调高。

当合同没有约定的,工程量偏差超过 15%时的调整方法,可参照如下公式:

① 当 $Q_1 > 1.15Q_0$ 时,

$$S = 1.15Q_0 \times P_0 + (Q_1 - 1.15Q_0) \times P_1 \tag{9-1}$$

② 当 $Q_1 < 0.85Q_0$ 时,

$$S = Q_1 \times P_1 \tag{9-2}$$

式中,S——调整后的某一分部分项工程费结算价;

$\quad Q_1$——最终完成的工程量;

$\quad Q_0$——招标工程量清单列出的工程量;

$\quad P_1$——按照最终完成工程量重新调整后的综合单价;

$\quad P_0$——承包人在工程量清单中填报的综合单价。

(2) 如果工程量出现超过 15%的变化,且该变化引起相关措施项目相应发生变化时,按系数或单一总价方式计价的,工程量增加的措施项目费调增,工程量减少的措施项目费调减。

采用上述两式的关键是确定新的综合单价,即 P_1 确定的方法,一是发承包双方协商确定,二是与招标控制价相联系,当承包人在工程量清单中填报的综合单价与发包人招标控制价相应清单项目的综合单价偏差超过 15%时,工程量偏差项目综合单价的调整可参考以下公式:

当 $P_0 < P_2 \times (1 - L) \times (1 - 15\%)$ 时,该类项目的综合单价:

$$P_1 = P_2 \times (1 - L) \times (1 - 15\%) \tag{9-3}$$

当 $P_0 > P_2 \times (1+15\%)$ 时,该类项目的综合单价:

$$P_1 = P_2 \times (1+15\%) \tag{9-4}$$

式中,P_0——投标人填报的综合单价;

　　P_2——招标人相应项目的综合单价;

　　L——承包人报价浮动率。其中:

$$L = (1 - 报价值 / 招标控制价) \times 100\% \tag{9-5}$$

【例 9-1】　某工程采用工程量清单计价方法,招标人提供的清单中土方开挖工程量 3000m³,混凝土工程量 400m³。投标人填报的综合单价分别为 36 元/m³,400 元/m³。合同约定,实际工程量增减超过 15% 以上时调整综合单价,工程量增加时调价系数为 0.9,工程量减少时调价系数为 1.1。施工中土方开挖的实际工程量为 3500m³,混凝土实际工程量为 320m³。

试问:土方工程、混凝土工程的实际结算价是多少?

【解】　(1) 由于 (3500−3000)/3000 = 16.7% > 15%

土方开挖工程量增幅超过 15%,因此超过部分工程量应调整综合单价。

执行原价的工程量为 3000m³ × (1+15%) = 3450m³

执行新价的工程量为 (3500−3450)m³ = 50m³

土方的实际结算价为 (3450×36 + 50×36×0.9) 万元 = 12.58 万元

(2) 由于 (400−320)/400 = 20% > 15%

混凝土工程量减幅超过 15%,因此应调整综合单价。

混凝土工程的实际结算价为 (320×400×1.1) 万元 = 14.08 万元

【例 9-2】　某工程采用工程量清单计价,某投标人填报的投标报价为 507.35 万元,招标人编制的招标控制价为 523.50 万元,其中有部分分部分项变更工程综合单价信息如表 9-1 所示。试计算各变更工程实际结算单价。

表 9-1　分部分项变更工程综合单价信息表

项 目 名 称	综 合 单 价	
	招标控制价	投标报价
土方开挖	24 元/m³	29 元/m³
块料楼地面	320 元/m²	260 元/m²
混凝土框架柱	420 元/m³	400 元/m³

【解】　首先计算报价浮动率

$$L = (1 - 507.35/523.50) \times 100\% = 3.09\%$$

(1) 土方开挖综合单价

由于 29 元/m³ > [24×(1+15%)] 元/m³ = 27.6 元/m³

因此,土方开挖变更结算综合单价为

$$P_1 = [24 \times (1+15\%)] 元/m³ = 27.6 元/m³$$

(2) 块料楼地面综合单价

由于 260 元/m² < [320×(1−3.09%)×(1−15%)] 元/m² = 263.60 元/m²

因此,块料楼地面的变更结算综合单价为

$$P_1 = [320 \times (1-3.09\%) \times (1-15\%)] \text{元}/\text{m}^2 = 263.60 \text{元}/\text{m}^2$$

(3) 混凝土框架柱综合单价

由于 $400 \text{元}/\text{m}^3 > [420 \times (1-3.09\%) \times (1-15\%)]\text{元}/\text{m}^3 = 345.97 \text{元}/\text{m}^3$

因此,混凝土框架柱变更结算综合单价为

$$P_1 = 400 \text{元}/\text{m}^3$$

4. 物价变化

施工合同履行时间往往较长,合同履行过程中经常出现人工、材料、工程设备和机械台班等市场价格起伏引起价格波动的现象,该种变化一般会造成承包人施工成本的增加或减少,进而影响到合同价格调整,最终影响到合同当事人的权益。

因此,为解决由于市场价格波动引起合同履行的风险问题,《建设工程施工合同(示范文本)》(GF—2013—0201)中引入了适度风险适度调价的制度,亦称为合理调价制度,其法律基础是合同风险的公平合理分担原则。

合同履行期间,因人工、材料、工程设备、机械台班价格波动影响合同价款时,应根据合同约定的方法计算调整合同价款。承包人采购材料和工程设备的,应在合同中约定主要材料、工程设备价格变化的范围或幅度;当没有约定,且材料、工程设备单价变化超过5%或机械台班单价变化超过10%时,超过部分的价格应按照价格指数调整法或造价信息差额调整法计算调整材料、工程设备费及机械台班费用。

如前所述,物价变化合同价款调整方法有价格指数调整法和造价信息差额调整法,对此,《计价规范》中有如下规定:

1) 采用价格指数进行价格调整

(1) 价格调整公式

$$\Delta P = P_0 \left[A + \left(B_1 \times \frac{F_{t1}}{F_{01}} + B_2 \times \frac{F_{t2}}{F_{02}} + B_3 \times \frac{F_{t3}}{F_{03}} + \cdots + B_n \times \frac{F_{tn}}{F_{0n}} \right) - 1 \right] \quad (9\text{-}6)$$

式中,ΔP——需调整的价格差额;

P_0——约定的付款证明书中承包人应得到的已完成工程量的金额,此项金额应不包括价格调整,不计质量保证金的扣留和支付,预付款的支付和扣回,约定的变更及其他金额已按现行价格计价的,也不计在内;

A——定值权重(即不调部分的权重);

$B_1, B_2, B_3, \cdots, B_n$——各调整因子的变值权重(即可调部分的权重),为各可调因子在投标函投标总报价中所占的比例;

$F_{t1}, F_{t2}, F_{t3}, \cdots, F_{tn}$——各可调因子的现行价格指数,指约定的付款证书相关周期最后一天的前42天的各可调因子的价格指数;

$F_{01}, F_{02}, F_{03}, \cdots, F_{0n}$——各可调因子的基本价格指数,指基准日期的各可调因子的价格指数。

以上价格调整公式中的各可调因子、定值和变权重,以及基本价格指数及其来源在投标函附录价格指数和权重表中约定。价格指数应首先采用工程造价管理机构提供的价格指数,缺乏上述价格指数时,可采用工程造价管理机构提供的价格代替。

在计算调整差额时得不到现行价格指数的,可暂用上一次价格指数计算,并在以后的付款中再按实际价格指数进行调整。

（2）工期延误后的价格调整

① 由于发包人原因导致工期延误的,对于计划进度日期（或竣工日期）后续施工的工程,在使用价格调整公式时,应采用计划进度日期（或竣工日期）与实际进度日期（或竣工日期）的两个价格指数中较高者作为现行价格指数。

② 由于承包人原因导致工期延误的,对于计划进度日期（或竣工日期）后续施工的工程,在使用价格调整公式时,应采用计划进度日期（或竣工日期）与实际进度日期（或竣工日期）的两个价格指数中较低者作为现行价格指数。

【例 9-3】　某直辖市城区道路扩建项目进行施工招标,投标截止日期为 2011 年 8 月 1 日。通过评标确定中标人后,签订的施工合同总价为 80000 万元,工程于 2011 年 9 月 20 日开工。施工合同中约定:①预付款为合同总价的 5%,分 10 次按相同比例从每月应支付的工程进度款中扣还。②工程进度款按月支付。③质量保证金从月进度付款中按 5% 扣留,最高扣至合同总价的 5%。④工程价款结算时人工单价,钢材、水泥、沥青、砂石料以及机械使用费采用价格指数法给承包商以调价补偿,各项权重系数及价格指数如表 9-2 所列。根据表 9-3 所列工程前 4 个月的完成情况,计算 11 月份应当实际支付给承包人的工程款数额。

表 9-2　工程调价因子权重系数及造价指数

	人　工	钢材	水泥	沥青	砂石料	机具使用费	定值部分
权重系数	0.12	0.10	0.08	0.15	0.12	0.10	0.33
2011 年 7 月指数	91.7 元/日	78.95	106.97	99.92	114.57	115.18	
2011 年 8 月指数	91.7 元/日	82.44	106.97	99.13	114.26	115.39	
2011 年 9 月指数	91.7 元/日	86.53	108.11	99.09	114.03	115.41	
2011 年 10 月指数	95.96 元/日	85.84	106.88	99.38	113.01	114.94	
2011 年 11 月指数	95.96 元/日	86.75	107.27	99.66	116.08	114.91	
2011 年 12 月指数	101.4 元/日	87.80	128.37	99.85	126.26	116.41	

表 9-3　2011 年 9—12 月工程完成情况

金额/万元　　支付项目	9 月份	10 月份	11 月份	12 月份
截至当前完成的清单子目价款	1200	3510	6950	9840
当月确认的变更金额（调价前）	0	60	-110	100
当月确认的索赔金额（调价前）	0	10	30	50

【解】　（1）计算 11 月份完成的清单子目的合同价款

$$（6950-3510）万元 = 3440 万元$$

（2）计算 11 月份的价格调整金额

由于当月的变更和索赔金额不是按照现行价格计算的,所以应当计算在调价基数内;基准日为投标截止日之前 28 天,因此应为 2011 年 7 月 3 日,所以应当选取 7 月份的价格指数作为各可调因子的基本价格指数。

$$价格调整金额 = (3440 - 110 + 30) \times \left[\left(0.33 + 0.12 \times \frac{95.96}{91.7} + 0.10 \times \frac{86.75}{78.95} + \right. \right.$$
$$0.08 \times \frac{107.27}{106.97} + 0.15 \times \frac{99.66}{99.92} + 0.12 \times \frac{116.08}{114.57} + 0.10 \times \frac{114.91}{115.18} \right) - 1 \right]$$
$$= 3360 \times [(0.33 + 0.1256 + 0.1099 + 0.0802 + 0.1496 +$$
$$0.1216 + 0.0998) - 1]$$
$$= (3360 \times 0.0167) 万元 = 56.11 万元$$

2）采用造价信息进行价格调整

合同履行期间，因人工、材料、工程设备和机械台班价格波动影响合同价格时，人工、机械使用费按照国家或省、自治区、直辖市建设行政管理部门或其授权的工程造价管理机构发布的人工成本信息、机械台班单价或机械使用费系数进行调整。需要进行价格调整的材料，其单价和采购数应由发包人复核，发包人确认需调整的材料单价及数量作为调整合同价款差额的依据。

（1）人工单价的调整

人工单价发生变化且符合计价规范中计价风险相关规定时，发承包双方应按省级或行业建设主管部门或其授权的工程造价管理机构发布的人工成本文件调整合同价款。

【例9-4】 ××工程在施工期间，省工程造价管理机构发布了人工费调增10%的文件，适用时间为××年×月×日，该工程本期完成合同价款为1576893.50元，其中人工费为283840.83元，与定额人工费持平。本期人工费是否调整，调整金额是多少？

【解】 因为省级工程造价管理机构发布了人工费调增的文件，因此人工费可以调整；由于人工费与定额人工费持平，低于发布价格，应予调增：

$$283840.83 元 \times 10\% = 28384.08 元$$

（2）材料和工程设备价格的调整

材料、工程设备价格变化的价款调整，按照承包人提供主要材料和工程设备一览表，根据发承包双方约定的风险范围，按以下规定进行调整：

① 如果承包人投标报价中材料单价低于基准单价，工程施工期间材料单价涨幅以基准单价为基础超过合同约定的风险幅度值时，或材料单价跌幅以投标报价为基础超过合同约定的风险幅度值时，其超过部分按实调整。

② 如果承包人投标报价中材料单价高于基准单价，工程施工期间材料单价跌幅以基准单价为基础超过合同约定的风险幅度值时，或材料单价涨幅以投标报价为基础超过合同约定的风险幅度值时，其超过部分按实调整。

③ 如果承包人投标报价中材料单价等于基准单价，工程施工期间材料单价涨、跌幅度以基准单价为基础超过合同约定的风险幅度值时，其超过部分按实调整。

④ 承包人应当在采购材料前将采购数量和新的材料单价报发包人核对，确认用于本合同工程时，发包人应当确认采购材料的数量和单价。发包人在收到承包人报送的确认资料后3个工作日不予答复的，视为已经认可，作为调整合同价款的依据。如果承包人未报经发包人核对即自行采购材料，再报发包人确认调整合同价款的，如发包人不同意，则不作调整。

【例9-5】　某工程施工合同约定,钢材价格风险幅度为±5%,超出部分按照《计价规范》约定的造价信息法调差。已知投标人投标价格为2400元/t,基准价格为2200元/t。2015年12月、2016年7月钢材市场信息发布价分别为2000元/t、2600元/t。试计算该两月钢材的实际结算价格分别是多少?

【解】　(1) 2015年12月,钢材价格下跌,应以投标报价与基准价格中较低者为准计算风险幅度,即:

$$风险幅度值 = [2200 × (1 - 5\%)]元/t = 2090元/t$$

实际市场信息价2000元/t<2090元/t,因此结算时应调整钢材价格。

2015年12月份钢材实际结算价格=[2400+(2000-2090)]元/t=2310元/t

(2) 2016年7月,钢材价格上涨,应以投标报价与基准价格中较高者为准计算风险幅度,即:

$$风险幅度值 = [2400 × (1 + 5\%)]元/t = 2520元/t$$

实际市场信息价2600元/t>2520元/t,因此结算时应调整钢材价格。

2015年12月份钢材实际结算价格=[2400+(2600-2520)]元/t=2480元/t

(3) 施工机具设备台班价格的调整

施工机械台班单价或施工机械使用费发生变化超过省级或行业建设主管部门或其授权的工程造价管理机构规定的范围时,按其规定调整合同价款。

5. 暂估价

暂估价是指招标人在工程量清单中提供的用于支付必然发生但暂时不能确定价格的材料、工程设备的单价以及专业工程的金额。

1) 给定暂估价的材料、工程设备

(1) 不属于依法必须招标的项目。发包人在招标工程量清单中给定暂估价的材料和工程设备不属于依法必须招标的,由承包人按照合同约定采购,经发包人确认后以此为依据取代暂估价,调整合同价款。

(2) 属于依法必须招标的项目。发包人在招标工程量清单中给定暂估价的材料和工程设备属于依法必须招标的,由发承包双方以招标的方式选择供应商。依法确定中标价格后,以此为依据取代暂估价,调整合同价款。

2) 给定暂估价的专业工程

(1) 不属于依法必须招标的项目。发包人在工程量清单中给定暂估价的专业工程不属于依法必须招标的,应按照工程变更价款调整方法,确定专业工程价款,并以此为依据取代专业工程暂估价,调整合同价款。

(2) 属于依法必须招标的项目。发包人在招标工程量清单中给定暂估价的专业工程,依法必须招标的,应当由发承包双方依法组织招标选择专业分包人,并接受有管辖权的建设工程招标投标管理机构的监督。

① 除合同另有约定外,承包人不参加投标的专业工程,应由承包人作为招标人,但拟定的招标文件、评标方法、评标结果应报送发包人批准。与组织招标工作有关的费用应当被认为已经包括在承包人的签约合同价(投标总报价)中。

② 承包人参加投标的专业工程,应由发包人作为招标人,与组织招标工作有关的费用由发包人承担。同等条件下,应优先选择承包人中标。

③ 专业工程依法进行招标后,以中标价为依据取代专业工程暂估价,调整合同价款。

9.3 工程变更价款的确定

由于建设工程项目建设的周期长、涉及的关系复杂、受自然条件和客观因素的影响大,导致项目的实际施工情况与招标投标时的情况相比会有一些变化,出现工程变更。工程变更包括工程量变更、工程项目的变更、进度计划的变更、施工条件的变更等。如果按照变更的起因划分,变更的种类有很多,如发包人变更指令(包括发包人对工程有了新的要求、发包人修改项目计划、发包人削减预算、发包人对项目进度有了新的要求等);由于设计错误,必须对设计图纸作修改;工程环境变化;由于产生了新的技术和知识,有必要改变原设计、实施方案或实施计划;法律法规或者政府对建设工程项目有了新的要求等。

9.3.1 工程变更概述

1. 工程变更的概念

工程变更是合同实施过程中由发包人提出或由承包人提出,经发包人批准的对合同工程的工作内容、工程数量、质量要求、施工顺序与时间、施工条件、施工工艺或其他特征及合同条件等的改变。工程变更指令发出后,应当迅速落实指令,全面修改相关的各种文件。承包人也应当抓紧落实,如果承包人不能全面落实变更指令,则扩大的损失应当由承包人承担。

2. 工程变更的分类

1) 发包人的变更

施工中发包人如果需要对原工程设计进行变更,应提前14天以书面形式向承包人发出变更通知。承包人对于发包人的变更通知没有拒绝的权利,这是合同赋予发包人的一项权利。但是,变更超过原设计标准或批准的建设规模时,发包人应报规划管理部门和其他有关部门重新审查批准,并由原设计单位提供相应的变更图纸和说明。承包人按照监理工程师发出的变更通知及有关要求变更。

2) 承包人的变更

施工中承包人应当严格按照图纸施工,不得随意变更设计。施工中承包人提出的合理化建议涉及对设计图纸或者施工组织设计的更改及对原材料、设备的更换,须经监理工程师同意。监理工程师同意变更后,也须经原规划管理部门和其他有关部门审查批准,并由原设计单位提供相应的变更图纸和说明。

未经监理工程师同意承包人擅自更改或换用,承包人应承担由此发生的费用,并赔偿发包人的有关损失,延误的工期不予顺延。监理工程师同意采用承包人的合理化建议,所发生费用和获得收益的分担或分享,由发包人和承包人另行约定。

3) 其他变更

从合同角度看,除设计变更外,其他能够导致合同内容变更的都属于其他变更。如双方对工程质量要求的变化,双方对工期要求的变化,施工条件和环境的变化导致施工机械和材料的变化等。

9.3.2　工程变更的范围

1. FIDIC 施工合同条件下工程变更的范围

根据 FIDIC 施工合同条件(1999 年版)的规定,在颁发工程接收证书前的任何时间,工程师可通过发布指示或要求承包商提交建议的方式,提出变更,每项变更可以包括:

（1）改变合同中所包括的任何工作的数量;

（2）改变任何工作的质量和性质;

（3）改变工作任何部分的标高、基线、位置和尺寸;

（4）删除任何工作,但要交他人实施的工作除外;

（5）任何永久工程需要的任何附加工作、工程设备、材料或服务;

（6）改动工程的施工顺序或时间安排。

2.《建设工程施工合同(示范文本)》约定的工程变更范围

根据《建设工程施工合同(示范文本)》(GF—2013—0201)的规定,工程变更的范围和内容包括:

（1）增加或减少合同中任何工作,或追加额外的工作;

（2）取消合同中任何工作,但转由他人实施的工作除外;

（3）改变合同中任何工作的质量标准或其他特性;

（4）改变工程的基线、标高、位置和尺寸;

（5）改变工程的时间安排或实施顺序。

9.3.3　工程变更的程序与变更价款的确定

1. 工程变更的程序

（1）发包人提出变更。施工中发包人如果需要对原工程设计进行变更,应提前 14 天以书面形式向承包人发出变更通知。承包人对于发包人的变更通知没有拒绝的权利,承包人按照监理工程师发出的变更指示及有关要求变更。

（2）承包人应在收到变更指示后的 14 天内,向监理工程师提交变更估价申请。监理工程师应在收到承包人提交的变更估价申请后 7 天内审查完毕并报送发包人,监理人对变更估价申请有异议的,通知承包人修改后重新提交。承包人逾期未提交变更估价申请的,视为该项变更不涉及价款的变化或承包人放弃调整的权利。

（3）发包人应在承包人提交变更估价申请后 14 天内审批完毕。发包人逾期未完成审批或未提出异议的,视为认可承包人提交的变更估价申请。

（4）因工程变更引起的价格调整应计入最近一期的进度款中支付。

2. 工程变更价款的确定方法

1）分部分项工程费的调整

《计价规范》规定,因工程变更引起已标价工程量清单项目或工程数量发生变化的,应按照下列规定调整：

（1）已标价工程量清单中有适用于变更工程项目的，且工程变更导致的该清单项目的工程数量变化不足 15% 时，采用该项目的单价。

（2）已标价工程量清单中没有适用但有类似于变更工程项目的，可在合理范围内参照类似项目的单价调整。

（3）已标价工程量清单中没有适用也没有类似于变更工程项目的，由承包人根据变更工程资料、计量规则和计价办法、工程造价管理机构发布的信息（参考）价格和承包人报价浮动率，提出变更工程项目的单价或总价，报发包人确认后调整。承包人报价浮动率可按下列公式计算。

① 招标工程：

$$承包人报价浮动率 L = （1 - 中标价 / 招标控制价）× 100\% \qquad (9-7)$$

② 招标工程：

$$承包人报价浮动率 L = （1 - 报价值 / 施工图预算）× 100\% \qquad (9-8)$$

（4）已标价工程量清单中没有适用也没有类似于变更工程项目，且工程造价管理机构发布的信息价格缺价的，应由承包人根据变更工程资料、计量规则、计价办法和通过市场调查等取得有合法依据的市场价格，提出变更工程项目的单价，并应报发包人确认后调整。

2）措施项目费的调整

工程变更引起施工方案改变并使措施项目发生变化时，承包人提出调整措施项目费的，应事先将拟实施的方案提交发包人确认，并应详细说明与原方案措施项目相比的变化情况。拟实施的方案经发承包双方确认后执行，并应按照下列规定调整措施项目费：

（1）安全文明施工费应按照实际发生变化的措施项目调整，不得浮动。

（2）采用单价计算的措施项目费，应按照实际发生变化的措施项目，按照前述已标价工程量清单项目的规定确定单价。

（3）按总价（或系数）计算的措施项目费，除安全文明施工费外，按照实际发生变化的措施项目调整，但应考虑承包人报价浮动因素，即调整金额按照实际调整金额乘以承包人报价浮动率计算。

如果承包人未事先将拟实施的方案提交给发包人确认，则视为工程变更不引起措施项目费的调整或承包人放弃调整措施项目费的权利。

【例 9-6】 某工程采用工程量清单计价，其中招标控制价 3000 万元，中标人的投标报价为 2920 万元。施工期间，发生以下三项变更：

（1）基坑工程由于设计变更增加 1000m³ 土方开挖，其余条件均不变，中标人填报的土方开挖综合单价为 30 元/m³；

（2）首层混凝土框架柱混凝土强度等级由于设计变更，由原来的 C30 改为 C35，其余条件不变，中标人填报的 C30 混凝土框架柱综合单价为 600 元/m³，其中 C30 混凝土单价为 260 元/m³，C35 混凝土单价为 300 元/m³；

（3）屋面涂膜防水改为 PE 高分子防水卷材（1.5mm），清单没有类似项目，工程造价管理机构发布的该卷材单价为 18 元/m²，施工定额查的人工费为 4.5 元，其他材料费 0.8 元，机械费 0.45 元；

（4）中标人填报管理费率为 10%（以人、料、机合计计算），利润率为 5%（以人、料、机＋管理费合计计算）。

问题：上述三项变更的结算综合单价分别是多少？

【解】（1）由于基坑土方开挖工程变更项目与已有项目相同，且工程量变化没有超过 15%，因此应采用已有项目综合单价作为结算的依据，即变更增加的 1000m³ 土方开挖，应执行 30 元/m³ 的综合单价；

（2）混凝土柱强度等级变更，其结算为已标价工程量清单或预算书无相同项目，但有类似项目的，参照类似项目的单价认定；因此应参照 C30 混凝土柱综合单价计算，结果如下：

$$C35 混凝土框架柱综合单价 = [600 + (300 - 260) \times (1 + 10\%) \times (1 + 5\%)] 元/m³$$
$$= 646.2 元/m³$$

（3）屋面涂膜防水工程，属于已标价工程量清单或预算书无相同项目及类似项目的，其综合单价应按照合理成本加利润的构成原则由承包人提出，发包人确认后作为结算依据，计算结果如下：

$$报价浮动率 = 1 - 2920/3000 \times 100\% = 2.67\%$$

$$屋面涂膜防水工程结算综合单价 = (4.5 + 18 + 0.8 + 0.45) \times (1 + 10\%) \times$$
$$(1 + 5\%) \times (1 - 2.67\%)$$
$$= [27.43 \times (1 - 2.67\%)] 元/m²$$
$$= 26.7 元/m²$$

9.4　工程索赔

9.4.1　工程索赔的概述

1. 工程索赔的概念及分类

工程索赔是指在工程合同履行过程中，合同一方当事人因对方不履行或未能正确履行合同义务或者由于其他非自身原因而遭受经济损失或权利损害，通过合同约定的程序向对方提出经济和（或）时间补偿要求的行为。

1）按索赔的当事人分类

根据索赔的合同当事人不同，可以将工程索赔分为以下几类。

（1）承包人与发包人之间的索赔。该类索赔发生在建设工程施工合同的双方当事人之间，既包括承包人向发包人的索赔，也包括发包人向承包人的索赔。但在工程实践中，经常发生的索赔事件，大都是承包人向发包人提出的，本书中所提及的索赔，如未作特别说明，即是指此类情形。

（2）总承包人和分包人之间的索赔。在建设工程分包合同履行过程中，索赔事件发生后，无论是发包人的原因还是总承包人的原因所致，分包人都只能向总承包人提出索赔要求，而不能直接向发包人提出索赔要求。

（3）承包人与供应商之间的索赔。建设工程合同的履行，涉及许多不同的单位和个人，其中包括材料供应单位、机械设备租赁单位、劳务单位、保险公司等，他们之间均与承包人签订服务合同，由于主客观原因，经常发生合同索赔问题。

2) 按索赔的目的和要求分类

根据索赔的目的和要求不同，可以将工程索赔分为工期索赔和费用索赔。

(1) 工期索赔。工期索赔一般是指承包人依据合同约定，对于非因自身原因导致的工期延误向发包人提出工期顺延的要求。工期顺延的要求获得批准后，不仅可以免除承包人承担拖期违约赔偿金的责任，而且承包人还有可能因工期提前获得赶工补偿(或奖励)。

(2) 费用索赔。费用索赔的目的是补偿承包人(或发包人)的经济损失，费用索赔的要求如果获得批准，必然会引起合同价款的调整。

3) 按索赔事件的性质分类

根据索赔事件的性质不同，可以将工程索赔分为以下几类。

(1) 工程延误索赔。因发包人未按合同要求提供施工条件，或因发包人指令工程暂停或不可抗力事件等原因造成工期拖延的，承包人可以向发包人提出索赔；如果由于承包人原因导致工期拖延，发包人可以向承包人提出索赔。

(2) 加速施工索赔。由于发包人指令承包人加快施工速度，缩短工期，引起承包人的人力、物力、财力的额外开支，承包人提出的索赔。

(3) 工程变更索赔。由于发包人指令增加或减少工程量或增加附加工程、修改设计、变更工程顺序等，造成工期延长和(或)费用增加，承包人就此提出索赔。

(4) 合同终止索赔。由于发包人违约或发生不可抗力事件等原因造成合同非正常终止，承包人因其遭受经济损失而提出索赔。如果由于承包人的原因导致合同非正常终止，或者合同无法继续履行，发包人可以就此提出索赔。

(5) 不可预见的不利条件索赔。承包人在工程施工期间，施工现场遇到一个有经验的承包人通常不能合理预见的不利施工条件或外界障碍，例如地质条件与发包人提供的资料不符，出现不可预见的地下水、地质断层、溶洞、地下障碍物等，承包人可以因此遭受的损失提出索赔。

(6) 不可抗力事件索赔。工程施工期间，因不可抗力事件的发生而遭受损失的一方，可以根据合同中对不可抗力风险分担的约定，向对方当事人提出索赔。

(7) 其他索赔。如因货币贬值、汇率变化、物价上涨、政策法令变化等原因引起的索赔。

2. 索赔处理

1) 索赔成立的条件

当合同一方向另一方提出索赔时，应有正当的索赔理由和有效证据，并应符合合同的相关约定。判断或处理一项索赔是否成立应具备以下条件：

(1) 与合同对照，事件已造成了承包人工程成本的额外支出或工期损失；

(2) 造成费用增加或工期损失的原因，按合同约定不属于承包人的行为责任或风险责任；

(3) 承包人按合同规定的程序和时间提交索赔意向通知和索赔报告。

以上三个条件必须同时具备，缺一不可。

2) 索赔的依据

提出索赔和处理索赔都要依据下列文件或凭证：

（1）工程施工合同文件。工程施工合同是工程索赔中最关键和最主要的依据，工程施工期间，发承包双方关于工程的洽商、变更等书面协议或文件，也是索赔的重要依据。

（2）国家法律、法规。国家制定的相关法律、行政法规，是工程索赔的法律依据。工程项目所在地的地方性法规或地方政府规章，也可以作为工程索赔的依据，但应当在施工合同专用条款中约定为工程合同的适用法律。

（3）国家、部门和地方有关的标准、规范和定额。对于工程建设的强制性标准，是合同双方必须严格执行的；对于非强制性标准，必须在合同中有明确规定的情况下，才能作为索赔的依据。

（4）工程施工合同履行过程中与索赔事件有关的各种凭证。这是承包人因索赔事件所遭受费用或工期损失的事实依据，它反映了工程的计划情况和实际情况。

无论哪种索赔资料与依据，都应满足以下基本要求：真实性，全面性，关联性，及时性并具有法律证明效力。

3）索赔的程序

（1）承包人发出索赔意向通知

承包人应在索赔事件发生后28天内，向发包人提交索赔意向通知书，说明发生索赔事件的事由。承包人逾期未发出索赔意向通知书的，丧失索赔的权利。竣工时间不得延长，承包人无权获得追加付款。

（2）承包人递交索赔报告

FIDIC合同条件和我国《建设工程施工合同（示范文本）》（GF—2013—0201）都规定，承包人应在发出索赔意向通知书后28天内或经过监理工程师同意的其他合理时间内，向监理工程师提交正式的索赔报告。索赔报告应详细说明索赔理由和要求，并应附必要的记录和证明材料。如果引起索赔的事件或情况具有连续影响，则①上述充分详细索赔应被视为中间的；②承包人应按时递交进一步的中间索赔报告，说明累计索赔延误时间和（或）金额以及所有可能的合理要求的详细资料；③承包人应在索赔事件影响结束后的28天内，向发包人提交最终索赔通知书，说明最终索赔要求，并应附必要的记录和证明材料。索赔文件的主要内容包括：

① 总论部分

概要论述索赔事项发生的时间和过程，承包人为该索赔事项付出的努力和附加开支；承包人的具体索赔要求。

② 论证部分

论证部分是索赔报告的关键部分，其目的是说明自己索赔权益，是索赔能否成立的关键。

③ 索赔款项（和（或）工期）计算部分

详细列出索赔的具体事项及每一事项的索赔款项或工期数值，需要有详细的计算过程及相关的证据材料。

④ 证据部分

要注意引用的每个证据的效力或可行程度，对重要的证据资料附以文字说明、图片或录音摄影资料。

（3）索赔报告的审核

一般情况下，索赔报告首先应交由监理工程师审核。监理工程师根据发包人的委托或授权,对承包人索赔的审核工作主要分为判断索赔事件是否成立和核查承包人的索赔计算是否正确、合理两方面。并在授权范围内做出判断,向发包人提交索赔处理的初步意见。

（4）发包人审查

对于监理工程师的初步处理意见,发包人需要进行审查和批准,然后由监理工程师签发有关证书。

（5）索赔谈判

对于监理工程师的初步处理意见,发包人或承包人可能都不接受或者其中的一方不接受,三方就索赔的解决进行协商谈判。达成一致意见的,按合同约定进行价款调整,索赔结束;如果达不成一致意见,双方可以按照合同约定的解决争议的方式处理。

（6）支付

对于双方达成一致意见部分的索赔,与近期工程款同期支付,合同工期相应顺延。

9.4.2 索赔的计算

1. 索赔费用的构成

对于不同原因引起的索赔,承包人可索赔的具体费用内容是不完全一样的。但归纳起来,索赔费用的要素与工程造价的构成基本类似,一般可归结为人工费、材料费、施工机械使用费、分包费、施工管理费、利息、利润、保险费等。

1）人工费

人工费的索赔包括:由于完成合同之外的额外工作所花费的人工费用;超过法定工作时间加班劳动,法定人工费增长;非因承包商原因导致工效降低所增加的人工费用;非因承包商原因导致工程停工的人员窝工费和工资上涨费等。其中增加工作内容的人工费应按照计日工费计算,而停工损失或工作效率降低的损失按窝工费计算,窝工费的标准双方应在合同中约定,一般以人工工日单价乘以折算系数来计算。

2）材料费

材料费的索赔包括:由于索赔事件的发生造成材料实际用量超过计划用量而增加的材料费;由于发包人原因导致工程延期期间的材料价格上涨和超期储存费用。材料费中应包括运输费、仓储费,以及合理的损耗费用。如果由于承包商管理不善,造成材料损坏失效,则不能列入索赔款项内。

3）施工机械使用费

施工机械使用费的索赔包括:由于完成合同之外的额外工作所增加的机械使用费;非因承包人原因导致工效降低所增加的机械使用费;由于发包人或监理工程师指令错误或迟延导致机械停工的台班闲置费。在计算机械设备台班闲置费时,不能按机械设备台班费计算,因为台班费中包括设备使用费,比如燃料动力费。当机械设备属于承包人自有时,一般按台班折旧费计算;当机械设备是外部租赁时,索赔费用的标准按照设备租赁费计算。

4）现场管理费

现场管理费的索赔包括承包人完成合同之外的额外工作以及由于发包人原因导致工期延期期间的现场管理费,包括管理人员工资、办公费、通信费、交通费等。

5）总部（企业）管理费

总部管理费的索赔主要指的是由于发包人原因导致工程延期期间所增加的承包人向公司总部提交的管理费，包括总部职工工资、办公大楼折旧、办公用品、财务管理、通信设施以及总部领导人员赴工地检查指导工作等开支。

6）保险费

因发包人原因导致工程延期时，承包人必须办理工程保险、施工人员意外伤害保险等各项保险的延期手续，对于由此而增加的费用，承包人可以提出索赔。

7）保函手续费

因发包人原因导致工程延期时，承包人必须办理相关履约保函的延期手续，对于由此而增加的手续费，承包人可以提出索赔。

8）利息

利息的索赔包括：发包人拖延支付工程款利息；发包人迟延退还工程质量保证金的利息；发包人错误扣款的利息等。至于具体的利率标准，双方可以在合同中明确约定，没有约定或约定不明的，可以按照中国人民银行发布的同期同类贷款利率计算。

9）利润

一般来说，由于工程范围的变更、发包人提供的文件有缺陷或错误、发包人未能提供施工场地以及因发包人违约导致的合同终止等事件引起的索赔，承包人都可以列入利润。索赔利润的计算通常是与原报价单中的利润百分率保持一致。但是应当注意的是，由于工程量清单中的单价是综合单价，已经包含了人工费、材料费、施工机具使用费、企业管理费、利润以及一定范围内的风险费用，在索赔计算中不应重复计算。

10）规费与税金

除工程内容的变更或增加，承包人可以列入相应增加的规费和税金。其他情况一般不能索赔。索赔规费与税金的款额计算通常是与原报价单中的百分率保持一致。

11）分包费用

由于发包人的原因导致分包工程费用增加时，分包人只能向总承包人提出索赔，但分包人的索赔款项应当列入总承包人对发包人的索赔款项中。分包费用索赔指的是分包人的索赔费用，一般也包括与上述费用类似的内容索赔。

在不同的索赔事件可以索赔的费用是不同的，根据国家发改委、财政部、建设部等九部委第 56 号令发布的《标准施工招标文件》中通用条款的内容，可以合理补偿承包人的条款如表 9-4 所示。

表 9-4　《标准施工招标文件》中合同条款规定的可以合理补偿承包人索赔的条款

序号	条款号	主 要 内 容	可补偿内容		
			工期	费用	利润
1	1.10.1	施工过程发现文物、古迹以及其他遗迹、化石、钱币或物品	√	√	
2	4.11.2	承包人遇到不利物质条件	√	√	
3	5.2.4	发包人要求承包人提前交付材料和工程设备		√	
4	5.2.6	发包人提供的材料和工程设备不符合合同要求	√	√	√
5	8.3	发包人提供资料错误导致承包人的返工或造成工程损失	√	√	√

续表

序号	条款号	主 要 内 容	可补偿内容		
			工期	费用	利润
6	11.3	发包人原因造成工期延误	√	√	√
7	11.4	异常恶劣的气候条件	√		
8	11.6	发包人要求承包人提前竣工		√	
9	12.2	发包人原因引起的暂停施工	√	√	√
10	12.4.2	发包人原因引起暂停施工后无法按时复工	√	√	√
11	13.1.3	发包人原因造成工程质量达不到合同约定验收标准的	√	√	√
12	13.5.3	监理人对隐蔽工程重新检查,经检验证明工程质量符合合同要求的	√	√	√
13	16.2	法律变化引起的价格调整		√	
14	18.4.2	发包人在全部工程竣工前,使用已接收的单位工程导致承包人费用增加的	√	√	√
15	18.6.2	发包人原因导致试运行失败的	√	√	√
16	19.2	发包人原因导致的工程缺陷和损失		√	√
17	21.3.1	不可抗力	√		

2. 索赔费用的计算方法

索赔费用的计算方法通常有三种,即实际费用法、总费用法和修正的总费用法。

1) 实际费用法

实际费用法又称分项法,即根据索赔事件所造成的损失或成本增加,按费用项目逐项进行分析、计算索赔金额的方法。这种方法比较复杂,但能客观地反映施工单位的实际损失,比较合理,易于被当事人接受,在国际工程中被广泛采用,是施工索赔时最常用的一种方法。

2) 总费用法

总费用法,也被称为总成本法,就是当发生多次索赔事件后,重新计算工程的实际总费用,再从该实际总费用中减去投标报价时的估算总费用,即为索赔金额。总费用法计算索赔金额的公式如下:

$$索赔金额 = 实际总费用 - 投标报价估算总费用 \tag{9-9}$$

但是,在总费用法的计算方法中,没有考虑实际总费用中可能包括由于承包商的原因而增加的费用,投标报价估算总费用也可能由于承包人为谋取中标而导致过低的报价,因此,总费用法并不十分科学。只有在难于精确地确定某些索赔事件导致的各项费用增加额时,总费用法才得以采用。

3) 修正的总费用法

修正的总费用法是对总费用法的改进,即在总费用计算的原则上,去掉一些不合理的因素,使其更为合理。修正的内容如下:

(1) 将计算索赔款的时段局限于受到索赔事件影响的时间,而不是整个施工期。

(2) 只计算受到索赔事件影响时段内的某项工作所受影响的损失,而不是计算该时段内所有施工工作所受的损失。

（3）与该项工作无关的费用不列入总费用中。

（4）对投标报价费用重新进行核算，即按受影响时段内该项工作的实际单价进行核算，乘以实际完成的该项工作的工程量，得出调整后的报价费用。

按修正后的总费用计算索赔金额的公式如下：

$$索赔金额 = 某项工作调整后的实际总费用 - 该项工作的报价费用 \qquad (9\text{-}10)$$

修正的总费用法与总费用法相比，有了实质性的改进，它的准确程度已接近于实际费用法。

【例 9-7】 某建设单位（甲方）与某施工单位（乙方）订立了某工程项目的施工合同。合同规定：采用单价合同，每一分项工程的工程量增减超过 10% 时，需调整工程单价。合同工期为 25 天，工期每提前 1 天奖励 3000 元，每拖后 1 天罚款 5000 元。乙方在开工前及时提交了施工网络进度计划如图 9-1 所示，并得到甲方代表的批准。

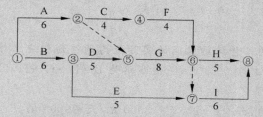

图 9-1 某工程施工网络进度计划（单位：天）

工程施工中发生如下几项事件：

事件 1：因甲方提供电源故障造成施工现场停电，使工作 B 的工效降低，作业时间拖延 1 天；多用人工 10 个工日，并造成现场 30 个工日窝工，租赁的施工机械闲置 1 个台班。已知该施工机械每天租赁费为 560 元，台班费 1000 元。

事件 2：为保证施工质量，乙方在施工中将工作 C 原设计尺寸扩大，增加工程量 16m³，该工作全费用单价为 87 元/m³，作业时间增加 2 天。

事件 3：因设计变更，工作 E 的工程量由 300m³ 增至 360m³，该工作原全费用单价为 65 元/m³，经协商调整全费用单价为 58 元/m³。

事件 4：鉴于该工程工期较紧，经甲方代表同意乙方在工作 G 和工作 I 作业过程中采取了加快施工的技术组织措施，使这两项工作作业时间均缩短了 2 天，该两项加快施工的技术组织措施费分别为 2000 元和 2500 元。

其余各项工作实际作业时间和费用均与原计划相符。

问题：

（1）上述哪些事件乙方可以提出工期和费用补偿要求？简述其理由。

（2）总工期补偿多少天？

（3）该工程实际工期为多少天？工期奖罚款为多少元？

（4）人工工日单价为 25 元/工日，窝工单价为 15 元/工日，管理费率 10%，利润率 5%，规费 6.25%，税率 3.48%。假设管理费以人料机为基数，利润以人料机加管理费为基础，规费以人料机加管理费和利润为基数计算，计算甲方应给乙方追加的工程款为多少？

214

【解】 问题（1）

事件 1：工期费用均可索赔，因为电源故障造成停电是建设单位责任，并且工作 B 是关键工作。

事件 2：工期费用均不可索赔，因为扩大基础的设计尺寸，是施工单位自身的责任（质量措施费用应由施工单位承担）。

事件 3：工期不予索赔，费用可以索赔。因为设计变更是建设单位的责任，并造成施工单位的实际损失，因此费用可以索赔。但工作 E 不是关键工作，增加工程量后作业时间增加 $[(360-300)/(300\div5)]$ 天 $=1$ 天，E 工作有 8 天总时差，不影响工期，所以工期不予索赔。

事件 4：费用不予索赔。加快进度的技术措施费应由施工单位自行承担。

问题（2）

总计工期补偿：$(1+0+0+0)$ 天 $=1$ 天

问题（3）

将各项事件引起的工作持续时间的实际值均调整到相应工作的持续时间上。经计算得，调整后网络图的工期为 23 天，关键线路为 B→D→G→H，因此调整后该工程实际工期为 23 天。

工期提前奖励款为 $(25+1-23)$ 天 $\times3000$ 元/天 $=9000$ 元

问题（4）

事件 1：

人工费补偿：$10\times25\times(1+10\%)\times(1+5\%)\times(1+6.25\%)\times(1+3.48\%)+30\times15$
$\qquad =(317.47+450)$ 元 $=767.47$ 元

机械费补偿：1 台班 $\times560$ 元/台班 $=560$ 元

事件 3：

按原单价结算的工程量：$300\text{m}^3\times(1+10\%)=330\text{m}^3$

按新单价结算的工程量：$(330-300)\text{m}^3=30\text{m}^3$

合同调整价：$(30\times65+30\times58)$ 元 $=3690$ 元

或合同调整价：$(330\times65+30\times58-300\times65)$ 元 $=3690$ 元

合计追加工程款总额：$(767.47+560+3690+9000)$ 元 $=14017.47$ 元

9.5 工程价款的结算

9.5.1 预付款

1. 预付款的概念

工程预付款是发包人为帮助承包人解决施工准备阶段的资金周转问题而提前支付的一笔款项，用于承包人为工程施工购置材料、机械设备、修建临时设施以及施工队伍进场等。工程是否实行预付款，取决于工程性质、承包工程量的大小及发包人在招标文件中的规定。工程实行预付款的，发包人应按合同约定的时间和比例（或金额）向承包人支付工程预付款。

当合同对工程预付款的支付没有约定时,按照财政部、建设部印发的《建设工程价款结算暂行办法》(财建〔2004〕369号)的规定办理。

(1) 工程预付款的额度。包工包料的工程原则上预付比例不低于合同金额(扣除暂列金额)的10%,不高于合同金额(扣除暂列金额)的30%;对于重大工程项目,按年度工程计划逐年预付。实行工程量清单计价的工程,实体性消耗和非实体性消耗部分应在合同中分别约定预付款比例(或金额)。

(2) 工程预付款的支付时间。在具备施工条件的前提下,发包人应在双方签订合同后的一个月内或约定的开工日期前的7天内预付工程款。若发包人未按合同约定预付工程款,承包人应在预付时间到期后7天内向发包人发出要求预付的通知,发包人收到通知后仍不按要求预付的,承包人可在发出通知14天后停止施工,发包人应从约定应付之日起按同期银行贷款利率计算向承包人支付应付预付款的利息,并承担违约责任。

(3) 凡是没有签订合同或不具备施工条件的工程,发包人不得预付工程款,不得以预付款为名转移资金。

2. 预付款的计算

工程预付款的额度,各地区、各部门的规定不完全相同,主要是保证施工所需材料和构件的正常储备。其额度一般是根据施工工期、建安工作量、主要材料和构件费用占建安工程费的比例以及材料储备周期等因素经测算来确定。常用的计算方法如下:

(1) 百分比法。发包人根据工程的特点、工期长短、市场行情、供求规律等因素,招标时在合同条件中约定工程预付款的百分比。

$$预付款金额 = (合同总价 - 暂列金额) \times 工程预付款比例(\%) \tag{9-11}$$

(2) 公式计算法。公式计算法是根据主要材料(含结构件等)占年度承包工程总价的比重,材料储备定额天数和年度施工天数等因素,通过公式计算预付款额度的一种方法。

$$工程预付款金额 = \frac{年度工程总价 \times 材料比例(\%)}{年度施工天数} \times 材料储备定额天数 \tag{9-12}$$

式中,年度施工天数按365天日历天计算;材料储备定额天数由当地材料供应的在途天数、加工天数、整理天数、供应间隔天数、保险天数等因素决定;年度工程总价应扣除暂列金额。

3. 预付款的扣回

发包人拨付给承包人的工程预付款属于预支的性质。随着工程进度的推进,拨付的工程进度款数额不断增加,工程所需主要材料、构件的储备逐步减少,原已支付的预付款应以抵扣的方式从工程进度款中陆续予以扣回。预付的工程款必须在合同中约定扣回方式,常用的扣回方式有以下几种:

(1) 在承包人完成金额累计达到合同总价一定比例后,采用等比率或等额扣款的方式分期抵扣。

(2) 从未施工工程尚需的主要材料及构件的价值相当于工程预付款数额时起扣,从每次中间结算工程价款中,按材料及构件比重抵扣工程预付款,至竣工之前全部扣清。其基本计算公式如下:

① 起扣点的计算公式：

$$T = P - \frac{M}{N} \tag{9-13}$$

式中，T——起扣点金额；

$\quad$ P——承包工程合同总额（不包括暂列金额）；

$\quad$ M——工程预付款数额；

$\quad$ N——主要材料及构件所占比重。

② 达到起扣点当月扣还预付款数额的计算公式：

$$\alpha_1 = \left(\sum_{i=1}^{n} T_i - T \right) \times N \tag{9-14}$$

式中，α_1——首次扣还工程预付款数额；

$\quad$ $\sum_{i=1}^{n} T_i$——累计已完成工程价值。

③ 其余各月扣还工程预付款数额的计算公式：

$$\alpha_i = T_i \times N \tag{9-15}$$

9.5.2 安全文明施工费

财政部、国家安全生产监督管理总局印发的《企业安全生产费用提取和使用管理办法》（财企〔2012〕16 号）第十九条对企业安全费用的使用范围作了规定，建设工程施工阶段的安全文明施工费包括的内容和使用范围，应符合此规定。

鉴于安全文明施工的措施具有前瞻性，必须在施工前予以保证。因此，发包人应在工程开工后的 28 天内预付不低于当年施工进度计划的安全文明施工费总额的 60%，其余部分应按照提前安排的原则进行分解，并应与进度款同期支付。发包人没有按时支付安全文明施工费的，承包人可催告发包人支付；发包人在付款期满后的 7 天内仍未支付的，若发生安全事故，发包人应承担相应责任。

承包人对安全文明施工费应专款专用，在财务账目中单独列项备查，不得挪作他用，否则发包人有权要求其限期改正；逾期未改正的，造成的损失和延误的工期由承包人承担。

9.5.3 工程进度款

1. 进度款结算方式

发承包双方应按照合同约定的时间、程序和方法，根据工程计量结果，办理期中价款结算，支付进度款。进度款支付周期，应与合同约定的工程计量周期一致。其中，工程量的正确计量是发包人向承包人支付进度款的前提和依据。计量和付款周期可采用分段或按月结算的方式，按照财政部、建设部印发的《建设工程价款结算暂行办法》（财建〔2004〕369 号）的规定支付。

（1）按月结算与支付。即实行按月支付进度款，竣工后结算的办法。合同工期在两个年度以上的工程，在年终进行工程盘点，办理年度结算。

（2）分段结算与支付。即当年开工、当年不能竣工的工程按照工程形象进度，划分不同阶段，支付工程进度款。当采用分段结算方式时，应在合同中约定具体的工程分段划分方法,付款周期应与计量周期一致。

2.进度款的计算

(1)已完工程的结算价款。已标价工程量清单中的单价项目,承包人应按工程计量确认的工程量与综合单价计算。如综合单价发生调整的,以发承包双方确认调整的综合单价计算进度款。

已标价工程量清单中的总价项目,承包人应按合同中约定的进度款支付分解,分别列入进度款支付申请中的安全文明施工费和本周期应支付的总价项目的金额中。

(2)结算价款的调整。承包人现场签证和得到发包人确认的索赔金额列入本周期应增加的金额中。由发包人提供的材料、工程设备金额,应按照发包人签约提供的单价和数量从进度款支付中扣除,列入本周期应扣减的金额中。

(3)进度款的支付比例。进度款的支付比例按照合同约定,按期中结算价款总额计,不低于 60%,不高于 90%。

3.进度款支付申请

《计价规范》规定,承包人应在每个计量周期到期后的 7 天内向发包人提交已完工程进度款支付申请,一式四份,详细说明此周期认为有权得到的款额,包括分包人已完工程的价款。支付申请应包括下列内容:

(1)累计已完成的合同价款。

(2)累计已实际支付的合同价款。

(3)本周期合计完成的合同价款:

① 本周期已完成单价项目的金额;

② 本周期应支付的总价项目的金额;

③ 本周期已完成的计日工价款;

④ 本周期应支付的安全文明施工费;

⑤ 本周期应增加的金额。

(4)本周期合计应扣减的金额:

① 本周期应扣回的预付款;

② 本周期应扣减的金额。

(5)本周期实际应支付的合同价款。

4.发包人支付进度款

发包人应在收到承包人进度款支付申请后的 14 天内根据计量结果和合同约定对申请内容予以核实,确认后向承包人出具进度款支付证书。若发承包双方对有的清单项目的计量结果出现争议,发包人应对无争议部分的工程计量结果向承包人出具进度款支付证书。

发包人应在签发进度款支付证书后的 14 天内,按照支付证书列明的金额向承包人支付进度款。若发包人逾期未签发进度款支付证书,则视为承包人提交的进度款支付申请已被发包人认可,承包人可向发包人发出催告付款的通知。发包人应在收到通知后的 14 天内,按照承包人支付申请的金额向承包人支付进度款。

发包人未按规定支付进度款的,承包人可催告发包人支付,并有权获得延迟支付的利息;发包人在付款期满后的 7 天内仍未支付的,承包人可在付款期满后的第 8 天起暂停施工。发包人应承担由此增加的费用和延误的工期,向承包人支付合理利润,并应承担违约责任。

发现已签发的任何支付证书有错、漏或重复的数额,发包人有权予以修正,承包人也有权提出修正申请。经发承包双方复核同意修正的,应在本次到期的进度款中支付或扣除。

【例 9-8】 某项工程发包人与承包人签订了工程施工合同,合同中含两个子项工程,估算工程量甲项为 2300m³,乙项为 3200m³,经协商合同全费用单价甲项为 180 元/m³,乙项为 160 元/m³。承包合同规定:

(1) 开工前业主应向承包人支付合同价 20% 的预付款;

(2) 业主自第一个月起,从承包人的工程款中,按 5% 的比例扣留质量保证金;

(3) 当子项工程实际工程量超过估算工程量 10% 时,超过 10% 的部分可进行调价,调整系数为 0.9;

(4) 根据市场情况规定价格调整系数平均按 1.2 计算;

(5) 监理工程师签发付款最低金额为 25 万元;

(6) 预付款在最后两个月扣除,每月扣 50%。

承包人各月实际完成并经监理工程师签证确认的工程量如表 9-5 所示。

表 9-5 承包人各月实际完成工程量　　　　　　　　　　　　　　　　　m³

月份	1 月	2 月	3 月	4 月
甲项	500	800	800	600
乙项	700	900	800	600
甲供设备/万元	—	—	5	—

问题:(1) 预付款是多少?

(2) 每月工程量价款是多少? 实际签发的付款凭证金额是多少?

【解】 (1) 预付款金额为(2300×180+3200×160)万元×20%=18.52 万元

(2) 1 月份:

完成工程量价款为(500×180+700×160)万元=20.20 万元

应签证的工程款为 20.20 万元×1.2×(1−5%)=23.03 万元

由于合同规定监理工程师签发的最低金额为 25 万元,因此本月付款凭证金额为 0 元。

2 月份:

完成工程量价款为(800×180+900×160)万元=28.80 万元

应签证的工程款为 28.80 万元×1.2×(1−5%)=32.83 万元

本月实际签发的付款凭证金额为(23.03+32.83)万元=55.86 万元。

3 月份:

完成工程量价款为(800×180+800×160)万元=27.20 万元

应签证的工程款为 27.20 万元×1.2×(1−5%)=31.01 万元

本月应扣预付款为 18.52 万元×50%=9.26 万元

本月应扣价格设备价值为 5.00 万元

本月应付金额为(31.01−9.26−5.00)万元=16.75 万元

由于未达到最低签证金额,故本月监理工程师签发的付款凭证金额为 0 元。

4 月份:

由于甲项工程累计完成工程量为 2700m³＞2300m³×(1+10%)=2530m³

因此超过部分工程量应调整单价

超过 10%以上部分的工程量为(2700−2530)m³=170m³

其单价应调整为(180×0.9)元/m³=162 元/m³

故甲项工程量价款为[(600−170)×180+170×162]万元=10.49 万元

乙项累计完成工程量为 3000m³,与估计工程量相差未超过 10%,故不予调整

乙项工程量价款为(600×160)元=9.60 万元

本月完成甲、乙两项工程量价款为(10.494+9.6)万元=20.09 万元

应签证的工程款为 20.09 万元×1.2×(1−5%)=22.90 万元

本月应扣预付款为 18.52 万元×50%=9.26 万元

应签证的工程款为(22.90−9.26)万元=13.64 万元

本月实际签发的付款凭证金额为(13.64+16.75)万元=30.39 万元。

9.6　竣工结算

9.6.1　竣工结算概述

1.竣工结算的概念

竣工结算是指建设工程项目完工并经验收合格后,发承包双方按照合同的约定对所完成的工程项目进行的合同价款的计算、调整和确认。工程竣工结算分为单位工程竣工结算、单项工程竣工结算和建设项目竣工总结算。

2.竣工结算的编制

工程完工后,发承包双方必须在合同约定时间内办理工程竣工结算。工程竣工结算应由承包人或受其委托具有相应资质的工程造价咨询人编制,并应由发包人或受其委托具有相应资质的工程造价咨询人核对。

3.竣工结算的审核

单位工程竣工结算由承包人编制,发包人审查;实行总承包的工程,由具体承包人编制,在总包人审查的基础上,发包人审查。单项工程竣工结算或建设项目竣工总结算由总(承)包人编制,发包人可直接进行审查,也可以委托具有相应资质的工程造价咨询机构进行审查。政府投资项由同级财政部门审查。单项工程竣工结算或建设项目竣工总结算经发承

220

包人签字盖章后有效。承包人应在合同约定期限内完成项目竣工结算编制工作,未在规定期限内完成的并且提不出正当理由延期的,责任自负。

4．竣工结算的编制依据

工程竣工结算由承包人或受其委托具有相应资质的工程造价咨询人编制,由发包人或受其委托具有相应资质的工程造价咨询人核对。工程竣工结算编制的主要依据有:

(1)《计价规范》;

(2)工程合同;

(3)发承包双方实施过程中已确认的工程量及其结算的合同价款;

(4)发承包双方实施过程中已确认调整后追加(减)的合同价款;

(5)建设工程设计文件及相关资料;

(6)投标文件;

(7)其他依据。

9.6.2 竣工结算的程序

1．承包人递交竣工结算书

承包人应在合同约定时间内编制完成竣工结算书,并在提交竣工验收报告的同时递交给发包人。承包人未在合同约定时间内递交竣工结算书,经发包人催促后 14 天内仍未提供或没有明确答复的,发包人有权根据已有资料编制竣工结算文件,作为办理竣工结算和支付结算款的依据,承包人予以认可。

2．发包人进行结算审核

发包人在收到承包人递交的竣工结算书后,应按合同约定时间核对。合同中对核对时间没有约定或约定不明的,根据《建设工程价款结算暂行办法》(财建〔2004〕369 号)规定,按表 9-6 中的时间进行核对并提出核对意见。

表 9-6　工程竣工结算核对时间表

序号	工程竣工结算书金额	核对时间
1	500 万元以下	从接到竣工结算书之日起 20 天
2	500 万~2000 万元	从接到竣工结算书之日起 30 天
3	2000 万~5000 万元	从接到竣工结算书之日起 45 天
4	5000 万元以上	从接到竣工结算书之日起 60 天

发包人或受其委托的工程造价咨询人收到承包人递交的竣工结算书后,在合同约定时间内不核对竣工结算或未提出核对意见的,视为承包人递交的竣工结算书已经认可,发包人应向承包人支付工程结算价款。

承包人在接到发包人提出的核对意见后,在合同约定时间内,不确认也未提出异议的,视为发包人提出的核对意见已经认可。竣工结算办理完毕,发包人应将竣工结算书报送工程所在地工程造价管理机构备案,竣工结算书作为工程竣工验收备案、交付使用的必备文件。

同一工程竣工结算核对完成,发承包双方签字确认后,禁止发包人又要求承包人与另一个或多个工程造价咨询人重复核对竣工结算。

发包人对工程质量有异议,拒绝办理竣工结算的,已竣工验收或已竣工未验收但实际投入使用的工程,其质量争议应按该工程保修合同执行,竣工结算应按合同约定办理;已竣工未验收且未实际投入使用的工程以及停工、停建工程的质量争议,双方应就争议的部分委托有资质的检测鉴定机构进行检测,并应根据检测结果确定解决方案,或按工程质量监督机构的处理决定执行后办理竣工结算,无争议部分的竣工结算应按合同约定办理。

3. 工程竣工结算价款的支付

承包人应根据办理的竣工结算文件,向发包人提交竣工结算款支付申请。该申请应包括下列内容:

(1) 竣工结算合同价款总额;

(2) 累计已实际支付的合同价款;

(3) 应扣留的质量保证金;

(4) 实际应支付的竣工结算款金额。

发包人应在收到承包人提交竣工结算款支付申请后 7 天内予以核实,向承包人签发竣工结算支付证书。发包人签发竣工结算支付证书后的 14 天内,按照竣工结算支付证书列明的金额向承包人支付结算款。

发包人在收到承包人提交的竣工结算款支付申请后 7 天内不予核实,不向承包人签发竣工结算支付证书的,视为承包人的竣工结算款支付申请已被发包人认可;发包人应在收到承包人提交的竣工结算款支付申请 7 天后的 14 天内,按照承包人提交的竣工结算款支付申请列明的金额向承包人支付结算款。

发包人未按照规定的程序支付竣工结算款的,承包人可催告发包人支付,并有权获得延迟支付的利息。发包人在竣工结算支付证书签发后或者在收到承包人提交的竣工结算款支付申请 7 天后的 56 天内仍未支付的,除法律另有规定外,承包人可与发包人协商将该工程折价,也可直接向人民法院申请将该工程依法拍卖。承包人应就该工程折价或拍卖的价款优先受偿。

9.6.3　竣工结算的编制方法

在采用工程量清单计价的方式下,工程竣工结算编制的计价原则如下:

(1) 分部分项工程和措施项目中的单价项目应依据双方确认的工程量与已标价工程量清单的综合单价计算;如发生调整的,以发承包双方确认调整的综合单价计算。

(2) 措施项目中的总价项目应依据合同约定的项目和金额计算;如发生调整的,以发承包双方确认调整的金额计算,其中安全文明施工费必须按照国家或省级、行业建设主管部门的规定计算。

(3) 其他项目应按下列规定计价:

① 计日工应按发包人实际签证确认的事项计算;

② 暂估价应按照《计价规范》的相关规定计算;

③ 总承包服务费应依据合同约定金额计算,如发生调整的,以发承包双方确认调整的金额计算;

④ 施工索赔费用应依据发承包双方确认的索赔事项和金额计算;

⑤ 现场签证费用应依据发承包双方签证资料确认的金额计算;

⑥ 暂列金额应减去工程价款调整(包括索赔、现场签证)金额计算,如有余额归发包人。

(4) 规费和税金应按照国家或省级、行业建设主管部门的规定计算。规费中的工程排污费应按工程所在地环境保护部门规定标准缴纳后按实列入。

此外,发承包双方在合同工程实施过程中已经确认的工程计量结果和合同价款,在竣工结算办理中应直接进入结算。

另外,竣工结算的编制应区分不同合同类型,采用相应的编制方法,具体如下:

(1) 采用总价合同的,应在合同价基础上对设计变更、工程洽商以及工程索赔等合同约定可以调整的内容进行调整;

(2) 采用单价合同的,应计算或核定图纸范围内予以计量的实际完成工程量,乘以合同中约定的分部分项工程项目单价来计算,并对设计变更、工程洽商、施工措施以及工程索赔等内容进行调整;

(3) 采用成本加酬金合同的,应依据合同约定的方法计算各个分部分项工程以及设计变更、工程洽商、施工措施等内容的工程成本,并计算酬金及有关税费。

9.6.4 竣工结算的审核

竣工结算是反映工程项目的实际价格,最终体现工程造价系统控制的效果。要有效控制工程项目竣工结算价,严格审查是竣工结算阶段的一项重要工作。经审查核定的工程竣工结算是核定建设工程造价的依据,也是建设项目验收后编制竣工决算和核定新增固定资产价值的依据。

1. 竣工结算的审核方法

竣工结算的审查应依据合同约定的结算方法进行,根据合同类型,采用不同的审查方法。

(1) 采用总价合同的,应在合同价的基础上对设计变更、工程洽商以及工程索赔等合同约定可以调整的内容进行审查;

(2) 采用单价合同的,应审查施工图以内的各个分部分项工程量,依据合同约定的方式审查分部分项工程价格,并对设计变更、工程洽商、工程索赔等调整内容进行审查;

(3) 采用成本加酬金合同的,应依据合同约定的方法审查各个分部分项工程以及设计变更、工程洽商等内容的工程成本,并审查酬金及有关税费的取定。

除非已有约定,竣工结算应采用全面审查的方法,严禁采用抽样审查、重点审查、分析对比审查和经验审查的方法,避免审查疏漏现象发生。

2. 竣工结算审核程序

(1) 国有资金投资建设工程的发包人,应当委托具有相应资质的工程造价咨询企业对竣工结算文件进行审核,并在收到竣工结算文件后的约定期限内向承包人提出由工程造价咨询企业出具的竣工结算文件审核意见；逾期未答复的，按照合同约定处理，合同没有约定的，竣工结算文件视为已被认可。

（2）非国有资金投资的建筑工程发包人，应当在收到竣工结算文件后的约定期限内予以答复，逾期未答复的，按照合同约定处理，合同没有约定的，竣工结算文件视为已被认可；发包人对竣工结算文件有异议的，应当在答复期内向承包人提出，并可以在提出异议之日起的约定期限内与承包人协商；发包人在协商期内未与承包人协商或者经协商未能与承包人达成协议的，应当委托工程造价咨询企业进行竣工结算审核，并在协商期满后的约定期限内向承包人提出由工程造价咨询企业出具的竣工结算文件审核意见。

（3）发包人委托工程造价咨询机构核对竣工结算的，工程造价咨询机构应在规定期限内核对完毕，核对结论与承包人竣工结算文件不一致的，应提交给承包人复核，承包人应在规定期限内将同意核对结论或不同意见的说明提交工程造价咨询机构。工程造价咨询机构收到承包人提出的异议后，应再次复核，复核无异议的，发承包双方应在规定期限内在竣工结算文件上签字确认，竣工结算办理完毕；复核后仍有异议的，对于无异议部分办理不完全竣工结算；有异议部分由发承包双方协商解决，协商不成的，按照合同约定的争议解决方式处理。

承包人逾期未提出书面异议的，视为工程造价咨询机构核对的竣工结算文件已经得到承包人认可。

（4）接受委托的工程造价咨询结构从事竣工结算审核工作通常包括下列三个阶段：

① 准备阶段。包括收集、整理竣工结算审核项目的审核依据资料，做好送审资料的交验、核对、签收工作。

② 审核阶段。包括现场踏勘核实，召开审核会议，澄清问题，提出补充依据性资料和必要的弥补性措施，形成会议纪要，进行计量、计价审核与确定工作，完成初步审核报告。

③ 审定阶段。应包括就竣工结算审核意见与承包人和发包人进行沟通，召开协调会，处理分歧事项，形成竣工结算审核成果文件，签认竣工结算审定签署表，提交竣工结算审核报告等工作。

【例 9-9】　某工程项目由 A、B、C、D 四个分项工程组成，采用工程量清单招标确定中标人，合同工期 5 个月。承包人费用部分数据见表 9-7。

表 9-7　承包人费用数据表

分部分项名称	计 量 单 位	数　量	综 合 单 价
A	m³	5000	50 元/m³
B	m³	750	400 元/m³
C	t	100	5000 元/t
D	m²	1500	350 元/m²
措施项目费	110000 元		
其中：通用措施项目费用	60000 元		
专业措施项目费用	50000 元		
暂列金额	100000 元		

合同中有关费用支付条款如下：

(1) 开工前发包人向承包人支付合同价(扣除措施费和暂列金额)的15%作为材料预付款。预付款从工程开工后的第2个月开始分3个月均摊抵扣。

(2) 工程进度款按月结算，发包人按每次承包人应得工程款的90%支付。

(3) 通用措施项目工程款在开工前和材料预付款同时支付；专业措施项目在开工后第1个月末支付。

(4) 分项工程累计实际完成工程量超过(或减少)计划完成工程量的10%时，该分项工程超出部分的工程量的综合单价调整系数为0.95(或1.05)。

(5) 承包人报价管理费率取10%(以人工费、材料费、机械费之和为基数)，利润率取7%(以人工费、材料费、机械费和管理费之和为基数)。

(6) 规费综合费率7.5%(以分部分项工程费、措施项目费、其他项目费之和为基数)税金率3.35%。

(7) 竣工结算时，发包人按总造价的5%预留质量保证金。

各月计划和实际完成工程量如表9-8表示。

表9-8　各月计划和实际完成工程量

分部分项名称		第1个月	第2个月	第3个月	第4个月	第5个月
A/m³	计划	2500	2500			
	实际	2800	2500			
B/m³	计划		375	375		
	实际		400	450		
C/t	计划			50	50	
	实际			50	60	
D/m²	计划				750	750
	实际				750	750

施工过程中，第4个月发生了如下事件：

(1) 发包人确认某项临时工程计日工50工日，综合单价60元/工日；所需某种材料120m²，综合单价100元/m²。

(2) 由于设计变更，经发包人确认的人工费、材料费、机械费共计30000元。

问题：

(1) 工程合同价为多少元？

(2) 材料预付款、开工前发包人应拨付的措施项目工程款为多少元？

(3) 第1~4个月每月发包人应拨付的工程进度款各为多少元？

(4) 填写第4个月的"工程款支付申请表"。

(5) 第5个月办理竣工结算，工程实际总造价和竣工结算款各为多少元？

【解】　(1) 分部分项工程费

$$(5000 \times 50 + 750 \times 400 + 100 \times 5000 + 1500 \times 350) 元 = 1575000 元$$

措施项目费：110000元

其他项目费：100000元

工程合同价：

$(1575000+110000+100000)$ 元 $\times(1+7.5\%)\times(1+3.35\%)=1983157$ 元

（2）材料预付款

1575000 元 $\times(1+7.5\%)\times(1+3.35\%)\times15\%=262477$ 元

开工前发包人应拨付的措施项目工程款：

60000 元 $\times(1+7.5\%)\times(1+3.35\%)\times90\%=59995$ 元

（3）各月工程进度款

① 第 1 个月承包人完成工程量价款：

$(2800\times50+50000)$ 元 $\times(1+7.5\%)\times(1+3.35\%)=211092$ 元

第 1 个月发包人应拨付的工程款：

211092 元 $\times90\%=189983$ 元

② 第 2 个月 A 分项工程累计完成工程量：

$(2800+2500)\mathrm{m^3}=5300\mathrm{m^3}$

由于 $(5300-5000)/5000=6\%<10\%$，因此不应调整单价。

承包人完成工程款：

$(2500\times50+400\times400)$ 元 $\times(1+7.5\%)\times(1+3.35\%)=316639$ 元

第 2 个月发包人应拨付的工程款：

$(316639\times90\%-262477\div3)$ 元 $=197483$ 元

③ 第 3 个月 B 分项工程累计完成工程量：

$(400+450)\mathrm{m^3}=850\mathrm{m^3}$

由于 $(850-750)\div750=13.33\%>10\%$，因此超过部分应调整单价。

超过 10% 部分的工程量：

$[850-750\times(1+10\%)]\mathrm{m^3}=25\mathrm{m^3}$

超过部分的工程量结算综合单价：

400 元 $/\mathrm{m^3}\times0.95=380$ 元 $/\mathrm{m^3}$

B 分项工程款：

$[25\times380+(450-25)\times400]$ 元 $\times(1+7.5\%)\times(1+3.35\%)=199427$ 元

C 分项工程款：

$[50\times5000\times(1+7.5\%)\times(1+3.35\%)]$ 元 $=277753$ 元

承包人完成工程款：

$(199427+277753)$ 元 $=477180$ 元

第 3 个月发包人应拨付的工程款：

$(477180\times90\%-262477\div3)$ 元 $=341970$ 元

④ 第 4 个月 C 分项工程累计完成工程量：

$(50+60)\mathrm{t}=110\mathrm{t}$

由于 $(110-100)\div100=10\%$，因此不应调整单价。

承包人完成分项工程款：

$(60 \times 5000 + 750 \times 350)$ 元 $\times (1 + 7.5\%) \times (1 + 3.35\%) = 624945$ 元

计日工费用：

$(50 \times 60 + 120 \times 100)$ 元 $\times (1 + 7.5\%) \times (1 + 3.35\%) = 16665$ 元

变更款：

30000 元 $\times (1 + 10\%) \times (1 + 7\%) \times (1 + 7.5\%) \times (1 + 3.35\%) = 39230$ 元

承包人完成工程款：

$(624945 + 16665 + 39230)$ 元 $= 680840$ 元

第 4 个月发包人应拨付的工程款为

$(680840 \times 90\% - 262477 \div 3)$ 元 $= 525264$ 元

(4) 第 4 个月的"工程款支付申请表"(略)

(5) 工程总造价和竣工结算款

① 第 5 个月承包人完成工程款：

$[350 \times 750 \times (1 + 7.5\%) \times (1 + 3.35\%)]$ 元 $= 291641$ 元

② 工程实际造价：

$60000 \times (1 + 7.5\%) \times (1 + 3.35\%) +$

$(211092 + 316639 + 477180 + 680840 + 291641)$

$= (66661 + 1977392)$ 元

$= 2044053$ 元

③ 竣工结算款：

$2044053 \times (1 - 5\%) - (262477 + 59995 + 189983 + 197483 + 341970 + 525264)$

$= (1941850 - 1577172)$ 元

$= 364678$ 元

第 **10** 章

工程造价软件简介

10.1 国内外软件发展现状

从 20 世纪 60 年代开始,工业发达国家已经开始利用计算机做估价工作,这比我国要早 10 年左右。它们的造价软件一般都重视已完工程数据的利用、价格管理、造价估计和造价控制等方面。由于各国的造价管理具有不同的特点,造价软件也体现出不同的特点,这也说明了应用软件的首要原则应是满足用户的需求。

在已完工程数据利用方面,英国的建筑成本信息服务部(building cost information service,BCIS)是英国建筑业最权威的信息中心,它专门收集已完工程的资料,存入数据库,并随时向其成员单位提供。当成员单位要对某些新工程估算时,可选择最类似的已完工程数据估算工程成本。

价格管理方面,物业服务社(property services agency,PSA)是英国的一家官方建筑业物价管理部门,在许多价格管理领域都成功地应用了计算机,如建筑投标价格管理。该组织收集投标文件,对其中各项目造价进行加权平均,求得平均造价和各种投标价格指数,并定期发布,供招标者和投标者参考。类似的,BCIS 则要求其成员单位定期向自己报告各种工程造价信息,也向成员单位提供他们需要的各种信息。由于国际间工程造价彼此关系密切,欧洲建筑经济委员会(CEEC)在 1980 年 6 月成立造价分委会(cost commission),专门从事各成员国之间的工程造价信息交换服务工作。

造价估计方面,英美等国都有自己的软件,它们一般针对计划阶段、草图阶段、初步设计阶段、详细设计和开标阶段,分别开发有不同功能的软件。其中预算阶段的软件开发也存在一些困难,例如工程量计算方面,国外在与 CAD 的结合问题上,从目前资料来看,并未获得大的突破。造价控制方面,加拿大的 Revay 公司开发的 CT4(成本与工期综合管理软件)则是一个比较优秀的代表。

我国造价管理软件的情况是,各省市的造价管理机关,在不同时期也编制了当地的工程造价软件。20 世纪 90 年代,一些从事软件开发的专业公司开始研制工程造价软件,如武汉海文公司、海口神机公司等。北京广联达公司在 Windows 平台上,研制了工程造价的系列软件,如工程概预算软件、广联达工程量自动计算软件、广联达钢筋计算软件、广联达施工统计软件、广联达概预算审核软件等。这些产品的应用,基本可以解决目前的概预算编制、概预算审核、工程量计算、统计报表以及施工过程中的预算问题,也使我国的造价软件进入了工程计价的实用阶段。

10.2 国内几家工程造价软件的评估分析

工程造价软件是应用面较窄的专业软件,它并不像通用软件拥有大量的用户,所以价格往往不菲。工程造价类软件是随建筑业信息化应运而生的软件,随着计算机技术的日新月异,工程类软件也有了长足的发展。一些优秀的软件能把造价人员从繁重的手工劳动中解脱出来,效率得到成倍提高,提升了建筑业信息化水平。但由于种种原因,如开发力量、开发思路、市场定位等方面的因素,从整体上来讲,形势不容乐观。现从几款较有代表性的、有一定客户群的、具有一定使用价值的软件品牌着手进行分析,使读者从它们的得失中得到启示和灵感。

1. 神机妙算软件

神机妙算系列产品为工程量、钢筋翻样和清单计价三个,神机妙算工程量软件中数据可直接为计价软件所调用,钢筋翻样软件在抽取钢筋的同时计算混凝土和模板的量,钢筋翻样采用图库、参数和单根的方法,其常用模式是表格法,即在某种构件图库的下面用表格进行输入,这样可以提高数据录入的速度。表格法还能直接调用单根钢筋图库中的钢筋,解决构件中一些无法计算的钢筋类型。但其并非完美无缺,尤其是软件设计者对钢筋并不专业,对一些异常却常用的情况明显缺乏系统性思维,导致与实际施工图纸脱节,它的变通解决办法就是用单根法,它的单根法在同类软中是最完美的,几乎穷尽所有形状的钢筋包括缩尺钢筋,并且用户可以利用其内置的宏语言自己做图库。但神机妙算软件的缺点也是显而易见的,最致命的弱点是缺少图形功能。神机软件用 Delphi 语言开发,而不是在图形功能强大的 AutoCAD 上开发,也无与 AutoCAD 的运算接口,故遇到几何形状复杂的工程就显得无能为力,尤其是钢筋软件,只有图库,没有图形输入法。神机妙算软件运行速度慢,系统不够稳定,计算结果不精确。

2. 鲁班软件

鲁班软件率先在 AutoCAD 平台上开发。鲁班软件能提供自动识别 AutoCAD 电子文档的功能,能计算任何复杂的构件,甚至像多孔集水坑、线条等都能计算,其缺点是不能三维显示整幢楼,而仅显示当前层,楼梯、集水坑无三维显示。用 C++ 语言开发,其软件运行速度相当之快,在输入完数据的同时已得到计算结果。软件的易用性、适用性得到用户的公认。鲁班软件的另一个特点是版本升级得相当快,用户的反馈意见,即使是一些苛刻的要求能很快在新版本中得到解决。钢筋翻样软件中的梁做得很有特色,并且它的操作速度、翻样效率也明显高于其他软件,其 DDD 板也是它的发明创造,任何形状的图形可以随心所欲地拉伸标注。鲁班因为只关注于工程量计算,所以无其他配套计价软件,建议未来将文件格式开放,为其他软件识别调用。鲁班软件自己的软件之间也要实现数据的交换和共享。

3. 清华斯维尔

清华斯维尔凭借其清华大学背景,成立于深圳,它的系列品种较多、较全、较广,包括三大系列:商务标软件(由三维算量、清单计价组成),技术标系列软件(由标书编制软件、施工平面图软件组成),还有技术资料软件、材料管理软件、合同管理软件、办公自动化软件、建设监理软件等,斯维尔算量软件与众不同的是把工程量和钢筋整合在一个软件中,在建筑构件图上直接布置钢筋,可输出钢筋施工图。这是它的独创之处,其优点是可以充分利用工程量软件中的数据和设计院的电子文档,避免重复输入,尤其是利用 CAD 强大的图形和计算功能,解决一般钢筋软件图形功能薄弱和对异型构件无法计算的问题。其缺点是增加开发难度,增加系统的不稳定因素。

4. PKPM

中国建筑科学研究院本来主要从事建筑结构设计软件开发,后涉足工程技术和工程造价软件的开发。其结构设计软件在国内独领风骚,占 95% 的市场份额。PKPM 系列软件包括 STAT 建筑工程造价软件、CMIS 建筑施工技术软件、CMIS 建筑施工项目管理软件、施工企业信息化管理软件等,其软件最大的特点是一次建模全程使用,各种 PKPM 软件随时调用。其软件具有自主开发平台,而不用第三方中间软件支撑,同时又具有强大的图形和计算功能,PKPM 清单计价软件能实现投标方对报价风险控制和报价优化,实现经验数据的积累,帮助企业形成企业定额。它的钢筋软件秉承设计软件的风格,通过绘图实现钢筋统计,并提供两种单位(厘米和毫米),对异形板、异形构件的处理应付自如,只要在默认的图纸上修改钢筋参数即可。但它没有提供钢筋图库,其实许多标准的构件用图库是最简单快捷也是最有效的方法。

5. 广联达

广联达现在主要从事提供建筑软件整体解决方案。它的系列产品操作流程是由工程量软件和钢筋统计软件计算出工程量,通过数字网站询价,然后用清单计价软件进行组价,所有的历史工程通过企业定额生成系统形成企业定额。钢筋软件采用几种输入法,如平法、图形法、参数法等,最具特色的是剪力墙功能。它把剪力墙、暗柱端柱、门窗洞、连梁和暗梁放在一起进行抽料。先根据图纸把剪力墙、暗柱端柱、门窗洞、连梁和暗梁绘入计算机,然后修改其参数,最后进行整体计算。另一个值得一提的特色是广联达算量软件中的剪力墙能导入钢筋软件中,只修改参数就能抽取剪力墙钢筋,但目前此功能仅限于剪力墙,没有扩展到其他构件。如果全部构件都能实现导出和导入功能,那么可大大节约用户的绘图时间。另外广联达清单计价软件内置浏览器,用户可直接访问软件服务网,进行最新材料价格信息的查询应用。

6. BIM 软件

BIM 是建筑信息模型(building information modeling)的缩写,其以建筑工程项目的各项相关信息数据作为模型的基础,进行建筑模型的建立。建筑信息模型不是简单地将数字信息进行集成,而是一种数字信息的应用,并可以用于建筑设计、造价、管理的数字化方法,这种方法支持建筑工程的集成管理环境,可以使建筑工程在其整个进程中显著提高效率、大量减少风险。

市场的需求是巨大的,远没有达到饱和,编制工程量清单是一项涉及面广、环节多、信息化程度要求高的技术经济工件,在激烈的竞争下,单独靠某一环节的优势难以取胜。新形势下,需要紧密结合的一体化、集成化的软件产品,为用户提供算量到企业定额积累的工具,帮助用户实现持续不断的竞争力优化和提升。一体化、集成化的软件产品应提供统一的数据接口,各个模块之间无缝连接,数据传递快捷方便,实现跨平台开发应用。现在 64 位的处理器已推出,基于 64 位的操作系统也已亮相,那么基于 64 位的工程类应用软件也会逐步进入市场。

10.3　软件面临的主要问题

1. 通用性问题

我国工程造价管理体制是建立在定额管理体制基础上的。建筑安装工程预算定额和间接费定额由各省、自治区和直辖市负责管理,有关专业定额由中央各部负责修订、补充和管理,形成了各地区、各行业定额的不统一。这种现状使得全国各地的定额差异较大,且由于各地区材料价格不同、取费的费率差异较大等地方特点,使得编制造价软件解决全国通用性问题非常困难。目前有些适用性较强的软件,往往设置的参数较多,功能使用上较复杂;适用性较差的软件可能在遇到不同情况时难以使用,或者需要修改软件,软件的维护代价相对较高。

2. 工程管理问题

建筑产品是由许多部分组成的复杂综合体,如果想要计算建筑产品的造价,需要把建筑产品依次分解为建设项目、单项工程、单位工程、分部工程和分项工程。分项工程单价,是工程造价最基本的计算单位。建筑工程通常以单位工程造价作为考核成本的对象。

运用软件处理工程造价时,当然希望它能体现工程造价管理的这一层次划分思想。目前,有些软件仅以单位工程为对象计算造价。这虽然简单,但体现不了工程项目之间的关系,也无法进行造价逐级汇总。

3. 定额套用问题

目前的造价软件都建立有数据库,并且都提供了直接输入功能,即只要输入定额号,软件就能够自动检索出子目的名称、单位、单价及人工、材料、机械消耗量等。这一功能非常适合于有经验的用户或者习惯于手工查套定额本的用户。

按章节检索定额子目也是造价软件通常提供的功能,这一功能模仿手工翻查定额本的过程,通过在软件界面上选择定额的章节选择定额子目。如果软件提供的定额库再完整一些,例如提供定额的章节说明、计算规则以及定额的附注信息等,一般用户基本上就可以脱离定额本,而完全使用软件来编制工程概预算。

有的造价软件提供按关键字查询定额子目的功能,例如,如果需要检索所有标号为 C25 的混凝土子目,只需在软件中输入关键字"C25",所有包含该关键字的定额子目都能列出供选择。这一功能主要用于查找不太常用的、难以凭记忆区分章节的子目。

另外,工程造价的编制一般都离不开标准图集,如门窗、装修、预制构件等。北京广联达公司的造价软件,在常用定额检索方法的基础上,提供了对门窗、装修做法及预制构件图集的全面支持。以北京地区为例,仅门窗就提供了 42 套图集共 17000 余条目。这样,在使用该软件计价时,只要知道图纸上的图集名称和标准做法代号,在软件中输入该标准代号,然后输入门窗个数,软件就能够智能地检索出需要的子目及其工程量,从而大大节约了时间。

4. 工程量计算问题

计价中工程量计算工作量大,其计算的速度和准确性对造价文件的质量起着重要作用。由于各地定额项目划分不同、施工中一些习惯做法不同,因此,工程量计算规则全国各地不完全一致。

利用计算机来解决工程量计算问题也经历了多个阶段。早期的造价软件中,工程量需手工计算,在软件中输入工程量结果。后来,造价软件提供了表达式输入方法,即把计算工程量的表达式输入到软件中,这省去了手工操作计算器的工作。

1996 年,北京广联达公司推出了图形算量软件。该软件在画图和工程量解决方法上有多项创新。在产品结构设计上,它采用了通用的绘图平台与各地计算规则相对分离的方式,成功地解决了各地计算规则不一致的问题;该软件计算规则按各地定额规则制定,经实践检验可行。操作人员只要将图纸信息如实地描述到系统内,软件就能自动按所选的定额计算规则计算出各种实体的工程量,各种扣减关系在三维的数学模型中都能得到精确计算。

图形算量软件经历了几十年的发展后,已经达到了实用的阶段。下一步更新的技术将朝智能一体化立体施工方向发展,相信经过大量软件开发人员的不懈努力,更先进的工程量计算方法还将不断涌现,进一步减轻广大工程造价人员的工作量。

5. 钢筋计算问题

建筑结构中普遍采用钢筋混凝土结构,钢筋用量大,且单价高,钢筋计算的准确程度直接影响着造价的准确度,因此钢筋计算越来越受到业内的广泛重视,钢筋计算软件的研制也成为工程造价领域的一个研究热点。

钢筋计算软件需要解决的问题主要如下:

(1) 计算过程要严格遵循有关规范。例如,钢筋计算过程中,各种长度之间需要进行多值比较,如构造长度和锚固长度比较等。手工计算时,由于投标时间短,计算人员不得不采取粗略的计算或估算方法,难以达到准确的要求。软件则不同,它的优势就在于计算速度和准确性,因此,利用计算机解决准确性问题是钢筋计算软件的一个发展方向。

(2) 输入构件数据,自动计算锚固长度,而非输入钢筋本身的长度。

(3) 解决各种钢筋表示法的问题。结构施工图中,常见的钢筋表示方式有三种:一是传统的剖面表示法,二是表格表示法,三是平面整体表示法。如果钢筋软件不能按照图纸表示的方法输入,那么需要人工整理加工的工作量就太大了。

(4) 解决和造价软件的接口问题。招投标阶段计算钢筋量主要是为了计算工程造价,所以抽取钢筋量后,自动查套定额子目,并将结果传递到工程造价软件中也非常重要。

(5) 提供特殊钢筋的直接计算方法。一些特殊构配件采用表格法或平面整体法目前还难以解决问题,必须提供大量钢筋图样,并提供一些钢筋根数计算方法以及缩尺配筋计算功能。

6．新材料、新工艺问题

定额是综合测定和定期修编的，但工程项目千差万别，新工艺、新材料不断出现，因此，计价时遇到定额缺项是常见的现象。为此，需要编制补充定额项目，或以相近的定额项目为蓝本进行换算处理。软件具备的换算功能能做的工作有：

（1）如果已知定额子目中换算材料名称，或人料机的增减量，一般的造价软件都提供了直接修改子目消耗量的功能，消耗量修改后，都能自动计算新的子目单价。

（2）对于一些常用的换算，如砂浆、混凝土换算，一些造价软件还提供了在定额号后附带换算信息进行换算的功能，这样解决了在输入的过程中就能完成换算的问题。

（3）有些造价软件，根据定额说明或附注，将允许换算的信息建立在数据库中，输入定额子目后，系统提示用户做相应的换算，用户输入后，软件自动完成换算处理过程。如广联达造价软件，需要对混凝土标号做换算，软件会弹出新标号混凝土的名称供选择；输入后，自动完成换算处理等。

补充子目的处理，造价软件一般都提供直接新建补充子目或借用定额子目建立补充子目的功能，建立补充子目，输入或调整其消耗量后，系统完成子目单价的计算。有些造价软件还提供了补充子目的存档和检索功能。

7．调价问题

手工计价时，调价的处理首先基于准确的工料分析，在工料分析的基础上，通过查询材料的市场价，确定每种材料的价差，最后汇总所有材料的价差值。利用软件处理调价的方法通常是允许用户输入或修改每种材料的市场价，工料分析、汇总价差由软件自动完成。更好的处理方式是采用"电子信息盘"。

8．取费问题

现行的造价计算，是在"直接费"基础上计算其他各项费用，由于财政、财务、企业等管理制度的变化，各地费用构成不统一，为了适应各地计价的要求，造价软件必须提供自定义取费项的功能，以便处理费用地区性的差异。

目前比较常见的做法是取费文件对使用者开放，使用者能够随时对取费的变化做出反应。一个好的造价软件还能对直接费部分做出各种划分，在取费文件中调用直接费的各划分数据，以满足不同定额项目对应不同取费的要求。

9．自由报表问题

报表是造价文件的最终表现结果，报表数据的完整性及美观程度反映了企业的形象。用户一般都要求报表格式要灵活、美观。事实上，由于我国没有统一的造价报表规范，各地区对造价报表的格式要求存在很大的差异，即使是同一地区，报表形式也千差万别。如有的要求预算表中只要列出子目的单价和合价，有的则需要列出人料机的费用等。另一方面，对打印纸幅面要求也不同，如有的用 A4，有的用 B5，有的用窄行连续纸，而有的则用宽行连续纸等。

10.4 BIM 在造价中的应用

10.4.1 BIM 原理

BIM(building information modeling)通常被大家称之为建筑信息化模型,是一个工程项目工程特性的数字表达,它不仅能从虚拟的角度模拟一个真实的建筑项目,更能将项目本身在项目全生命周期内所需要用到的工程信息录入在模型中,通过共享平台,实现跨部门、多任务、多专业的协同工作。

BIM 技术将过去基于平面图纸难以表述的设计方案,通过三维模式体现出来,将平面图纸中的设计说明,也融入了模型中。传统三维模型算量仅仅只能分专业去建立模型,而BIM 技术能有效地将各专业的模型整合在一起,更加清晰地展现出各专业间的构件对象因为设计缺陷而发生的构件碰撞。这种碰撞不仅仅从物理层面考虑(称其为硬碰撞),而且可以考虑到为建筑工人施工需要所预留的工作空间(称其为软碰撞)。这将大大减少因为设计缺陷而发生的变更风险。

10.4.2 BIM 在造价领域中的价值

新中国成立以来,我国的建筑管理历程经历了突飞猛进的变化。从平面图纸的手工算量,到 CAD 图设计并通过计算机技术实现三维模型算量,再到现在的 BIM 技术的应用,科技带给我们的便捷是日新月异的。随着科技带来的便利,将算量与计价工作从趴在图纸上测量或是翻着厚厚的定额书,进化到基于建筑信息化模型计算工程量,并借助 ERP 系统,基于企业定额库,提取成本中的物料信息,用于指导施工过程中的人员数量安排及物料采购计划。

在传统的项目管理过程中,无论是建设单位,还是施工企业,预算成本部门与工程部门在工作上往往是没有交叉集合的,工作中也就仅仅是各尽其职,如果说真正有交集的地方,那么仅仅在图纸会审的时候,一起检查图纸中是否有遗漏的信息,或者设计不合理的地方。而当 BIM 技术得到推广以后,BIM 平台协同工作的概念打破了部门间的界限,将设计部门(建模团队)、预算部、工程部、财务部、物资部等聚在了一起,以 BIM 模型为基础,工程量清单为核心,将各部门在传统流程中所扮演的角色串接起来。

众所周知,现行的三维模型算量软件统计工程量的方法是,拿到图纸,导入到三维算量软件中,生成或重建三维模型,然后进行计算得出工程量。那么有了 BIM 模型后,是否还需要重新进行建模计算呢? 根据现在市面上主流的基于 BIM 全生命周期管理的软件来看,操作流程基本都是先将 BIM 模型进行分类,然后进行计算,避免了再建模型的过程。从软件企业本身的发展方向来看,也是朝着模型导入之后便能一键计算的方向前进。

而从计价来看,能基于成本实现 4D 的 BIM 应用,主要是将工程量清单与模型进行了关联,而在清单中的价格又来自于造价工程师的计价工作。换而言之,就是讲物料及其价格与所对应的模型进行了关联。那么基于这样的一种关联关系,现场负责人可以根据 BIM 模型中的某一个构件,得知完成该构件所需要的人工、物料分别是多少,从而能向公司物资采购部提出采购申请,以保证施工现场工程进度的顺利进行。

234

10.4.3　BIM 与传统管理方法的差异

　　以 BIM 技术实现 VDC 虚拟设计施工后,与实际的项目建设流程如下所示。建筑企业,先给予 BIM 模型完成一次虚拟施工的流程后,再开始传统流程。与直接开始传统流程不同的是,此时企业已经有了一份详细的各阶段所需要的基准数据,可以基于这些数据,从成本绩效及进度绩效角度(CPI & SPI 成本绩效指数与进度绩效指数)来检验工程与预期的差距,成为判断成本是否超支,进度是否滞后的有利证明。而在工程量的统计方面,市面上的主流 BIM 设计软件,无论是 Revit、Tekla、Bentley 还是其他工具,由于在产品设计的时候都没有充分考虑到本地化的特征,所以在构件搭接与扣减上存在与国标计量规则有一定的差异。BIM 模型能更好实现各部门间协同工作的可能。实际成本管控过程中,其实与前面各部门的工作结果息息相关的,实现协同工作后,能大大提升成本管控数据真实性与准确性,为企业的运营、领导做出决策提供更加有效的数据。在目前常见的施工企业内部的成本管控流程来看,基本以三算或四算为主,分别是:

　　(1) 投标阶段基于省市定额计价计算出来的投标成本;

　　(2) 企业中标后根据企业定额库计算出来的目标成本;

　　(3) 企业给项目经理订下的责任成本目标;

　　(4) 项目施工后发生的实际成本。

　　BIM 实现了将成本中的物料信息与模型构件对象进行了关联,即当现场负责人决定做某一个建筑构件时,能清晰地知道完成该项工作应投入满足企业施工水平的人工、材料、机械的数量。当企业在做投标成本或者是目标成本时,是基于企业内的成本管控代码进行管理,那么,当项目实际施工之后,施工企业向各分包或经销商支付工资或者材料费时,能够更加符合企业的特性,准确地给劳务分包公司、材料供应商支付工资或材料费,并且,当设计变更不大的情况下,实际需要支付的成本也将更接近于我们在基于 BIM 做虚拟设计施工时设定的成本。例如,当前企业在做劳务分包时,除了分专业、分工种的劳务分包外,还包含了相关的辅料。这也意味着施工企业在做一项投标成本及目标成本时,仅需要考虑的是劳务分包成本、工人功效及主材。如果这一部分再能与企业的 ERP 系统进行连接,那么这部分的数据将会准确地反映企业当期完成该分项工程所需要投入的正常成本。市面上基于 BIM 的全生命周期管理软件中,还有些是能将清单及 BIM 模型与工程量清单进行关联。那么这些关联了成本物料信息的建筑构件与施工进度计划中的时间产生关联时,那么项目经理可以准确地知道,在某一段管控周期内,项目上需要人工、物料的类别与数量,并能基于相关的信息向集团公司提请人物料需求,并安排各分包班组进行相应区域的施工。

参 考 文 献

[1] 中华人民共和国国家标准.工程造价术语标准:GB/T 50875—2013[S].北京:中国计划出版社,2013.

[2] 中华人民共和国国家标准.建设工程工程量清单计价规范:GB 50500—2013[S].北京:中国计划出版社,2013.

[3] 中华人民共和国发展改革委员会、建设部.建设项目经济评价参数[M].3版.北京:中国计划出版社,2006.

[4] 中华人民共和国住房与城乡建设部,中华人民共和国财政部.建筑安装工程费用项目组成(建标〔2013〕44号),2013.

[5] 全国造价工程师执业资格考试培训教材编审委员会.建设工程计价[M].北京:中国计划出版社,2017.

[6] 全国造价工程师执业资格考试培训教材编审委员会.建设工程造价案例分析[M].北京:中国计划出版社,2017.

[7] 全国一级建造师执业资格考试用书编写委员会.建设工程经济[M].北京:中国建筑工业出版社,2017.

[8] 中华人民共和国住房与城乡建设部.建筑工程建筑面积计算规范:GB/T 50353—2013[S].北京:中国计划出版社,2013.

[9] 中华人民共和国国家标准.房屋建筑与装饰工程工程量计算规范:GB 50854—2013[S].北京:中国计划出版社,2013.

[10] 中国建筑标准设计研究院.混凝土结构施工图平面整体表示方法制图规则和构造详图:16G101[S].北京:中国计划出版社,2016.

[11] 山西省建设标准定额站.2011年山西省建设工程计价依据[M].太原:山西科学技术出版社,2011.

[12] 龚维丽.工程建设定额基本理论与实务[M].北京:中国计划出版社,2014.

[13] 方俊.土木工程造价[M].武汉:武汉大学出版社,2014.

[14] 程鸿群,姬晓辉.工程造价管理[M].武汉:武汉大学出版社,2004.

[15] 杜训.国际工程估价[M].北京:中国建筑工业出版社,2002.

[16] 马楠.建筑工程造价管理[M].3版.北京:清华大学出版社,2012.

[17] 周述发.建设工程造价管理[M].武汉:武汉理工大学出版社,2010.

[18] 柯洪.建设工程工程量清单与施工合同[M].北京:中国建材工业出版社,2014.

[19] 沈详华.建筑工程概预算[M].4版.武汉:武汉理工大学出版社,2009.

[20] 严玲,尹贻林.工程计价学[M].北京:机械工业出版社,2014.